基礎から学ぶ
宇宙の科学

現代天文学への招待

二間瀬敏史

講談社

まえがき

21 世紀に入って以降の宇宙の観測は目覚ましく、太陽系から宇宙の果てまで、多くの新たな興味深い知見が得られている。天文学者でさえ少し分野が違うと、こんなことが分かってきたのか、実際に観測されているのかと驚くことが多い。宇宙に興味を持っている人は多く、宇宙に関する新しい発見はたびたび新聞紙上やネットのニュースとなっている。また多くの大学では 1 年生、2 年生の学生に対して「宇宙の科学」や「天文学入門」のような授業が設定され、文系理系を問わず人気があり多くの聴講生を集めている。

筆者もそのような授業の一部を担当したことがあるが、新たな発見を取り上げている教科書はおろか、そもそも現代天文学の入門的な教科書すらほとんど存在しないことに驚いた。このような事情に鑑みると、文系、理系に限らず大学初年度の教科書として使用できる天文学の新たな入門署は有意義であると思われる。これが本書を書くに至った経緯である。

入門書ではあっても教科書であるから、単なる事実の羅列ではなく、学問としての天文学に必須な観測の基礎や恒星の物理についてある程度詳しく説明した。基礎的な事柄は最初多少面倒と感じても、何となく知っているだけでも最新の観測結果の理解にも役立つものである。また本文中には多少の数式があるが、あくまで理解を深めるためのもので、数式を飛ばして読んでも理解できるように努めたつもりである。数式が苦手な読者は魔法の言葉とでも思って、読み進めてもらいたい。多少、数式に興味がある読者は数式の表す意味を考えながら読めばよいだろう。より深く学びたい読者のためには、天文学でよく用いられる事柄を数式で説明した「ノート」を各章の最後に設けている。また新しい教科書であるから、現時点での各分野の新しい発見についても極力紹介するように努めた。

天文学に限らず科学は現象の詳しいメカニズムが分かると、なお一層現象の不思議さを実感するものである。宇宙に興味のある読者のなかには夜空を見るのが好きな人も多いであろう。星が輝いているメカニズムを知って再度夜空を眺めてほしい。星の中で起こっていることが「見える」だろう。また星と星の間の漆黒の深い宇宙のなかで、どんなことが起こっているかを「見る」ことができるだろう。

この本を書きながら、多くの日本人研究者がさまざまな分野で重要な貢献をしていることに今さらながら気が付いた。残念ながらごく少数の方の名前しか挙げることができなかったことをおわびする。最後に、この本の執筆を引き受けてから実際に書き始めるまでに数年を要してしまった。この間辛抱強く待ってくださった講談社サイエンティフィクの皆様にお礼を申し上げる。またこの間に筆者は日本の大学を定年となり台湾の研究所に移り、自分では教科書として使う機会を失ってしまった。大変残念なことではあるが、多くの学生諸君に教科書として使っていただければ幸いである。

2023 年 12 月　台北にて

二間瀬敏史

目次

天文学の歴史

1.1 星空から天文学へ

今から300万年から400万年前、アフリカで最初の猿人が生まれてから、原人、旧人類、新人類へと進化していった人類はいつ頃から好奇心を持って夜空を眺めたのだろうか。夜空には月が浮かびさまざまな星が輝いている。ときには流れ星や彗星も現れただろう。また月が太陽を覆い隠す日食は、人々を恐怖に陥れたはずだ。アフリカから世界各地に人類が広がっていくとき、星はその方向を知るための道案内をしたともいわれている。また1万年以上も前に描かれた洞窟壁画には当時の星座が描かれているという説もあり、想像以上に古くから人類は星空に興味を持っていたと思われる。

人類が狩猟生活から安定した農耕生活に移ることで文明をつくったとき、暦は重要な役割を果たした。太陽の運動、月の満ち欠け、星の位置の季節変化などの精密な観測がなければ、暦をつくることはもちろんできない。天体の運動は、実生活と深く結びついていた。有名な例としては、紀元前3000年の古代エジプトでは夜明け前に全天で一番明るい星であるシリウスが現れるとナイル川の氾濫が始まることが知られていて、これを1年の始まりとする太陽暦が用いられていた。一方でメソポタミア文明や中国文明では月の満ち欠けが潮の干潮に関係し大河の洪水の予知に役立つことなどから、月の満ち欠けに基づく太陰暦が用いられていた。暦はまた祭儀を行うためには不可欠のもので、政治とも深くつながっていた。

1.2 天文学者の登場

しかし人類が現代の天文学者のように、実用とは離れて天体の運動そのものに興味を持ち天体観測を行うまでには、長い時間がかかった。紀元前 6 世紀、古代ギリシャのイオニア地方に宗教や政治とは離れて自然そのものを観察し、その根源にあるものを追究する強靭な精神を持った自然哲学者と呼ばれる人々が現れる。数学の研究で有名なピタゴラス学派は、宇宙の中心には球形で自転している地球があり、その周りを月、太陽、惑星、恒星が張りついた球殻が取り囲んでいるという宇宙モデルを考えた。プラトン、アリストテレスといった哲学者がこのモデルを発展させて天動説をより精密にそして複雑にしていく。

一方で、太陽を中心とする地動説がアリスタルコス（前 310 頃〜前 230 頃）によって提唱されたことは特筆に値する。地動説の難点は、季節によって地球の位置が変わるため、星の天球上での位置が変わるはず（**年周視差**）だということである。当時、そのような年周視差は観測されていなかった。アリスタルコスはこれに対して、恒星が位置すると信じられた恒星天までの距離が太陽と地球の距離に比べてはるかに大きいためと正しく考えたが、ほかの学派を説得するには至らなかった。年周視差が初めて観測されたのは、アリスタルコスの時代からはるか 2000 年以上も経って望遠鏡による観測ができるようになった 1838 年のことである。古代ギリシャ時代に年周視差が観測されなかったのは無理もない。

そして古代を通して最も偉大な天文学者ヒッパルコス（前 190 頃〜前 120 頃）が現れる。彼はロードス島で 40 年もの間、精密な天体観測を行い、その観測データに基づいて多くの成果を上げた。その代表的なものが春分点の移動の発見である。我々が夜空を見るとき、天体までの距離を問題にしなければ天体の位置は方向だけで指定される。これは天体が地球を中心とする大きな半径の球の表面上にあるということと同じで、この球面を**天球**と呼ぶ。すると天体の運動はこの天球上の運動として表すことができる。

天球における天体の位置は、天球上に適当に座標を決めれば指定することができる（**図 1.1**）。たとえば天体の高さは地球の赤道面と天球が交わる軌道を天球の赤道面として、そこからの角度（緯度、天球座標では赤緯という）として表される。したがってこの座標系で赤緯 $+90$ 度の方向というのは天球上の 1 点で地球の南極から北極を結ぶ直線（現代的な観点では自転軸）を伸ばしていった先となる。緯度に対してそれと直交する横方向の角度（経度、天球座標では赤経という）は、ある方向を経度 0 度として東向きに角度が増えるようにとる。こうして天球上での天体の位置は赤緯と赤経で表されることになる。地球の場合の経度 0 度はイギリスのグリニッジ天文台が位置する場所として定義されているが、天球座標

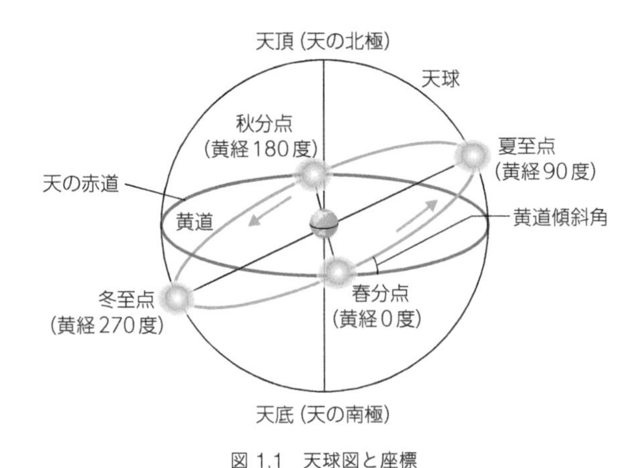

図 1.1　天球図と座標

では、春分点を赤緯 0 度かつ赤経 0 度（0 時）と決める。

太陽は天球上を西から東へ 1 年で一周するが、この太陽が通る天球上の軌道を**黄道**という（ちなみに天球上での月の軌道は**白道**と呼ばれる）。黄道は天球の赤道とは一致しておらず、赤道に対して約 23.5 度傾いている。もちろん現在の我々は、地球の自転軸が公転面（太陽の周りの地球の軌道面）の垂直方向に対して約 23.5 度傾いていることが、その原因であることを知っている。しかしヒッパルコスの時代は、そのような知識はなかった。さて赤道も黄道もどちらも地球を中心とする円であるから、それらは 2 点で交差する。それが**春分点**と**秋分点**である。天球上で黄道が赤道の北にあるときは北半球が夏、黄道が赤道より南にあるとき北半球が冬となる。したがって春分点とは黄道が南から北に向かって赤道と交差する点となる。この点を黄経 0 度とする。当時の観測から、太陽は 1 年経つと天球上の同じ位置に戻ってくると考えられていた。ヒッパルコスは自分の観測とそれより以前の観測を比較することで、春分点が黄道に沿って 100 年で約 1 度ずつ東から西へ移動していることを発見した。この現象を**春分点歳差**という。正確な値は 1 年で 50.3 秒角*1、100 年で約 1.4 度なので、2000 年以上昔ということを考えると驚くほど正確な観測であった。現在の春分点はうお座にあるが、2150 年ほど前のヒッパルコスの時代には春分点は、黄道上の現在より西に約 30 度のところにあった。ヒッパルコスは春分点歳差の原因を正しく天の北極が移動してい

*1　1 秒角は 1 度の 3600 分の 1 である。1 度の 60 分の 1（1 秒角の 60 倍）を表す「1 分角」という単位もある。

るからと考えた。現在の我々は春分点歳差の原因が地球の自転軸の歳差運動であることを知っている。しかしヒッパルコスの時代の地球を中心とする立場では自転軸は不変なので、歳差運動は天の北極が天球上で円運動をしていることにほかならない。

またヒッパルコスは、太陽の軌道が地球から軌道半径の約4％ずれた位置を中心とする円であるというモデルを仮定することで、正確な太陽の運行表を作成した。また三角測量から月までの距離が地球半径の約59倍（正しい値は約60倍）であることを示した。これらの観測結果を説明するために地球が宇宙の中心で不動の存在であるという天動説は、円軌道にいくつもの小さな円軌道を重ねるなどと複雑になっていく。天動説についての詳しい説明は歴史的な意味はあっても天文学としてはあまり意味はないので、本書では天動説の詳細については触れない。さらに紀元前134年、ヒッパルコスはさそり座に現れた新星を発見した。この発見は「天界は永遠に不変である」という当時の常識を打ち破るものだった。この発見を契機にヒッパルコスは恒星の組織的な観測を始め、紀元前129年に1000個余りの恒星の正確な位置と明るさをまとめた星表を作成した。このとき星の明るさを表すのに用いられたのが**等級**という概念である。これは肉眼で見える最も明るい星を1等星、かろうじて見える星を6等星としたもので、現在まで引き継がれている明るさの単位である。もちろん現在の等級はヒッパルコスのような肉眼で測ったものではない。等級については次章2.1節で詳しく説明する。

1.3 天動説から地動説へ

ギリシャ時代の天文学はその後ほとんど発展することはなく、天文学は再び宗教と結びつき、その教義を裏づけるような役割を果たすことになる。しかし、その宗教の中から地動説が現れるのである。敬虔な聖職者だったニコラウス・コペルニクス（1473～1543）は神が宇宙をつくったのなら、宇宙は複雑極まりない天動説で表されるようなものではなく、より単純明快な姿であるとして、太陽系で一番大きな天体である太陽の周りを各惑星が公転しているという地動説を唱えた。ローマ教会から迫害を受けることを知っていたコペルニクスは、積極的に地動説を主張することよりも、まずその観測的な証拠を発見することに努めた。年周視差の観測である。しかし古代ギリシャのアリスタルコスが看破したように恒星までの距離は圧倒的に遠く、当時の観測技術ではその測定はまったく不可能だった。

また惑星の軌道を円軌道とすると、すべての惑星の運動を説明するには地動説であっても天動説のように円軌道に小さな円軌道を重ねなければならず、円運動に基礎を置いた地動説はそれほど単純ではなかった。

一方において惑星の運動の観測はより精密になっていく。そのような精密な観測家の代表者が、ティコ・ブラーエ（1556〜1601）である。彼は最初デンマーク国王の庇護のもとに 20 年にわたって惑星の観測を続けた結果、天動説では説明が難しいことに気がついていた。しかしやはり年周視差が観測できないことから天動説に固執した。そして太陽と月は地球を中心として公転し、ほかの 5 つの惑星は太陽の周りを回っているというハイブリッドモデルを考えた。地動説への決定的な一歩を与えたのは、ヨハネス・ケプラー（1571〜1630）である。国王の庇護を失ったティコ・ブラーエはプラハに移り、そこでケプラーを助手として採用する。ケプラーはティコの膨大なデータ、特に火星の観測データを地動説の立場で説明を試みたが、軌道を円軌道とする限りどうしてもうまくいかず、幾度もの試行錯誤の末、楕円軌道とすることで観測データは見事に説明できたのであった。

そしてケプラーは、ティコの惑星観測データを、のちに**ケプラーの 3 法則**と呼ばれることになる次の 3 つの法則にまとめた。

第 1 法則 惑星の運動は、太陽を 1 つの焦点とする楕円軌道である。

第 2 法則 惑星の運動は、太陽と惑星を結ぶ線分が単位時間に掃く面積を一定に保つ。

第 3 法則 惑星の楕円軌道の長半径の 3 乗は公転周期の 2 乗に比例する。

第 2 法則は「**面積速度一定の法則**」とも呼ばれる。現代的な観点では、この法則は**角運動量の保存則**の別の表現である（詳しくは、この章のノート参考）。

地動説の立場ではたったこの 3 つの法則を認めるだけで、天球上のすべての惑星の軌道が説明できる。これによって地動説は天動説に対して圧倒的に有利となったが、それに拍車をかけたのがガリレオ・ガリレイ（1564〜1642）である。ガリレオは望遠鏡を天体に向けた最初の人物であるといわれているが、これ以降の天文観測は肉眼ではなく望遠鏡を用いて行われることになる。大きな木星の周りを小さな 4 つの衛星が回っていることの発見は、多くの人々に地動説を正しさを確信させるには決定的であった。またガリレオは実験によって物体の運動を調べ、それを地球の運動に当てはめた最初の人物でもあった。地動説の根強い反対意見の中には、「もし地球が動いているなら地球の大気は取り残されて強風が吹き荒れるはずだ」というものがあったが、これに対してガリレオは「物体は力が働かない限り、その運動状態を変えない」という**慣性の法則**を持ち出して反論した。宗教裁判にかけられ自説を撤回するものの、「それでも地球は回っている」とつぶやいたといわれている。

1.4 望遠鏡の発展

ガリレオ以降、紆余曲折はあるものの地動説の正しさは徐々に誰もが認めることになる。また望遠鏡の登場は、人間が想像していた宇宙の姿を一新した。ガリレオの最初の望遠鏡は、口径 5 cm 程度だったが、それでも月のクレーター、木星の衛星、土星の環らしきものの存在、天の川が多数の暗い星の集団であることなど、それまで想像もできなかった天体の姿を見せてくれた。新たな観測装置が現れると宇宙に対する新たな知見が生まれることは現在でも変わらない。

望遠鏡の性能は基本的には、その口径によって決まる。口径が大きいほど多くの光を集めることができ、より暗くより遠い天体を、そしてより細かい構造を観測することができる。どのくらい細かい構造が見えるかは、どのくらいの角度離れた 2 点を識別できるかという能力で表される。これを**角分解能**という。実際には、この分解能は望遠鏡の口径 D だけでは決まらず、観測する波長 λ も関係があり次のように表される。

$$\Delta\theta \simeq 1.2\frac{\lambda}{D} \tag{1.4.1}$$

ここで、角度の単位はラジアンである。360 度が 2π ラジアンと定義されているので、1 ラジアンは約 57.3 度となる。

実際には大気の揺らぎによって天体の像がぼける効果の影響（シーイング）があり、通常の可視光による観測では口径 30 cm 程度以上の望遠鏡（この場合の角分解能は 0.4 秒角）ではこの影響が大きくなってしまい、本来の分解能で観測することはできない。しかし淡く広がった銀河のような天体の観測には口径が大きいほど有利となる。こうして望遠鏡の口径は大型化の一途をたどる。それを容易にしたのが、1660 年代に鏡で光を集める反射望遠鏡の発明であった。反射望遠鏡の発明にはあのアイザック・ニュートン（1642～1727）も寄与して反射望遠鏡も自作している。

図 1.2　ハーシェルの宇宙（William Herschel, *On the Construction of the Heavens*, 1785）

18 世紀にはウィリアム・ハーシェル（1738〜1822）が口径 1 m を超える反射望遠鏡をつくり、それを用いて天王星を発見して、それまで認識されていた太陽系の大きさを一挙に 2 倍にした。またハーシェルはそれまで知られていなかった**惑星状星雲**という新たな天体を発見した。さらに恒星の空間分布を星の明るさが同じと仮定して星の集団の形が直径数千光年でほぼ円盤状であることを発見した（**図 1.2**）。この観測には巨大な反射望遠鏡ではなく口径 45 cm の屈折望遠鏡が用いられた。ただし、現代的な観点では、「ハーシェルの宇宙」は銀河系の中の太陽に近い一部分だけの星の分布にすぎない。

19 世紀にはアイルランドのロス卿（ウィリアム・パーソンズ、1800〜1867）が口径 1.83 m の反射望遠鏡を製作し、いくつかの星雲で渦巻きの模様を確認した。今日、渦巻き銀河として知られる銀河である。当時の反射鏡は銅やスズのような金属の合金を磨いたもので非常に重く、また反射率も 20 % 程度と低いため、それ以上の大型反射望遠鏡はつくられなくなった。しかし 19 世紀後半、銀メッキを施したガラスを反射鏡に用いることで軽量化され反射率も 60 数 % と格段に向上し、20 世紀になって大型の反射望遠鏡が登場する。その発端が、1911 年アメリカのウィルソン天文台に設置された口径 2.54 m の反射望遠鏡である。この望遠鏡が天文学に果たした影響は非常に大きく、アンドロメダ銀河までの距離を測り、我々の銀河系の外にある同規模の星の大集団であることを示すことで、宇宙を星の世界から銀河の世界へと広げた。さらに宇宙が膨張していることを発見して、人類の宇宙観に大きな変化をもたらした。

その後、反射鏡の軽量化、反射率の向上などの性能の向上によってさらに大型化し 1948 年に 5 m 望遠鏡がつくられるが、それ以上の口径の反射鏡の製造が困難であることや望遠鏡の重量が重たくなりすぎて精密な制御が困難になることのほかに、すぐ後で述べる CCD カメラの登場によって、より小さな口径で 5 m 望遠鏡と同等以上の観測ができることから、口径 3 m 程度の使い勝手が良い望遠鏡が多数つくられることになった。

1980 年代後半になると 3 m 望遠鏡の観測は限界に達し、より詳細な観測、より遠方の観測が必要になってきたことで、望遠鏡の発展が再び始まる。1990 年、口径 2.4 m の反射望遠鏡が大気圏外の高度 559 km の周回軌道に投入された。宇宙膨張を発見したアメリカの天文学者エドウィン・ハッブル（1889～1953）の名前をとったハッブル宇宙望遠鏡である。大気の揺らぎの影響を受けない望遠鏡は、天文学者の期待通り地上の望遠鏡では実現できないシャープなイメージで太陽系内から宇宙の果てまでさまざまな天体を観測して多大な成果を上げている。また地上の望遠鏡も気流の安定したハワイ島の山頂や南米チリの高原に口径 8 m から 10 m の望遠鏡がつくられた。その中には日本の口径 8.2 m のすばる望遠鏡もあり、遠方宇宙の観測に威力を発揮している。現在、これらの望遠鏡による観測も限界に達していて、2021 年に口径 6.5 m の新しい赤外線宇宙望遠鏡（ジェームス・ウェッブ宇宙望遠鏡）が打ち上げられ、地球から 150 万 km かなたから、宇宙で最初にできた恒星や形成途上の惑星、居住可能な太陽系外惑星の観測に威力を発揮すると期待されている。また地上の望遠鏡はオーストラリア、アメリカ、韓国が口径 24.5 m の望遠鏡を南米チリのアタカマ砂漠にあるラス・カンパナス天文台に、ヨーロッパ各国が口径 39 m の望遠鏡をやはり南米チリのアタカマ砂漠のセロ・アルマゾネス山頂に、アメリカ、日本、中国、インドが共同で口径 30 m の望遠鏡をハワイ島マウナケア山頂に建設中である。

CCD と並ぶ技術的進展としては、**補償光学**の発展が挙げられる。これは大気の揺らぎを補正するようにリアルタイムで天体からの光の波面を変形する光学系で、1989 年、軍事用の偵察衛星用に開発された。天文学への応用は 1991 年頃から始まった。この技術によって地上の望遠鏡でもその口径に見合った角分解能程度の観測が可能になった。これによって例えば 2 万 6000 光年離れた我々の銀河系中心部に存在する恒星集団の個々の恒星の運動を追うことができるようになり、十数年にわたる恒星軌道の観測から銀河系中心に太陽質量の 400 万倍もの質量を持ったブラックホールが存在することが明らかになるなどの成果を上げている。補償光学の性能は現在も進化し続けていて、現在建設中の超巨大望遠鏡の補償光学装置の開発が進んでいる。

以上、可視光、赤外望遠鏡の発展について述べたが、1950 年代からは電波望遠鏡、X 線望遠鏡が登場する。さらに電磁波以外の宇宙の観測手段であるニュートリノ望遠鏡が1980年代、重力波望遠鏡が2010年代に登場して、宇宙のさまざまな姿を我々に見せてくれている。1.7節で触れるように、これらの望遠鏡の発展により、マルチメッセンジャー天文学という新しい分野が形成されつつある。

1.5 記録媒体の発展

望遠鏡と同じく重要なのは、天体の情報を記録する方法である。望遠鏡で光を集めるとしても天体からの光はごくごく淡く、この淡い光を記録する媒体の開発は19世紀まではできず、記録はもっぱら肉眼によるスケッチであった。1.4節で述べた口径1.83 mの望遠鏡をつくったロス卿による銀河M51（**図1.3**）のスケッチが残されているが、現在の同じ銀河の画像と似てはいるものの、渦巻き模様などは主観が入ったようなタッチである。

また、人間には見たいものを見るという性質があり、有名な例として19世紀末のアメリカの天文学者パーシバル・ローウェル（1855～1916）が火星表面に幾筋もの直線模様を「観測」して、スケッチに描き残したという例がある。ローウェルはこの模様を「人工的に築かれた運河」だと考えたが、後の観測でそのような直線模様自体が存在しないことが明らかになった。このように、肉眼による記録は客観性に乏しい。

さらに重要なことは、肉眼が感知する光はある特定の範囲の電磁波（可視光）だけに限られることである。天体はその物理的な性質によってさまざまな波長の電磁波を放射する。したがって肉眼でのスケッチは、宇宙のごく一部しか観測していないことになる。このことは以下に述べる物理学の発展によって明らかになった。

図1.3　ロス卿によるM51のスケッチ（William Parsons, 1845）とハッブル宇宙望遠鏡による画像（S. Beckwith (STScI), Hubble Heritage Team (STScI/AURA), ESA, NASA）

1.5.1 写真の登場

1820年代に、塩化銀が光に当たると黒く変色することから写真（銀塩写真）が発明された。1830年代にはイギリスのウィリアム・タルボット（1800～1877）とウィリアム・ハーシェルの息子でやはり天文学者だったジョン・ハーシェル（1792～1871）が焼き増しを可能にする技術を発明し、写真は急速に広がった。1839年にハーシェルの撮った父のつくった口径1.22 mの望遠鏡の写真が残っている（**図1.4**）。ちなみに“photography”という言葉を初めて使ったのも、このハーシェルである。またハーシェルは1等星が6等星よりも100倍明るいことを発見したことでも知られている。

最初に天体（月）の写真を撮ったのはアメリカの化学者ジョン・ドレーパー（1811～1882）で、1840年のことである。ドレーパーはまた太陽の光を波長ごとに分けて撮影する分光写真にも成功した。その観測は息子のヘンリー・ドレーパー（1837～1882）に引き継がれた。彼は自作の口径71 cmの望遠鏡にプリズム分光器をつけて、1872年に恒星ベガの分光観測を行って波長ごとの光の強度（**スペクトル**）を撮影し、1880年にはオリオン大星雲のスペクトルを撮影した。彼の観測はハーバード大学の天文台に引き継がれ、写真の利用によって最終的には22万個以上の恒星のスペクトルが得られた。このデータをもとにハーバード分類と呼ばれる現在の分類の基礎となるスペクトル型による恒星の分類ができ上がった。この分類によって恒星の進化、銀河の進化などの理解が大きく進んだ。天文学では特定

図1.4　ジョン・ハーシェルが撮影した40フィート望遠鏡の写真（John Herschel, 1839）

の天体の大規模なデータベースをつくることが、その天体の性質の理解はもちろん、ほかの分野にとってもきわめて重要であることの典型的な例である。現在でも銀河の大規模データベースがつくられ、それによって第 10 章で述べるように銀河、宇宙に対する理解が大きく進んでいる。

1.5.2 標準光源

またこの当時のハーバード大学の恒星研究の大きな成果としてセファイド変光星の明るさと変光周期の関係の発見がある。ハーバード大学天文台で多数の写真乾板に写った恒星の光度測定に従事していたヘンリエッタ・リービット（1868～1921）は、小マゼラン雲中のある種の変光星（**セファイド変光星**）の見かけの明るさが明るいほど、変光周期が長いという明確な関係があることを発見した（**図 1.5**）。地球からそれらの変光星までの距離はほぼ同じなので、このことはセファイド変光星には絶対的な明るさと変光周期の間に関係（**光度周期関係**）があることを意味する。天文学で最も難しい問題の 1 つは、天体までの距離の測定である。リービットの発見は、セファイド変光星に対して変光周期を測れば絶対的な明るさが分かり、それと見かけの明るさを比べれば距離が分かるということを意味する。こうして天文学は初めて遠い天体までの距離を測る方法を手に入れた。

当時、アンドロメダ銀河は我々の銀河系の中の天体か、あるいは銀河系の外にある銀河系と同等の大きさの天体かという大論争が起こっていた。リービットの

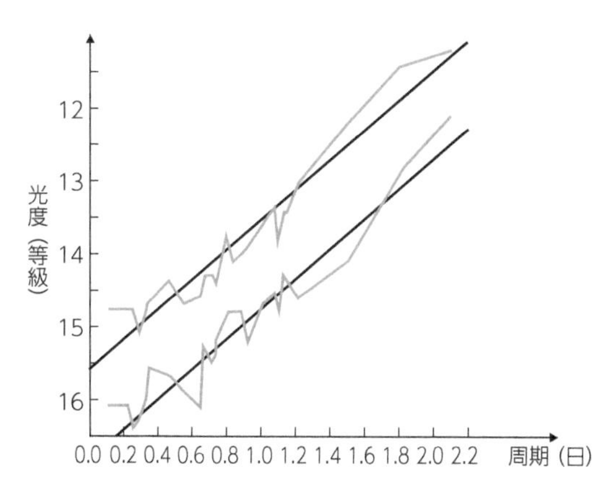

図 1.5　リービットの見つけたセファイド変光星の光度周期関係（H. S. Leavitt and E. C. Pickering (1912), *Harvard College Observatory Circular*, 173, 1 より作成）。横軸が変光周期、縦軸が明るさ。この図で上に行くほど明るい

発見はこの問題に決着をつけるのに利用された。ハッブルがアンドロメダ銀河の中にセファイド変光星を見つけ、それまでの距離を 90 万光年程度であるとした。当時銀河系の大きさすら分かっていなかったが、最大の評価でも直径 30 万光年と見積もられていたので、アンドロメダ銀河が我々の銀河系と同等のはるか遠方の存在であることが確実となった。現在の測定値によると、アンドロメダ銀河までの距離は約 250 万光年となっている。この違いは、ハッブルの見つけたセファイド変光星が、リービットが見つけたセファイド変光星とは別種のものだったからである。セファイド変光星に 2 種類あることは 1940 年代になるまで知られていなかった。ちなみに我々の銀河系の大きさは直径 10 万光年程度である。リービットの研究が可能となったのは、感光乳剤をガラス板上に塗って乾燥させた写真乾板が利用できるようになったからである。写真乾板は変形が少なく持ち運びができ保存できるので、南アフリカで撮影された小マゼラン雲の写真が自由に利用できたのである。

1.5.3 CCD の登場

写真は肉眼と違って客観的で、しかもある程度の時間にわたって光を溜めることができ、淡い光まで検出できるという利点がある。このため天文学を飛躍的に発展させた。しかし利点ばかりでなく欠点もある。量子効率（やってきた光の何％が記録できるか）は 1〜2％と低く、また入射光量と写真像の濃度が単純な比例関係でないことなどから、たとえば星の等級の正確な測定には不十分である。そこで登場したのが CCD（電荷結合素子）である。これは入射光をその光子数に比例した電子信号に変える半導体素子で、光量と感度の関係が線形で量子効率は波長によるが 60％程度以上と非常に高く、微弱な天体の画像センサーとして、1980 年代から急速に利用されるようになった。**図 1.6** の同一天域の乳剤乾板写真と CCD 画像の比較を見れば、その違いは一目瞭然である。

1.6 多波長天文学

人間が感知できる光を可視光というが、可視光には虹の七色として知られるように赤から紫までの色がある。1660 年代、ニュートンがプリズムを使って太陽光を七色に分けたことから、太陽光に七色の光すべてが含まれていることを示した。これが**分光学**の始まりである。1800 年、ウィリアム・ハーシェルが太陽光をプリ

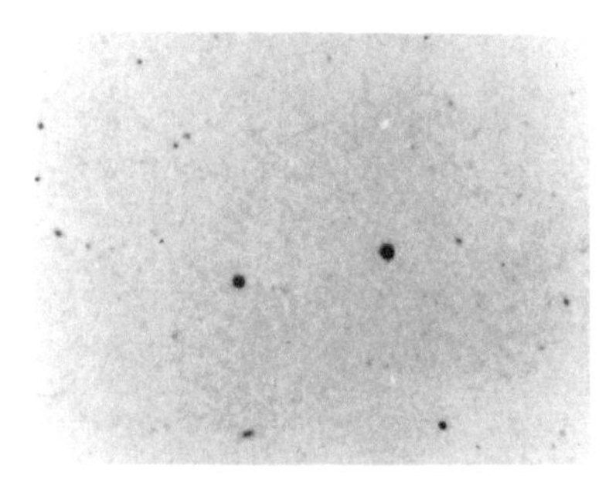

図 1.6　写真と CCD 画像の違い（J. A. Tyson (1988), *Astronomical Journal*, 96, 1）

ズムで分光した赤色光の隣に置いた温度計が熱を感知することから、赤色の光よりも波長が長く肉眼では見えない光（**赤外線**）を発見した。その発見に刺激されて翌年には紫色よりも波長の短い**紫外線**が発見された。発見当時は可視光、赤外線、紫外線は別の種類の光とみなされていたが、1830 年代以降、赤外線も紫外線も可視光と同じく反射や屈折、偏光という性質を持っていることが明らかになり、同じ種類の波動現象であることが確認された。そして最終的にジェームス・クラーク・マクスウェル（1831〜1879）によって電磁波の存在が確立し、赤外線、可視光、紫外線が単なる波長の違いであることが確認された。

天体の分光観測は、1814 年、ヨゼフ・フォン・フラウンホーファー（1787〜1826）が太陽のスペクトル（波長ごとの電磁波の強さ）中に多数の暗線（スペクトル中で暗く見える波長、吸収線ともいう）を発見したことから始まる。フラウンホーファーはほかの恒星についてもスペクトルをとって太陽とは違う波長で暗線を発見している。星は基本的にはその表面温度で決まるスペクトルで輝いているが、そのスペクトルの中には特に明るい**輝線**、暗い**吸収線**がある。輝線と吸収線はそのガス中、あるいはガスと我々の間にある元素によってつくられたものである。それが具体的にどのようにつくられ、天体のどんな状態を反映しているのかが理解できたのは、物質が原子や分子からできているということが確立し、ミクロの世界の法則である**量子力学**が発見されてからのことになる。天文学は天体物理学とも呼ばれるように物理学を宇宙に適用した学問ということができるが、特に量子力学の発見は天文学の進歩に重要な役割を果たした。たとえば今日では当たり前に思われている恒星大気の主成分が水素であるという事実も、1925 年、ロシア出身のアメリカの天文学者セシリア・ペイン＝ガポーシュキン（1900〜1979）

の博士論文で量子力学を使って初めて明らかにされた。また恒星のエネルギー源が水素の核融合反応であることが解明されたのは、量子力学に基づく原子核についての理解が進んだ1938年から1939年のことである。夜空に輝く星の大半は、水素の核融合反応で輝いている（このような星を主系列段階にある星、あるいは単に**主系列星**と呼ぶ)。

1.6.1 電波天文学

量子力学によってさまざまな原子や分子がどのような波長の電磁波を放射、吸収するのかが理解されるようになっても、それがすぐには天文学に結びつかなかった。たとえば電波はさまざまな分子から放射されたり、絶対温度*2で10 K（ケルビン）程度という低温物質から放射されたりする。またX線は1000万Kという超高温物質から放射されることは量子力学が確立した直後に分かっていた。しかし可視光でしか宇宙を見ていなかった天文学者にとってそんな低温天体、高温天体が宇宙に存在すると想像するのは難しかったのである。

また技術的な困難もあった。電波望遠鏡のアンテナで実際に天体から受ける電波強度は10^{-12} mW（ミリワット）程度であるが、そのような微弱な信号は受け取ったとしても解析できないので、1 mW程度まで増幅する必要がある。しかし信号は増幅すると雑音もいっしょに増幅されて雑音に隠れてしまう。当時の天学者は雑音を抑えて天体からの信号だけを取り出す技術を持っていなかった。

この心理的、技術的困難を突破したのは、天文学者ではなかった。**電波天文学**の幕を開いたのは、1930年にアメリカのベル研究所の技術者カール・ジャンスキー（1905〜1950）である。ジャンスキーは銀河系中心領域からの振動数20.5 MHz（メガヘルツ）（波長14.6 m）の電波を観測したのである。可視光より波長が長い電波は、低温の星間ガスからだけ放出されるわけではなく、恒星よりも低温の天体、あるいは天体の低温領域から放出されたり、天体に含まれる分子から放射されたりする。また天体の磁場の周りに荷電粒子の集団であるプラズマがあると、荷電粒子の運動から電波領域を含む広い範囲の波長で電磁波が放射される。こうして電波による観測によって可視光だけでは見ることができなかった宇宙の姿が明らかになった。さらには星間空間には星間塵（酸素、炭素、マグネシウム、ケイ素、鉄などからなる固体微粒子）を含む星間物質が存在して可視光

*2 絶対温度とは −273.15 ℃ をゼロとする温度目盛りであり、その単位を K（ケルビン）と書く。10 K は −263.15 ℃ に相当する。

を吸収、散乱している。その結果、可視光で見る天体の等級は方向と波長によるが平均すると、1 kpc（キロパーセク）*3 あたり 0.7〜1 等程度減光してしまう。これを**星間減光**、あるいは**星間赤化**という。一般に波長が長いほど星間塵による吸収、散乱の影響は少ないので本来の明るさよりも暗く、また本来の色よりも赤く見えるからである。例えば銀河系中心方向では星間減光は 25 等以上にも及び、可視光で銀河中心を観測することは不可能になる。一方、電波は星間塵の影響をほとんど受けることがなく銀河中心部が放射する電波を直接観測することができる。このように電波による観測は非常に重要である。実際、ジャンスキーが検出した電波は銀河中心からの電波だった。

第二次世界大戦中に発展した通信技術は戦後、天文学に応用され 1950 年以降、電波天文学は急速に発展する。銀河系円盤の渦巻き構造を解明し、電波銀河や高速で回転する中性子星であるパルサーなどの新しい天体の発見、星間ガス中のさまざまな分子の発見、さらに宇宙が超高温、超高密度状態だった名残の電波（マイクロ波）の発見、形成途上の惑星の観測など多方面で大きな成果を上げている。ちなみに天文学における電波強度は 1 m^2、1 Hz（ヘルツ）あたり 10^{-26} W（ワット）を単位として測るが、この単位を Jy（ジャンスキー）と呼ぶ。放送局が出している電波強度は 10^{11}〜10^{12} Jy 程度と非常に強いので、電波望遠鏡は人工の電波を避けるため人里離れた場所に設置される。

このように電波は可視光よりも 1 万倍以上の長い波長によって新しい宇宙の姿を見せてくれるが、それと同時に長い波長ゆえの観測の困難も存在する。1.4 節でも触れたように望遠鏡の分解能は口径に比例し、波長に反比例する。このことは光学望遠鏡と同じ分解能を得るには光学望遠鏡の 1 万倍の口径が必要ということである。このため電波望遠鏡のアンテナの口径は大きくなっている。たとえば日本の野辺山にある電波望遠鏡の口径は 45 m だが、分解能は 15 秒角程度で双眼鏡程度にすぎない（もちろん分解能だけが重要ではなく、野辺山 45 m 望遠鏡は波長 3 mm、周波数 100 GHz（ギガヘルツ）前後の単一鏡望遠鏡としては世界最大で、星間ガス中に多数の分子を発見したり、M106 銀河中心のブラックホールの確認など多くの業績を上げている）。すべての金属は電波を反射するのでアンテナの素材はどんな金属でもよいが、大きくなると重量も増加するためアンテナはアルミニウムなどの軽い金属でつくられている。それでも、その重量のため目的

*3　pc（パーセク）は距離の単位で、1 pc は約 3.09×10^{16} m（約 3.26 光年）に等しい。1 kpc は 1 pc の 1000 倍である。次章 2.1.2 節も参照。

の天体を追尾するためアンテナの方向を変えることができる電波望遠鏡には限界があり、口径 100 m 程度となる。一方、アンテナを固定して受信器の位置を変えることである程度の範囲をカバーし、後は地球の自転で観測方向を変える固定望遠鏡としては、現在、中国貴州省の自然の窪地を利用した天眼というニックネームの口径 500 m（有効直径 300 m 程度）の電波望遠鏡が最大となる。

しかし 1946 年、イギリスの天文学者マーチン・ライル（1918〜1984）によって**開口合成法**という技術が提案され、電波望遠鏡の分解能を大きく向上させることができるようになった。これは複数の電波望遠鏡の信号を合成して、望遠鏡同士の間隔を口径とする 1 つの大きな望遠鏡として機能させる技術である。これによってそれまで正確な位置が分からなかった電波源を銀河と同定することができ、1950 年代後半に 3C カタログと呼ばれる電波銀河のカタログがつくられた（3C の 3 はケンブリッジ大学が 3 番目につくったカタログという意味である。1C, 2C もあったが、3C に含まれるので 3C カタログに統一された）。また干渉計は望遠鏡同士の間隔が長いほど分解能が良くなるが、複数の望遠鏡をケーブルでつなぐ方法では、せいぜい 10 km 程度の間隔でしか干渉計が組めず、分解能は 1 秒角程度となる。それ以上の分解能を得るには、1000 km を超えるような望遠鏡同士の干渉計をつくる必要があるが、そのような望遠鏡をケーブルでつなぐことはできないため、各々の望遠鏡の時刻を正確に測定してデータを 1 ヵ所に持ち寄って合成する必要がある。それには各々の観測時刻をきわめて正確に測定しなければならない。これは原子時計の精度と安定性が改善したこと、および各々の望遠鏡の膨大なデータを記録できる媒体（磁気テープ）が利用できるようになった 1960 年代になって可能になり、分解能が光学望遠鏡をしのぐほど飛躍的に向上した。このような大陸間の電波望遠鏡を VLBI（Very Long Baseline Interferometer, 超長基線電波干渉計）という。その結果、1970 年代には電波銀河の中心核から放射されているジェットの構造の観測、1980 年代には地球表面を覆っているプレートの移動も観測された。2002 年からは南米チリのアタカマ高原に 60 台以上の電波望遠鏡による干渉計が観測を始め、ミリ波領域では 100 分の 1 秒角という驚異的な分解能を実現して、惑星形成の観測などで大きな成果を上げている。

開口合成の原理は可視光の望遠鏡でも同じだが、可視光の場合には電波よりも波長が 1 万分の 1 以上短いので、電場の変化が非常に速い。このため、実際に実用化されたのは、各々の望遠鏡に電波が届くまでの時間差を正確に測る精度の良い原子時計と膨大なデータの合成のための高速のコンピュータが登場する 1990

年代に入ってからになった。

1.6.2 赤外線天文学

可視光より波長が長く電波よりも短い赤外線は発見が早かったものの、天文で必要な微弱な赤外線を感知できる検出器の登場が遅れたことや大気中の水蒸気によって吸収されるため観測地が乾燥した高地や大気圏外に限られることなどから、**赤外線天文学**が始まったのは 1960 年代になった。

第二次世界大戦中にドイツで開発された硫化鉛を用いた光電導検出器（光を当てることで電気伝導率が上がることを利用した検出器）を天文に利用することで、1966 年に銀河中心の恒星からの近赤外線が初めて観測された。赤外線は可視光に比べて星間物質による吸収・散乱の影響が小さいため、それまでの可視光では観測できず、また電波では粗くしか観測できなかった銀河中心部の構造が観測できるようになった（波長 1〜3 μm（マイクロメートル）の電磁波を近赤外線、3〜30 μm を中間赤外線、それ以上の波長を遠赤外線という）。また温度の上昇によって物質の電気抵抗が変化することを利用したボロメータの開発も進み、1970 年代から赤外線天文学は急速に進展した。またボロメータよりもはるかに感度が良い光電効果（光を当てると電子が放出される効果）を利用した量子型検出器も開発されている。赤外線観測はスタートは遅れたもののその進展は目覚ましく、恒星の大半を占める低質量星や星間ガスで隠されて可視光では見えない天体の研究、惑星や原始銀河の観測にはなくてはならない観測手段である。

電波天文学や赤外線天文学の発展によって星間空間にさまざまな分子が存在し、それらは星形成や惑星形成を理解する鍵となる。星間空間は地上の実験室とはまったく違い極低温、極低密度である。星間空間で起こっている天体現象の解明にはこのような極限的な環境で起こる化学反応を研究する**星間化学**が、必要不可欠となる。

1.6.3 X 線天文学

一方、可視光よりも波長の短い紫外線や X 線の観測は、地球大気が紫外線や X 線を通さないため、大気圏上層や大気圏外から行うことが必要となる。太陽面での大爆発であるフレアから紫外線や X 線が出ていることは予想されていたが、波長は 0.1〜50 nm（$1\ \mathrm{nm} = 10^{-9}\ \mathrm{m}$）で X 線としては比較的長波長でエネルギーが低く軟X線と呼ばれる。それ以上波長が短くエネルギーの大きなX線は1000万K以上という超高温でしか放出されない。1960年以前にはそのような天体の存在は想定されておらず、したがって大気圏外に出てX線を観測する理由を当時の天文学者は持っていなかった。

しかし1962年、ブルーノ・ロッシ（1905～1993）、リカルド・ジャコーニ（1931～2018）は「自然は人間の想像力を超えている」として1962年、ロケットを使った最初の太陽系外X線天体の観測を行い、銀河中心からのX線源を発見し、**X線天文学**が始まった。1970年代の初めには、X線観測によってはくちょう座X-1と呼ばれるX線源がブラックホール*4と恒星の連星であることが強く示唆された。ブラックホールに限らず、中性子星や白色矮星など太陽程度の質量を持っているにもかかわらず、そのサイズが太陽よりもはるかに小さい天体をコンパクト星というが、宇宙で起こっている高エネルギー現象の多くはコンパクト星周りにできる高温円盤によって引き起こされていることが分かっている。X線天文学は銀河の集団である銀河団の真の姿も明らかにした。可視光では銀河団は銀河が写るだけだが、X線観測ではX線を放出する高温ガスが銀河団を取り巻き、銀河はその中に漂っているのである。

X線が主に加熱された高温プラズマ（原子が電離されて原子核と電子が自由に運動している状態）から放射されるのに対して、それより波長の短いガンマ線は原子核が高いエネルギー状態からより安定な低いエネルギー状態に移行する過程で放出される。また超高速に加速された荷電粒子の加速度運動からも放射されるため、ガンマ線の観測は活動銀河中心核、超新星爆発や中性子星の衝突など宇宙で最もエネルギーの高い爆発現象の解明に不可欠である。最初の宇宙からのガンマ線は1967年、アメリカの核実験監視衛星によって検出された。このガンマ線は発生から数十秒で暗くなり、その後**ガンマ線バースト**と名づけられた。

発見時にはガンマ線バーストの発生源が不明であったが、観測データの詳細な検討から1973年になって発生源が太陽系外であることが確定した。1991年、NASAが天球上でのガンマ線源の位置を数度精度で決定できる検出器を搭載した観測衛星CGRO（Compton Gamma Ray Observatory）を打ち上げた。その結果、ガンマ線バーストが1日に1回程度検出され、発生源が天球上でほぼ一様に分布していることが分かり、銀河系内の現象ではなく、遠方の銀河で起きた莫大なエネ

*4　重力が非常に強く光さえも逃げ出せない時空の領域。太陽質量の30倍程度以上の星が超新星爆発を起こしたとき、その中心部につくられる。詳しくは第8章参照。

ルギーを伴う爆発現象であることが分かった。このようにガンマ線の観測によって宇宙における最も激しい爆発現象を解明する分野を**ガンマ線天文学**という。ガンマ線バーストは、バーストののちX線や可視光で数日にわたって輝くことがある。ガンマ線バーストの解明には、ガンマ線天文学ばかりでなく、X線、可視光、電波による観測など、複数の波長帯での観測が重要である。

またX線やガンマ線領域の電磁波は波よりも光子として振る舞うので、波長や振動数の代わりに光子1個のエネルギーで測ることの方が多い。エネルギーの単位としてはeV（電子ボルト）が用いられる。1 eVは、電子を、1 V（ボルト）の電位差で加速したときに得られるエネルギーである。

$$1\,\mathrm{eV} = 1.602 \times 10^{-19}\,\mathrm{J} \tag{1.6.1}$$

X線光子のエネルギーは10 eVから100 keV（キロ電子ボルト）程度（$1\,\mathrm{keV} = 10^3\,\mathrm{eV}$）、ガンマ線光子はそれ以上のエネルギーである。エネルギーと波長の関係は次のようになる。

$$\lambda(\mathrm{nm}) = \frac{1239.85}{E(\mathrm{eV})} \tag{1.6.2}$$

天体はさまざまな波長の電磁波を放射している。たとえば**クェーサー**と呼ばれる天体は、点状に見える領域から銀河系の100倍ものエネルギーを電波からX線にわたる電磁波を放射しているが、それぞれの波長の電磁波は天体の違った領域で違った原因で放射される。さまざまな波長の情報をすべて集めることによって天体の本当の姿が浮かび上がってくる。このように宇宙の真の姿を知ることは、可視光だけでなくさまざまな波長の電磁波を観測して初めて可能になる。20世紀後半からの電波、赤外線、可視光、紫外線、X線、ガンマ線天文学の発展によって、この**多波長天文学**が可能になった。

1.7 マルチメッセンジャー天文学

ここまでで見たように、天体望遠鏡で宇宙を見たとき、電波やX線で宇宙を観測したとき、それまで想像できなかった宇宙の姿が現れ天文学が大きく発展した。新しい観測技術、新しい宇宙をのぞく窓の発見がいかに天文学にとって重要かが分かる。物理学の発展は天体が電磁波だけでなく、まったく別の放射を行っていることを明らかにしている。それが**ニュートリノ**と**重力波**である。これらが運んでくる情報は電磁波が運ぶ情報とはまったく違っている。

たとえば超新星爆発は昼間でも肉眼で見えるほどに輝くが、電磁波として放射されるエネルギーは爆発のエネルギーのほんの数%にすぎず、残りの大半のエネルギーは爆発の中心部で発生したニュートリノという素粒子が持ち去る。したがってニュートリノの観測なしには超新星の真の姿は分からない。この超新星ニュートリノは1987年に日本の旧神岡鉱山の地下1000 mに設置されたニュートリノ検出装置カミオカンデによって初めて検出され、超新星爆発のメカニズムの理解に大きな貢献をした。2000年代にはカミオカンデの発展形であるスーパーカミオカンデなどでニュートリノ振動（3種類あるニュートリノがお互いに移り変わる現象）が確認され、1960年代から謎だった太陽中心部から放射されるニュートリノが理論的な予言よりも少ないという太陽ニュートリノ問題を解決し、これらの業績によって小柴昌俊（2002年）と梶田隆章（2015年）がノーベル物理学賞を受賞した。

さらに21世紀に入ると、人類はまったく新しい宇宙の観測手段を手に入れた。重力波である。重力波とは質量を持った物体が加速度運動を行うと周りの空間を振動させ、その振動が光速度で周囲に伝わっていく現象である。この現象は1917年、アインシュタインが提唱したニュートンの重力理論に取って代わる新しい重力理論である一般相対性理論によって、その存在が予言されていた。一般相対性理論では重力は時空の曲がり、あるいはゆがみとして表されるが、時空の曲がり、具体的には空間が伸びたり縮んだりを繰り返す振動が重力波である。遠方の天体からの重力波は、たとえば太陽と地球の間の距離約1億5000万kmを原子1個分だけ伸ばしたり、縮めたりする程度の微弱な変化だが、非常に重力が強い天体である中性子星やブラックホールなどの激しい運動を観測するほとんど唯一の手段となる。このため1960年頃から重力波を直接検出する試みが始まっていた。そしてついに2015年、アメリカの重力波望遠鏡**LIGO**（Laser Interferometer Gravitational-Wave Observatory）は、天体からの重力波を初めて直接検出した。この重力波は太陽質量の30倍程度の2つのブラックホールの衝突合体から放射されたこと、そしてこの衝突によって太陽質量の3倍に相当する質量エネルギーが重力波によって持ち去られたことが重力波形の解析の結果から分かった。

2017年に検出された重力波は、その波形の解析から中性子星同士の衝突・合体によって放射されたことが分かった。ブラックホール同士の衝突とは違い、中性子星の衝突では電磁波も放射される。実際、重力波検出の2秒後にはガンマ線のバーストが観測され、そして11時間後に可視光、赤外線観測によって対応する天体が約1.3億光年かなたの銀河の中に発見された。さらに減光の様子や、数週間にわたるX線や電波などさまざまな波長で観測が行われた。その結果、それまで謎だった金、プラチナ、ウランのような星の中では合成できない元素は中性子星同士の衝突によってつくられていることが確からしくなったのである。

このように電磁波だけでなく重力波やニュートリノなどあらゆる情報から天体現象を総合的に解明する観測を**マルチメッセンジャー天文学**という。ニュートリノや重力波の観測は、電磁波による観測と比べるとまだ歴史が浅く、今後の観測装置の大型化、高性能化によって近い将来、本格的なマルチメッセンジャー天文学の時代になることが期待される。

1.8 宇宙生物学の誕生

夜空に輝く無数の星のどれかには地球のような惑星があって生命が存在しているのだろう。ヨーロッパ中世のドミニコ会の修道士ジョルダノ・ブルーノ（1548～1600）は、当時すでに知られていたコペルニクスの地動説をさらに大胆に進めた。宇宙は無限で中心はなく太陽は夜空に輝く星の1つにすぎず、太陽の周りをいくつもの惑星が回っているように、無数の星の周りにも惑星があり地球のように生命が存在していると主張した。このような考えは当時としては過激な思想とみなされ処刑されることになるが、時を経るにつれ当然と受け取られていった。しかし観測的な裏づけがないため天文学ではなく空想にすぎなかった。

実際に太陽以外の恒星に惑星（系外惑星）が発見されたのは、1995年のことである。ジュネーブ天文台のミッシェル・マイヨールとディディエ・クローは地球から約50光年かなたにある太陽程度の質量を持ったペガサス座51番星の周りに惑星を発見した。このときから「太陽系以外に生命は存在するのか」という疑問は天文学の最もホットな話題となる。

しかし、マイヨールたちの発見した惑星は予想していたものとはまったく違っていた。その大きさは木星の半分程度で、恒星からの距離は太陽と木星の距離の100分の1程度、太陽系で太陽に最も近い惑星ある水星と比べても8分の1程度と、恒星から非常に近い距離をたった3日の周期で回っていたのである。このような恒星のすぐ近くを公転している惑星の大気の温度は 1000 K にもなっていると推定される。その後、このように恒星から非常に近い距離にある木星クラスの惑星が次々発見され、**ホットジュピター**と呼ばれることになった。太陽系の場合とはまったく違った惑星の配置であったため、この発見は太陽系が典型的な惑星の配置だと暗黙のうちに信じていた天文学者に、惑星形成についての理解がまだまだ不十分であったことを知らしめることとなった。惑星形成の観測と理論は現代天文学の最先端の話題の１つである。

最初の惑星は**ドップラー法**によって発見された。恒星が惑星を持つと、恒星と惑星はその共通重心の周りを回転することになり、恒星自身もわずかにふらつき、地球に近づいたり遠ざかったりする。ドップラー効果によって近づいているときに出た光の波長は長く、遠ざかっているときに出た光の波長は短く観測されるので、恒星の周期的な波長の変化を観測して、ふらつきの原因である惑星の存在を確認する方法をドップラー法という。ペガサス座 51 番星の場合、地球に対する視線速度は $70\,\mathrm{m\,s^{-1}}$ と小さなものだが、十分観測可能だった。現在の惑星検出の主流は、惑星が恒星の前面（地球に向いた方向）を横切るときに表面の一部を隠すことで周期的に暗くなることを利用する方法で、**トランジット法**という。**図 1.7** は 1 m クラスの日本国内の望遠鏡による 33.4 光年かなたの赤色矮星グリーゼ 436 周りの海王星クラスの惑星によるトランジット法による観測例である。この方法で 2020 年の時点で 6000 個を超える惑星の候補が見つかっている。地球のような岩石惑星もいくつか発見されている。

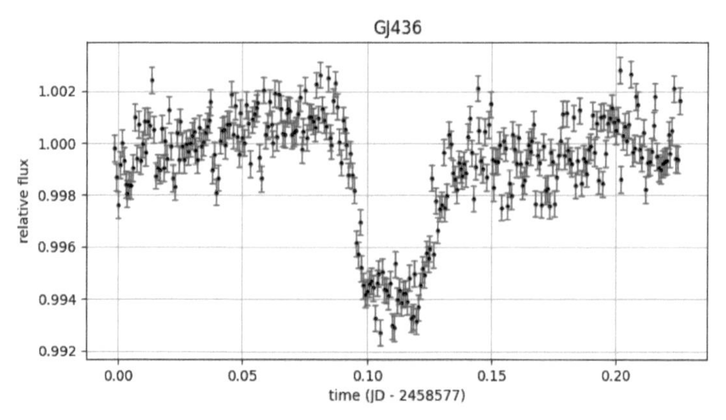

図 1.7　トランジット法による観測（京都産業大学、米原厚憲氏提供）

さらに地球のような岩石惑星で恒星から適当な距離にあって液体の水が存在できる惑星も見つかっている。液体の水は生命存在に必要な条件と考えれているため、大気を持つ惑星表面で液体の水が存在できる恒星からの距離の範囲を、**ハビタブルゾーン**という。太陽系の場合、太陽と地球の平均距離の0.97倍から1.39倍程度と見積もられているが、惑星の質量、大気組成、温暖化物質など不定性が多いことから厳密には決まっていない。またエネルギー源は主星だけに限らない。木星や土星の衛星の中には木星や土星からの潮汐力によって内部に摩擦熱が生じ、内部海を持っているものがあり、そのような衛星にも生命の可能性が議論されている。

生命誕生と進化の条件は恒星からの距離ばかりではない。地球を例にとると、現在までに発見されている最古の生命の化石は約35億年前のもので、生命誕生はさらに遡って現在から40億年程度前であると考えられている。したがって生命誕生から人間のような高等生命にまでに進化するには最低でも40億年かかっている。一方で恒星の寿命はその質量で決まり、太陽程度の質量の恒星では約100億年であるが、太陽の2倍の質量の恒星になると13億年程度になってしまう。太陽の半分の質量の星の寿命は1000億年を超える。したがって高等生命が存在しうる惑星を持った恒星は太陽質量程度かそれ以下である。

地球以外の宇宙に生命を見つけ交信することが天文学の究極の目的の1つだとすると、この挑戦は始まったばかりである。しかもこの挑戦は天文学の範囲を大きく超えて生物物理学、地球物理学、生化学、生物学などを網羅した総合的な学問であり、**宇宙生物学**（**アストロバイオロジー**）と呼ばれる新しい学問が出てきている。

1.9 天文学の研究手法

天文学の進展は観測機器の進歩と物理学の進歩によるところが大きい。観測したい対象に特化した適切な観測装置は天文学者自ら開発に携わっており、機器開発も天文学の重要な分野となっている。

1980年代の発展は、観測と理論という両輪に加えて計算機の発展に伴って数値天文学というべき研究分野が理論の重要な手段となった。天文学が物理学と大きく違う点は、実験ができないということである。科学の科学たるゆえんは、その再現性である。同じ条件で実験すれば、誰が実験しても同じ結果を出すということである。しかし天文学ではほとんどの場合、そのスケールや物理条件は人間が実現できるものとは桁違いであり、同じ条件を設定して同じ実験をすることは不可能である。実験に取って代わるものが数値シミュレーションである。コンピュータの処理能力、メモリーの発展は、天文学的状況での現実的なシミュレーションを可能にして、**数値天文学**という新たな分野ができている。たとえばブラックホール合体や中性子星合体で検出された重力波から物理的な情報を引き出すには、一般相対性理論の基礎方程式を数値的に解く数値相対論の進展なくしては不可能であった。

また21世紀に入っての観測装置の大型化、プロジェクト、それに伴うサーベイの大規模化に従って得られる観測データは膨大なものになる。たとえば2024年から観測が始まる口径8.4 mのシモニー・サーベイ望遠鏡は重さ3 t、32億画素のCCDカメラで数十億個の銀河、100万個の超新星、数百万の銀河系の恒星の運動などの観測を10年間行うことを目的にチリに建設された望遠鏡であるが、毎晩得られるイメージデータは15テラバイト（1.5×10^4 ギガバイト）以上、1年で6ペタバイト（6.0×10^3 テラバイト）以上のデータが出てくる。この膨大なデータからさまざまなタイプの銀河、超新星、恒星などを判別し、等級、スペクトルなどの特徴を引き出さなければならない。人間業では到底不可能であることは明らかである。これは一例にすぎず、このような膨大なデータ処理をする必要は今後どんどん増えてくることが予想される。このように膨大なデータの特徴を抽出して分類し、特徴を失うことなくデータを圧縮しなければ実際に使えるようにはならない。さらにデータの量の増加で初めて見えてくる法則性があるかもしれない。そのためにはデータを一定の数学的手法を用いて扱う**データ科学**が、天文学の研究にとって重要になりつつある。

NOTE 角運動量の保存則と面積速度一定の法則

太陽を中心として惑星までのベクトルを $\vec{r}$、惑星の質量を m とすると、惑星の角運動量は

$$\vec{L} = m\vec{r} \times \vec{v} \tag{1.9.1}$$

となる。ここで $\vec{v}$ は惑星の速度、m は惑星の質量。一方で惑星の運動方程式

$$m\frac{d\vec{v}}{dt} = -\frac{GM}{r^3}\vec{r} \tag{1.9.2}$$

から

$$\frac{d}{dt}\vec{L} = 0 \tag{1.9.3}$$

が導かれる。これが角運動量の保存則である。したがって角運動量ベクトル $\vec{L}$ はその方向も大きさも変化しない。$\frac{\vec{L}}{m}$ の大きさは、惑星の位置ベクトル $\vec{r}$ と速度ベクトル $\vec{v}$ のベクトル積の大きさであるが、これはに惑星の位置ベクトルと速度ベクトルのつくる平行四辺形の面積（太陽と惑星を結ぶ線分が単位時間に掃く面積の 2 倍）であり、角運動量の保存は、この面積が一定ということである。

天文学の観測の基礎

第 1 章でも述べたように現在の天文学はマルチメッセンジャー天文学の方向に進んでいるが、電磁波による観測が重要であることは変わりがない。また新たな発見の多くも、X 線や電波など可視光以外の波長で観測が行われるようになったことが大きな要因である。そこでまず天文学の観測的な基礎として、この章では電磁波観測の基礎概念を取り上げよう。

2.1 天体の明るさと等級

電磁波の存在は 1864 年、スコットランドの物理学者マクスウェルによって予言され、1888 年、ドイツの物理学者ハインリヒ・ヘルツ（1857〜1894）によってその存在が実証された。ヘルツの名前は電磁波の振動数の単位としても使われている。電磁波というのは電場と磁場の振動が真空中を伝わる現象で、1 秒間に 1 回の振動を 1 Hz（ヘルツ）という。電磁波の進む速度は 1 秒間に約 30 万 km なので、1 Hz の電磁波の波長は 30 万 km となる。人間の目で見える電磁波のことを可視光といって、1 秒間に約 400 兆回から約 800 兆回、すなわち 400 兆 Hz から 800 兆 Hz の間、波長にすると 100 万分の約 8.1 m から 100 万分の約 3.8 m の間の電磁波である。いちいち何百兆とか何百万分の 1 とかというのは大変なので、10^{14} とか 10^{-6} のように 10 のべきで表す。また 1000 m を 1 km というように、1 から 1000 倍数値が変わるごとにそれを単位とする名前をつけることもよくある。**表 2.1** は、数値と読み方の対応を示している。この表から可視光の振動数は 380 nm から 810 nm であるということができる。

表 2.1　国際単位系の接頭語

	名称	記号	大きさ	名称	記号	大きさ
	デカ	da	10	デシ	d	10^{-1}
	ヘクト	h	10^{2}	センチ	c	10^{-2}
	キロ	k	10^{3}	ミリ	m	10^{-3}
	メガ	M	10^{6}	マイクロ	μ	10^{-6}
	ギガ	G	10^{9}	ナノ	n	10^{-9}
	テラ	T	10^{12}	ピコ	p	10^{-12}
	ペタ	P	10^{15}	フェムト	f	10^{-15}
	エクサ	E	10^{18}	アト	a	10^{-18}
(1991年追加)	ゼタ	Z	10^{21}	ゼプト	z	10^{-21}
	ヨタ	Y	10^{24}	ヨクト	y	10^{-24}
(2022年追加)	ロナ	R	10^{27}	ロント	r	10^{-27}
	クエタ	Q	10^{30}	クエクト	q	10^{-30}

2.1.1 等級の定義

天体の明るさは歴史的に**等級**という概念で測られている。第 1 章で述べたようにこの概念は古代ギリシャの天文学者ヒッパルコスによって初めて使われた。その等級の概念を踏襲して現代的な観点から、等級は次のようにして定義されている。まず天体が単位時間当たりに電磁波として放射する全エネルギー（実際の観測ではある波長の範囲内のエネルギー）L を光度と呼ぶ。その単位はたとえば、「$\mathrm{J\,s^{-1}}$（ジュール毎秒）」、または「$\mathrm{erg\,s^{-1}}$（エルグ毎秒）」である。単位時間当たりのエネルギーの単位としてワット（W）も使われる。$1\,\mathrm{W} = 1\,\mathrm{J\,s^{-1}}$ である。erg（エルグ）はエネルギーの単位で、1 erg は、10^{-7} J（ジュール）である。J は MKS 系でのエネルギーの単位、erg は CGS 系のエネルギーの単位である。ちなみに水 1 g の温度を 1 °C 上げるのに必要なエネルギーは約 4.184 J で、これが 1 cal（カロリー）である。さて天体を中心とする半径 d の球面の面積は $4\pi d^2$ なので、天体から距離 d の位置にある単位面積を 1 秒間に通過するエネルギーは、

$$F = \frac{L}{4\pi d^2} \tag{2.1.1}$$

となる。この量を**エネルギー流束（フラックス）**といい、観測量である天体の明るさである。単位はたとえば、$\mathrm{W\,m^{-2}}$（ワット毎平方メートル）である。実際

の観測はある周波数帯で行われるので、周波数が ν から $\nu + d\nu$ の間のフラックス量 F_ν が重要で、これを単に明るさということもある。このとき明るさの単位は $\mathrm{W\,m^{-2}\,Hz^{-1}}$ となる。電波天文学では明るさの単位として 1.6.1 節で紹介した Jy（ジャンスキー）を使う。

$$1\,\mathrm{Jy} = 10^{-26}\,\mathrm{W\,m^{-2}\,Hz^{-1}} \tag{2.1.2}$$

たとえば出力 0.2 W、波長範囲が 1 MHz のスマホを月面に置いたときの明るさは (2.1.1) 式を波長範囲 1 MHz で割ればよいので、10 Jy ほどになる。電波銀河からの電波は 1 Jy 程度であるから、電波天体としては少し明るい程度となる。

広がった天体の観測としては**輝度** I が重要な役割を果たす。輝度とは天体全体のフラックスの中である微小部分（ある立体角）からやってくるフラックスである。したがって輝度を全方向にわたって足し合わせると、フラックスになる。*1

フラックス（流束）は距離の 2 乗に反比例するが、輝度は距離に依存しない。その理由は遠方の天体は暗く見えるが、遠い分同じ立体角を与える光源の面積は距離の 2 乗に比例して大きくなり、明るさの減少と打ち消すからである。*2

星の明るさを等級で表すことは、ヒッパルコスから始まったが、前章 1.5.1 節で述べたように、19 世紀にウィリアム・ハーシェルの息子のジョン・ハーシェルは 1 等星が 6 等星よりも 100 倍明るいことを発見した。そこで天体 A が天体 B より 100 倍明るいとき、天体 A の等級は天体 B より 5 等級明るいとして等級は以下のように正確に定義された。まず天体 A, B の明るさをそれぞれ F_A, F_B としたとき、それらの等級の差 Δm_AB を以下のように定義する。

---

*1　単位振動数当たりの輝度を I_ν と書くと、全方向にわたって積分すればフラックスになるから、次の関係がある。

$$F_\nu = \int I_\nu(\theta, \phi) \cos\theta d\Omega \tag{2.1.3}$$

ここで角度 θ は光線を受け取る面 dS の法線とやってくる光線がなす角で、光線方向に微小角度 $d\theta$, $d\phi$ の広がりがあるとする。この広がりを表すのが微小立体角要素 $d\Omega$ で、(θ, ϕ) を面 dS の中心を原点としてそこからの法線を z 軸としたときの極座標の角度座標としたとき、$d\Omega = \sin\theta d\theta \phi$ と表される。微小立体角要素をすべての方向にわたって積分すると、4π となる。これを全天の立体角が 4π であるという。また恒星のような点源では天球上で占める面積は小さいから上の式で $\theta \sim 0$ とできて

$$F_\nu = \int I_\nu d\Omega = 4\pi I_\nu \tag{2.1.4}$$

と近似することができる。

*2　非常に遠方の銀河のような宇宙論的な光源の場合は、宇宙膨張を考慮するため、これは成り立たない。天体の赤方偏移を z とすると光子のエネルギーと振動数は赤方偏移して減少し、さらに見かけの角度も宇宙膨張の効果で減少するため輝度は $(1+z)^{-4}$ に比例して減少する。

$$\Delta m_{\mathrm{AB}} = m_{\mathrm{A}} - m_{\mathrm{B}} = -2.5 \log_{10} \left(\frac{F_{\mathrm{A}}}{F_{\mathrm{B}}} \right) \tag{2.1.5}$$

この式は1856年にイギリスの天文学者ノーマン・ポグソン（1829～1891）によって提唱されたので、**ポグソンの式**と呼ばれる。恒星のような点源では上の式で流束を輝度 I に置き換えてよい。(2.1.5) 式では2つの天体の等級の差しか分からないため、1つの天体の等級の値を決めるには、基準となる天体を選んでその等級の値を決める必要がある。たとえばある星の明るさを F_0 として、その等級を0等級と定義すれば、明るさ F の天体の等級 m は (2.1.5) 式から

$$m = -2.5 \log_{10} \left(\frac{F}{F_0} \right) \tag{2.1.6}$$

となる。0等星として一般的には、こと座の主星ベガが使われる。ベガを基準にして決めた等級を、ベガ等級と呼ぶ。

実は天体の明るさは観測する波長によって異なる。ベガも観測波長が違うと微妙に明るさが違うため、現在では波長に依存しない基準が使われているが、ここでは触れない。より詳しいことを知りたい読者は巻末に挙げる参考書を参照してほしい。

波長によって天体の明るさが変わるため、観測結果はどの波長帯で観測したかを示す必要がある。特定の波長の範囲をバンドといって、標準的なバンドは可視光領域ではUバンド（波長360 nm付近）、Bバンド（波長440 nm付近）、Vバンド（波長550 nm付近）、Rバンド（660 nm付近）、Iバンド（805 nm付近）と呼ばれる。すばる望遠鏡のような高地に設置された望遠鏡では水蒸気による赤外線の吸収が少なく、さらに可視光に近い領域（近赤外線）も観測可能であるため、Jバンド（1.26 μm = 1260 nm付近）、Hバンド（1.64 μm付近）、Kバンド（2.2 μm付近）の3バンドも設定されている。

色指数

短い波長のバンドで測定された等級から長い波長のバンドで測定された等級の差を、**色指数**と呼ぶ。等級は明るいほど小さい値なので、色指数が小さいほど短い波長のバンドで測定された等級の方が小さい、すなわちその天体は短波長で明るいということになる。逆に色指数が大きいと天体は長波長で明るい。

たとえば冬の大三角と呼ばれる3つの明るい星のうちおおいぬ座のシリウスとオリオン座のベテルギウスを取り上げると、等級としてはどちらも同じ程度（Vバンドでのシリウスの等級 -1.46 等、ベテルギウスは変光星であるので、その平均の等級をとると 0.42 等級）であるが、シリウスは青白く、ベテルギウスは赤く輝いて見える。シリウスのBバンド等級 m_{B} とVバンド等級 m_{V} の差は、$m_{\mathrm{B}} - m_{\mathrm{V}} = 0$ であるのに対して、ベテルギウスは $m_{\mathrm{B}} - m_{\mathrm{V}} = 1.85$ で、したがってベテルギウスの方がより長い波長（赤い色）の光を多く放射していることになる。ちなみに太陽の色指数は、0.65 である。恒星の色は温度を表していて高温の星は青白く低温の星は赤い。こうして色指数は恒星の色、すなわち表面温度を定量的に表す指数である。

2.1.2 絶対等級の定義

シリウスはベテルギウスよりも少し明るいが、この違いは2つの星の本当の明るさの違いではない。2つの恒星の本当の明るさの比較は、それらを同じ距離に置いた場合に初めて可能になる。そこですべての天体を仮に 10 pc（パーセク）の距離に置いたときの見かけの等級を、**絶対等級**として定義する。天文学では天体の絶対的な明るさを、この絶対等級で比較する。**パーセク**（parsec、単位記号は pc）というのは、天文学特有の距離の単位で、次のように定義される。たとえば春分の日と秋分の日の太陽に対する地球の位置はちょうど正反対にあって、その間の距離は地球の公転軌道の直径である。したがって、同じ恒星を春分の日と秋分の日で観測すると、少し違った方向に見えるはずである。これを**年周視差**という。1 pc というのは、この年周視差が2秒角の星までの距離で、光年にすると 3.26 光年となる。シリウスの年周視差は約 0.377 秒角なので、距離は 2.64 pc となり、ベテルギウスの年周視差は約6ミリ秒角で距離は約 168 pc となる。[*3]

(2.1.1) 式から同じ光度を持った2つの天体が距離 d_1 と d_2 にあったとすると、地球上での明るさ（エネルギー流束）の比は次式となる。

$$\frac{F_2}{F_1} = \left(\frac{d_1}{d_2}\right)^2 \tag{2.1.7}$$

この関係で $d_1 = d$（単位は pc）、$d_2 = 10$ pc として (2.1.5) 式に代入すると、

*3 ベテルギウスは、それ自身の見かけの大きさが 40〜50 ミリ秒角と大きく、また明るいため年周視差の測定精度にはかなりの不定性がある。ここで引用したベテルギウスの数値は 20%程度の誤差がある。

$$m - M = 5\log_{10}\left(\frac{d}{10\,\mathrm{pc}}\right) \tag{2.1.8}$$

となって距離 d（単位は pc）にある見かけの等級 m の天体の絶対等級 M が分かる。たとえばシリウスまでの距離は 2.64 pc だったから V バンドの絶対等級は、1.9 等級となる。一方、ベテルギウスまでの距離は 168 pc だったから V バンドの平均絶対等級は −5.7 等級となって、実際にはベテルギウスの方が 100 倍以上明るい。一方でベテルギウスの色温度（2.2.1 節で後述）は大きいので、その表面温度が低いことが分かる。表面温度が低いのに明るいということは、ベテルギウスの表面積が非常に大きなことを意味している。実際にベテルギウスは太陽の 1000 倍程度の大きな半径を持っている。

2.2 熱的放射と非熱的放射

天体からどのようなメカニズムでどのような電磁波が放射されるのかを理解すれば、観測によって天体の素性が分かる。そのために電磁波の放射のメカニズムを知ることは、天文学を学ぶ上で非常に重要である。電磁波の放射は、**熱的放射**と**非熱的放射**に分けることができる。

2.2.1 熱的放射

物体の内部ではそれを構成する莫大な数の粒子（原子や電子やイオン）がランダムな運動をしている。これを熱運動といい、その運動エネルギーが熱エネルギーである。熱的放射とは物体の熱エネルギーが電磁波として放射されたものである。熱的放射の代表的な例を挙げる。

黒体放射

入射したあらゆる波長の電磁波を完全に吸収する仮想的な物体を**黒体**という。黒体の性質はたった 1 つのパラメータで表され、このパラメータが温度である。実際の天体は厳密には黒体ではないが、以下で述べるエネルギーあるいは放射輝度の振動数分布、あるいは波長分布（スペクトル）が近似的に黒体に等しい場合は、温度という概念は有用である。

黒体が放射する電磁波を黒体放射という。黒体放射の輝度（単位時間、単位面積、単位振動数当たりに単位立体角から受け取るエネルギー）は以下のように表される。

$$I_\nu(T) = \frac{2h\nu^3}{c^2} \frac{1}{e^{h\nu/k_\mathrm{B}T} - 1} \tag{2.2.1}$$

輝度は波長 λ の関数として表すことも多い。$\nu = c/\lambda$ から

$$I_\lambda(T) = \frac{2hc^2}{\lambda^5} \frac{1}{e^{hc/k_\mathrm{B}\lambda T} - 1} \tag{2.2.2}$$

このとき単位は、$\mathrm{W\,m^{-2}\,Hz^{-1}\,sr^{-1}}$ である。ここで c は光速度、h はプランク定数と呼ばれる物理学の基本定数である。k_B はボルツマン定数と呼ばれる量で、具体的な値は (2.3.10) 式参照。

$$c = 2.99792458 \times 10^8\,\mathrm{m\,s^{-1}} \tag{2.2.3}$$

$$h = 6.62607015 \times 10^{-34}\,\mathrm{J\,s} \tag{2.2.4}$$

輝度を全立体角、全振動数範囲で積分すると、単位時間、単位面積当たりに受け取るエネルギーが得られる。

$$F = \sigma T^4 \tag{2.2.5}$$

この関係を**シュテファン–ボルツマンの法則**といい、σ をシュテファン–ボルツマン定数という。

$$\sigma = 5.670 \times 10^{-8}\,\mathrm{W\,m^{-2}\,K^{-4}} \tag{2.2.6}$$

上にも述べたように黒体放射のスペクトルは温度という 1 つのパラメータ T によって完全に決まる。**図 2.1** はさまざまな温度での黒体放射のスペクトルである。図 2.1(a) は振動数の関数として、図 2.1(b) は波数の関数としてスペクトルを表している。図から分かるように、温度が高くなればスペクトルのピークは高振動数側（短波長側）に移る。スペクトルがピークとなる振動数、あるいは波長と温度は次の関係がある。

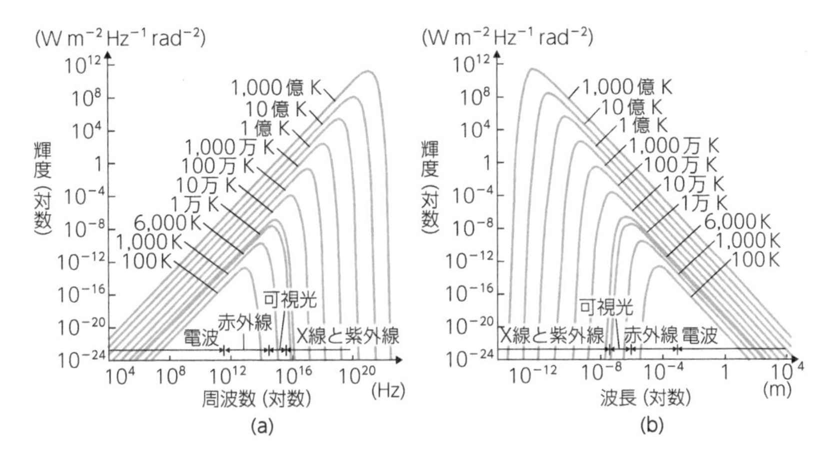

図 2.1　黒体放射のスペクトル。(a) の横軸は周波数、(b) の横軸は波長

$$\nu_{\max} = 5.879 \times 10^{10} T \text{ Hz} \tag{2.2.7}$$

$$\lambda_{\max} = \frac{2.897 \times 10^{-3}}{T} \text{ m} \tag{2.2.8}$$

ただし (2.2.7), (2.2.8) 式では T は K を単位とした数値である。これを**ウィーンの変位則**という。

宇宙全体は 2.725 K の黒体放射で満ちていることが知られている。ウィーンの変位則からこの放射輝度が最大になる波長と周波数は、それぞれ約 1 mm、160 GHz となる。これを宇宙マイクロ波背景放射といい、宇宙が超高温、超高密度状態から始まったというビッグバン宇宙論の証拠とみなされている。

恒星の表面（光球）から放射される放射は黒体放射でよく近似できる（**図 2.2**）。それは恒星大気は表面を除けば**光学的に厚い***4、すなわち電磁波に対して不透明で、黒体放射ではなくてもガス内の光子とガス粒子が十分頻繁に衝突を繰り返し、黒体放射に近づくからである。たとえば太陽からの放射のスペクトルは 5770 K の黒体放射スペクトルで近似できて、この温度を**色温度**という。一方、太陽が放射する全放射エネルギー $L_\odot$ と太陽の半径 $R_\odot$ からシュテファン–ボルツマンの法則

*4　波長 λ の電磁波が物質中を Δs 進み、その強度が $e^{-\alpha\Delta s}$ で減衰するとき、α を吸収係数、$\tau \equiv \alpha\Delta s$ を光学的厚さという。光学的に厚いとは、$\tau > 1$ のときをいう。光学的に薄いとは $\tau < 1$ のときである。

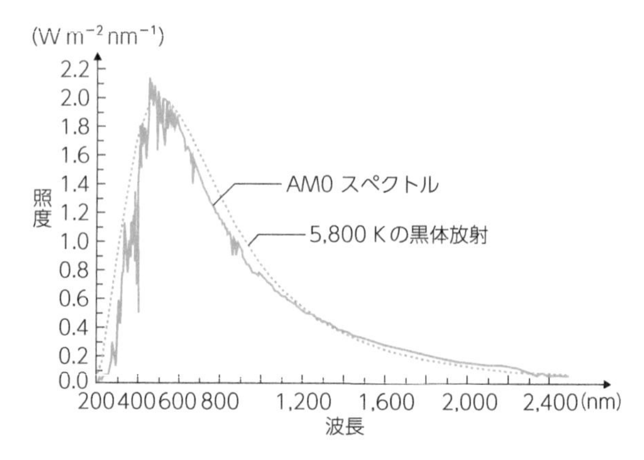

図 2.2　太陽のスペクトル。図中の「AM0」は大気圏外で測定したことを表す

$$L_{\odot} = 4\pi R_{\odot}^2 \sigma T_{\mathrm{eff}}^4 \tag{2.2.9}$$

を用いて定義した温度 T_{eff} を**有効温度**という。太陽の有効温度は約 5772 K である。

熱制動放射（自由–自由放射）

熱的連続スペクトルで光源が光学的に薄い場合、光子とガス粒子の素過程のスペクトルが得られる。電子のような荷電粒子が加速度を受けると電磁波を放射する。これを制動放射といい、特に熱平衡状態において希薄で光学的に薄い高温プラズマ中の電子がイオンによって散乱されて放射されるものを**熱制動放射**と呼ぶ。イオンによる散乱の前後で電子は束縛されておらず自由に運動しているので、この放射は**自由–自由放射**とも呼ばれる。たとえば銀河の集団である銀河団は個数密度 10^{-2}〜10^{-3} cm^{-3}、温度が 1000 万 K を超える高温プラズマに取り囲まれていて、このプラズマから熱制動放射によって X 線が放出されている。

この放射の特徴は、そのスペクトル強度が低振動数（$h\nu < k_B T$）でほぼ一定、高振動数（$h\nu > k_B T$）側で減少することである。この特徴的なスペクトル形状からプラズマの温度が推定される。さらに放射の基礎過程が電子とイオンの相互作用なので、その強度が電子の数密度の 2 乗に比例することから、この放射を観測することでプラズマ中の電子数密度が推定される。

熱的輝線放射

原子や分子内に束縛された電子の状態は、任意のエネルギーを持つことはできず、複数の特定のエネルギーだけが許される。許されるエネルギーをエネルギー準位といい、その中で最低のエネルギーを持つ状態を基底状態、次に高いエネルギー状態を順に第1励起状態、その次に高いエネルギー状態を第2励起状態などという。各エネルギー状態にはある決まった数の電子しか存在することができない。原子や分子同士が衝突するなどで電子がエネルギーを得ると、高いエネルギー準位に移ることがある。高エネルギー準位に遷移した電子はある寿命でより低いエネルギー準位に遷移し、その際準位間のエネルギー間隔に対応するエネルギーの電磁波を放射する。もしさらにエネルギーを得ることがなければ、これを繰り返して電子は最終的に基底状態に戻る。このとき放射スペクトルは、放射された振動数（波長）でその輝度が高くなる。これを**輝線**という。

原子や分子が熱運動によって励起されたときに放射される輝線を**熱的輝線放射**という。星間空間における中性水素ガスが放射する波長 21 cm の電波や星が誕生する場所である分子雲で観測されるさまざまな分子の輝線がこれに相当する。

たとえば分子雲の主成分である水素分子 H_2 は低温では電磁波を放射しないので、一酸化炭素 CO が放射する波長 2.6 mm（115.27 GHz）のマイクロ波で観測が行われる。

2.2.2 非熱的放射

放射のエネルギーが熱運動でない放射を非熱的放射という。代表的なものを挙げよう。

シンクロトロン放射

磁場中に電子のような電荷を持った粒子が存在すると、磁力線の周りを円運動しながら磁力線に沿って進む。特に光速度に近い速度で運動する荷電粒子（多くの場合は電子）が放射する電磁波を**シンクロトロン放射**という（**図 2.3**）。

このとき放射される電磁波は電子の進行方向（磁場に垂直方向）の狭い範囲を向いていて、しかも電磁波における電場の振動方向は磁場の方向と垂直になる（偏光があるという）。スペクトルの振動数範囲は以下で与えられる周波数 ν_c までなだらかに増加し、それ以上で急激に減少する。

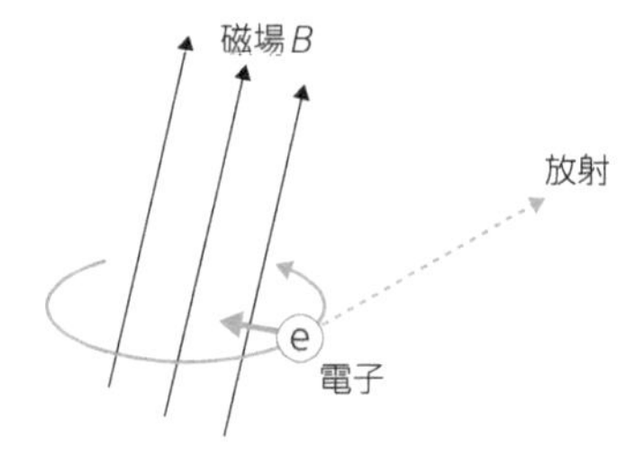

図 2.3　シンクロトロン放射

$$\nu_c \sim 0.13 \left(\frac{\gamma}{10^4}\right)^2 \left(\frac{B}{1\,\mu\mathrm{G}}\right) \left(\frac{\sin\alpha}{1}\right) \mathrm{GHz} \tag{2.2.10}$$

B は磁場、γ は $\gamma = 1/\sqrt{1-(v/c)^2}$ で与えられガンマ因子という。ここで v は荷電粒子の速度、c は光速度である。この値が大きければ大きいほど相対論の効果が強くなる。また α は磁場と電子の速度のなす角でピッチ角と呼ばれる。磁場方向に運動していなければ $\alpha = 0$ であるが、一般には磁場の方向の速度成分を持つので電子は磁力線の周りを回転しながら磁力線に沿って進んでいく。この放射の最大値は放射源の電子のエネルギーによって電波から X 線まで広い範囲にわたる。太陽フレア、超新星爆発の残骸や活動銀河中心などさまざまな天体で生成された高エネルギー電子によるシンクロトロン放射が観測されている。

実際に観測される天体からのシンクロトロン放射は、さまざまなエネルギーを持った電子が放射するシンクロトロン放射を重ね合わせたものである。電子のエネルギー分布が $n(E) \propto E^{-p}$, $p > 0$ の場合、観測されるシンクロトロン放射のスペクトルは

$$P(\nu) \propto \nu^{-(p-1)/2} \tag{2.2.11}$$

となることが示される。したがってシンクロトロン放射の観測から天体にどのくらい高エネルギー電子が存在しているかが分かる。そのほかにも磁場の強さや向きなど放射源の天体についての多くの情報が得られる。

メーザー放射

一般に原子や分子の電子はエネルギー準位の低い状態にあるが、何らかの理由で低いエネルギー準位よりも高いエネルギー準位により多くの電子が分布（準位逆

転）することがある。このとき外部からの電磁波によって多数の電子がいっせいに低いエネルギー準位へ遷移する結果、放射される強い輝線を**メーザー放射**という。メーザーは Microwave Amplification by Stimulated Emission of Radiation（誘導放出によるマイクロ波増幅放射）の略称である。

例として星形成領域や活動銀河中心核で検出される**水メーザー**がある。1984 年、ドイツの研究者らがカリフォルニアのオーエンスバレー電波天文台で M106 銀河中心から波長約 1.35 cm、振動数 22 GHz の強いマイクロ波を検出したのが、水メーザーの発見である。1993 年、中井直正は野辺山の 45 m 電波望遠鏡で M106 の水メーザーのスペクトル観測によって 1000 $\mathrm{km\,s^{-1}}$ 程度で運動している水メーザーを発見した。これは M106 の中心核周囲を 1000 $\mathrm{km\,s^{-1}}$ 程度で回転しているガス円盤の存在を意味し、その後の観測から円盤の大きさが 0.2 pc（約 0.65 光年）程度であることが確認された。このことから、中心核から 0.1 pc 程度の範囲内に太陽質量の 3700 万倍の質量が存在することが導かれる。これは銀河中心核の超大質量ブラックホールの最初の発見である。

コンプトン散乱と逆コンプトン散乱

光子と電子の散乱で、散乱の結果、光子から電子にエネルギーが渡される場合をコンプトン散乱、逆に電子から光子にエネルギーが与えられる場合を逆コンプトン散乱という。天文学では、逆コンプトン散乱が重要な役割を果たしている。宇宙全体を満たしている 2.725 K の宇宙マイクロ波背景放射（CMB）の光子が、銀河団の高温プラズマ中の電子によってエネルギーを得て、CMB の黒体放射スペクトルが変形を受ける。この効果は**スニヤエフ–ゼルドビッチ効果**として知られている。この効果は CMB スペクトルの 200 GHz（波長 1.5 cm）以下の振動数側では強度を小さくするため、低振動数側で CMB の温度を下げる効果となる。逆に 200 GHz 以上の振動数では温度が高くなる。この効果は赤方偏移*5 に依存しないので、200 GHz を境にした温度の違いを観測することで遠方銀河団を見つけることができる。またこの温度変化は高温プラズマ中の電子の数密度によっているので、プラズマの密度の推定ができる。

また超新星の残骸や活動銀河中心部で観測される X 線やガンマ線は、高速に加速された高エネルギー電子による逆コンプトン散乱によって放射されたもので

*5　遠方銀河の距離の目安。第 13 章で説明するが、ここではたんに何十億光年という遠方天体の距離を表す量と思えばよい。

ある。

2.3 分光観測

これまでにも見てきたように天体からはその温度や種々の放射メカニズムによってさまざまな波長の電磁波が放射されている。したがって天体からの電磁波の強度を波長、あるいは振動数の関数として観測すること（これを分光観測という）で天体の物理状態、組成、内部運動、磁場構造など多くの情報が得られる。

電磁波の強度を波長、あるいは振動数の関数として表したものがスペクトルであるが、スペクトルには**連続スペクトル**成分、輝線スペクトル成分、吸収線スペクトル成分の3成分に分けることができる。連続スペクトルとは、ある波長範囲にわたって途切れなく連続的に広がっているスペクトルのことで、恒星のスペクトルは基本的に黒体放射でよく近似される連続スペクトルである。連続スペクトルを利用して、いくつかの波長帯で測定した等級から色指数を決めることで、天体の温度を推定することができる。可視光と赤外線領域では連続スペクトルの原因は主に熱的放射であるが、シンクロトロン放射などの非熱的放射成分が含まれることもある。連続光の場合、可視光では表面温度が数千K以上の恒星からの放射、赤外線ではより低温のガスや塵の雲からの放射が主となっている。

連続スペクトル中のところどころに強度が強い線と弱い線が見られるが、これらをそれぞれ**輝線**、**吸収線**という。両者をまとめて**線スペクトル**という。天体における代表的な放射機構を**表2.2**に示す。線スペクトルは共に原子、イオン（中性の原子がその中のいくつかの電子を失った状態）あるいは分子の電子のエネルギー状態間の遷移によって引き起こされる。輝線は電子が高いエネルギー状態か

表2.2　天体における代表的な放射機構

<table>
<tr><td rowspan="4">連続スペクトル</td><td rowspan="2">熱的</td><td>黒体放射</td><td>星、降着円盤</td></tr>
<tr><td>熱制動放射</td><td>HII領域、コロナ、銀河間ガス</td></tr>
<tr><td rowspan="2">非熱的</td><td>シンクロトロン放射</td><td>超新星残骸、活動銀河</td></tr>
<tr><td>逆コンプトン散乱</td><td>X線星、活動銀河</td></tr>
<tr><td rowspan="5" colspan="2">線スペクトル</td><td>21cm水素微細構造線</td><td>星間中性水素ガス</td></tr>
<tr><td>分子スペクトル</td><td>星間ガス、分子雲</td></tr>
<tr><td>原子スペクトル</td><td>星、銀河、活動銀河</td></tr>
<tr><td>サイクロトロン線</td><td>白色矮星、X線星</td></tr>
<tr><td>電子・陽電子対消滅線</td><td>銀河系中心、ブラックホール</td></tr>
</table>

ら低いエネルギー状態に遷移するときに放射され、吸収線は逆に電子が電磁波のエネルギーを吸収して低いエネルギー状態から高いエネルギー状態に遷移するときに現れる。線スペクトルの波長やその強さは原子などの種類や環境の温度、密度などに依存するので線スペクトルを調べることで天体内の密度、温度、圧力、元素組成などの物理状態を推定することができる。

吸収線の例：太陽のフラウンホーファー線

1814 年、ドイツの物理学者ヨゼフ・フォン・フラウンホーファー（1787〜1826）はプリズム分光器を用いて太陽の可視光スペクトル中に多数の吸収線を発見した。これを**フラウンホーファー線**という（**図 2.4**）。フラウンホーファーは、強く見える吸収線に対して波長の長い方、すなわち赤い方から順に、A, B, C, . . . という名前をつけた。よく知られたものとして例えば、D 線はナトリウム、H 線と K 線はカルシウムがつくる吸収線である。

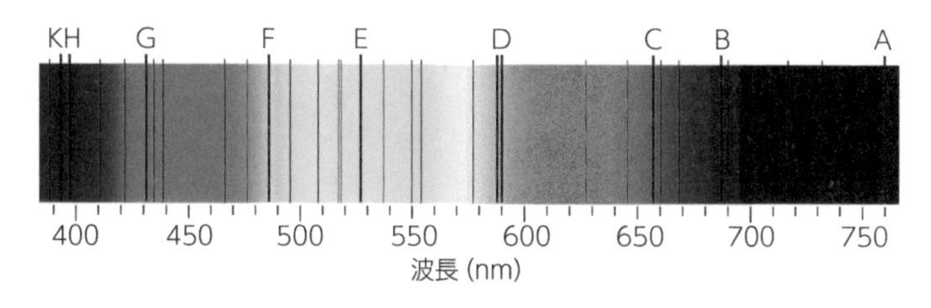

図 2.4　フラウンホーファー線

輝線スペクトルの例：輝線星雲

近くの高温の恒星からの紫外線によって電離されたガス星雲はさまざまな輝線で輝いている。このような星雲を**輝線星雲**と呼ぶ。輝線星雲には、第 11 章で述べる O 型星や B 型星などの若い大質量星によって電離された星雲である HII 領域と、第 6 章で述べる白色矮星によって電離された惑星状星雲がある。前者の例がオリオン大星雲で、後者の例がこと座の M57 星雲（リング状星雲）である。電離ガスの主成分は水素なので、電離したものは水素の原子核の陽子である。陽子が電子を再捕獲するときに Hα 線と呼ばれる波長 656 nm の電磁波を放出する。このため多くの輝線星雲は赤く見える。ほかにも以下に述べる酸素や窒素の禁制線もわずかに存在する。

禁制線

通常のスペクトル線の遷移確率が 1 秒当たり 10^5 から 10^8 であるのに対して、10^2 から 10^{-4} ときわめて遷移確率が低いスペクトル線を**禁制線**という。これに対して通常のスペクトル線を**許容線**という。地上の実験室ではほとんど観測できないが、水素電離領域や惑星状星雲のような希薄な状況では原子や分子同士の衝突がまれなため、禁制線が許容線と同程度の強さで現れる。よく知られた禁制線としては、たとえば 2 階電離した酸素原子が放射する波長 495.9 nm や 500.7 nm などの輝線がある。*6

ドップラー効果

線スペクトルはそれ以外に天体の運動についての情報も与えてくれる。遠ざかる音源から受け取る音は低く、近づいている音源からの音は高く聞こえる現象を**ドップラー効果**という。電磁波も波なので音波と同じくドップラー効果がある。しかし電磁波の場合はその伝播速度が光源や観測者の速度にかかわらず常に一定値（光速度）であることから、音波の場合の振動数の変化とは違う式に従う。振動数 $\nu_{\rm em}$ の電磁波を放射する光源 S が観測者 O から見て角度 θ の方向に速度 V で運動しているとき観測者が測定する電磁波の振動数 $\nu_{\rm obs}$ は以下の式で与えられる。

$$\nu_{\rm obs} = \nu_{\rm em} \frac{\sqrt{1-(V/c)^2}}{1-(V/c)\cos\theta} \tag{2.3.1}$$

ここで c は光速度である。音波のドップラー効果では、音源が視線方向の速度成分を持っている場合にだけ音の変化が起こる。一方、電磁波ではこの式から分かるように光源の運動方向が観測者の視線方向と直交している場合（$\theta = 90°$）でも振動数は減少し波長が長くなる。これは運動する物体の時間が遅れるという特殊相対性理論の効果である。天文学ではドップラー効果を、放出された波長 $\lambda_{\rm em}$ と受け取った波長 $\lambda_{\rm obs}$ の変化率 z で次式のように表す。

$$z = \frac{\lambda_{\rm obs} - \lambda_{\rm em}}{\lambda_{\rm em}} \tag{2.3.2}$$

*6 物理的には許容線は双極子放射、禁制線が双極子放射が禁止されていて磁気双極子放射、あるいは電気四重極放射で放射される。

この変化率 z は、天体からの線スペクトルを同定することで決めることができる。たとえばある天体のスペクトル中に Hα の輝線が 689 nm で観測されたとすると、本来の Hα 輝線は 656 nm で放出されるので、その赤方偏移は 1.05 となる。$z > 0$ の場合を**赤方偏移**、$z < 0$ の場合を**青方偏移**と呼ぶ。観測者に対する天体の速度 V が光速度よりも十分小さい場合は

$$z = \frac{v}{c} \tag{2.3.3}$$

と近似することができる。したがって赤方偏移の観測が直接、天体の我々に対する速度の観測となる。銀河系の渦巻き構造も水素原子が放射する波長 21 cm（正確には 21.106 cm、周波数 1420.406 MHz）の電波のドップラー効果の観測から確認された。

線スペクトルの広がり

特定の原子（あるいは分子）はある特定の波長の電磁波を吸収、放出して、線スペクトルとして観測されるが、実際にはその線スペクトルはある波長の範囲に広がっている。この広がりを**線幅**といい、連続スペクトルからの最大値（最小値）の半分の値の幅（半値全幅）で表される。線幅が拡大する原因の代表的なものは、以下の 3 つで、それによる広がりをそれぞれ**自然幅**、**圧力幅**、**ドップラー幅**という。

1. 自然幅

線スペクトルの原因は量子力学的なものであるから、量子力学の法則が当てはまる。励起準位に滞在する時間が有限であることからくるエネルギー準位の不確定さにより線幅は広がる。これを自然幅という。したがって遷移時間が長いほど自然幅は狭い。たとえば中性水素の 21 cm 線は水素原子の陽子と電子のスピンが平行な状態から反平行な状態への遷移によって放出されるが、その遷移確率は非常に低く、遷移が起こる平均時間は 1000 万年ほどとなる。このため 21 cm 線の自然幅は無視できるほど狭い。このようなスピン反転によるエネルギー準位の差を**超微細構造**という。超微細構造によってつくられる線スペクトルを**超微細構造線**という。一般に超微細構造線の自然幅は無視できる。原子時計の精度が良いのは、超微細構造線の周波数を使っているからである。

2. 圧力幅

周囲のガス圧力が高い（粒子による衝突が頻繁に起こる場合）と、電子があるエネルギー準位にとどまる時間が短くなるため、エネルギーの不確定性が大きくなり、線幅が拡大する。これを圧力幅という。星間ガスなどの低温、低密度の場合は圧力幅はほとんど観測されないが、恒星大気や惑星大気では無視できない。圧力幅が観測できる場合にはこれを利用して大気の圧力が測定できる。

3. ドップラー幅

天体が全体として運動していると、遠ざかっているときはスペクトルは全体として波長が長くなり、近づいているときは短くなる。天体内部で運動があると、それによって線スペクトルの幅が拡大する。これをドップラー幅という。光源内の速度が光速に比べて十分小さい場合、視線方向の速度だけのドップラー効果が観測される。我々から視線方向に速度 v（$v > 0$ なら遠ざかっている、$v < 0$ なら近づいているとする）で運動している部分が振動数 f_0 の電磁波を放出すると、受け取ったときの振動数 f は次のように書くことができる。

$$\nu = \nu_0 \left(1 - \frac{v}{c}\right) \tag{2.3.4}$$

光源の各部分の視線方向の速度を v_I $(I = 1, 2, \ldots, N)$、その平均を $\bar{v}$ とすると、各成分の速度の散らばり具合は次の速度分散 σ で表される。

$$\sigma^2 = \frac{1}{N} \sum_{I=1}^{N} (v_I - \bar{v})^2 \tag{2.3.5}$$

光源天体が質量 m の多数の粒子からなり、それらがランダムな運動をしているとすると、この速度分散の観測から温度 T を以下のように定義する。

$$\sigma = \sqrt{\frac{k_{\mathrm{B}} T}{m}} \tag{2.3.6}$$

この関係は熱平衡にある莫大な数の粒子の速度分布から導かれる。

星間ガスの速度分散は、その主成分である水素の熱運動の速度分散で、星間ガスの温度を 100 K とすると、1300 $\mathrm{m\,s^{-1}}$ 程度である。円盤銀河の場合、速度分散は基本的に恒星円盤の回転速度で 200 km s^{-1} 程度、楕円銀河の速度分散は恒星の速度分布でその大きさにもよるが円盤銀河の速度分散程度である。また銀河団の速度分散はメンバー銀河の速度分散で、1000 km s^{-1} 程度である。

特に線スペクトルの中心付近の広がりは、ドップラー効果の影響が大きいため、線スペクトルの広がり具合 $\frac{\Delta\nu}{\nu_0}$ から次の関係によって天体内部の速度分散 σ を得ることができる。

$$\frac{\Delta\nu}{\nu_0} = \frac{\sigma}{c} \tag{2.3.7}$$

たとえば 100 K の星間ガス中の水素が出す 21 cm 線（$\nu_0 = 1420$ MHz）のドップラー幅は、$\Delta\nu = \nu_0\frac{\sigma}{c} = 1420\ \mathrm{MHz} \times \frac{1300\ \mathrm{m\,s^{-1}}}{3\times10^8\ \mathrm{m\,s^{-1}}} \sim 6\times10^3$ Hz 程度となる。

以上のように分光観測は天体の組成や内部運動、全体としての運動など詳細な情報を与えてくれるが、天体からのそもそも微弱な光を細分するので大口径望遠鏡ですら長時間の観測が必要となる。

NOTE 黒体放射

熱平衡にある放射のエネルギーの振動数分布は、放射のエネルギー ϵ がその振動数 ν に比例した値の整数倍であるという仮定のもとで、1900 年、ドイツの物理学者マックス・プランク（1858〜1947）によって導かれた。

$$\epsilon = nh\nu, \quad n = 1, 2, 3, \ldots \tag{2.3.8}$$

この式は振動数 ν を持つ放射（電磁波）はエネルギー $h\nu$ を持つ粒子のように振る舞うことを示している。この粒子を光量子、あるいは単に光子という。

この仮定から熱平衡にある放射のエネルギー密度は、振動数の関数として以下のように表される。

$$\rho(\nu, T) = \frac{8\pi h\nu^3}{c^3}\frac{1}{e^{h\nu/k_\mathrm{B}T} - 1} \tag{2.3.9}$$

ここで k_B はボルツマン定数と呼ばれ、

$$k_\mathrm{B} = 1.380649 \times 10^{-23}\ \mathrm{J\,K^{-1}} \tag{2.3.10}$$

という値を持つ物理定数である。(2.3.9) 式を全振動数について積分すると全放射エネルギー密度が次のように得られる。

$$\rho(T) = aT^4 \tag{2.3.11}$$

ここで a は輻射密度定数と呼ばれる定数で、シュテファン–ボルツマン定数 σ とは $a = 4\sigma/c$ の関係がある。 a の値は次のように与えられる。

$$a = \frac{8\pi^5 k_{\mathrm{B}}^4}{15h^3c^3} = 7.57 \times 10^{-16}\,\mathrm{J\,m^{-3}\,K^{-4}} \tag{2.3.12}$$

輝度 I は単位時間、単位面積、単位立体角を通過するエネルギーなので、全方向に等方的に放射されたとすると

$$4\pi I = cu \tag{2.3.13}$$

となって輝度が得られる。

単位面積、単位時間当たりのフラックスは

$$F = \int d\nu \int d\Omega\, I_\nu \cos\theta = \pi \int d\nu\, I_\nu = \sigma T^4 \tag{2.3.14}$$

となる。この関係を**シュテファン–ボルツマンの法則**といい、 σ は (2.2.6) 式で挙げたシュテファン–ボルツマン定数である。

$$\sigma = \frac{2\pi^5 k_{\mathrm{B}}^4}{15c^2h^3} = 5.67 \times 10^{-8}\,\mathrm{W\,m^{-2}\,K^{-4}} \tag{2.3.15}$$

NOTE 水素原子のスペクトル

原子の数の比で宇宙の 93.4％を占める水素原子を理解することは、極端に言えば宇宙を理解することでもある。ここでは水素原子から放射される電磁波がどのようなものかを説明する。これはまた天文学の基礎でもある。

水素原子は中心の正の電荷を持った陽子の周りを 1 個の負の電荷を持った電子が回っているという簡単な構造をしている。ただし電子のとりうる軌道は任意ではなく、ある決まったエネルギーを持つ軌道だけが許される。ここで軌道という言葉を使ったが、ミクロの世界では厳密には軌道という概念は存在しない。ミク

ロな存在である陽子や電子は量子力学という法則に従って運動する。量子力学では粒子の状態は確率的にしか決めることができない。もちろん電子を観測した瞬間には電子は検出された位置に実在する。しかし測定しないときの電子は確率で指定される空間分布をしている。このことは電子のような量子力学的粒子の位置と運動量の不確定性関係として現れる。すなわち位置を指定したとき、その運動量の不確定さは無限大になり、運動量を指定したときの位置の情報は完全に失われる。位置の測定の不確定さ Δx と運動量の測定の不確定性 Δp の間には以下のような関係が成り立つ。これを位置と運動量の**不確定性関係**という。

$$\Delta x \Delta p \geq \frac{\hbar}{2} \tag{2.3.16}$$

ここで $\hbar$ はディラック定数と呼ばれて、プランク定数 h を用いて $\hbar = \frac{h}{2\pi}$ と表される。プランク定数は以下の値を持つ。

$$h = 6.62607015 \times 10^{-34}\,\mathrm{m^2\,kg\,s^{-1}} \tag{2.3.17}$$

この不確定性関係を水素原子の中の電子に当てはめてみる。陽子の質量は電子の質量の約 1840 倍であるから、簡単のため陽子の質量を無限大と近似して陽子は静止しているものとする。電子のエネルギーは運動エネルギーと陽子のつくる電場のポテンシャルエネルギーの和であるから、次のように書ける。

$$E = \frac{p^2}{2m} - \frac{e^2}{4\pi\epsilon_0 r} \tag{2.3.18}$$

ここで ϵ_0 は真空の誘電率と呼ばれる量である。ここで電子と位置と運動量の最小の不確定性が成り立つとする。位置と運動量の揺らぎの大きさを、それぞれの大きさの目安とすると $p = \frac{\hbar}{2r}$ となるから

$$E = \frac{\hbar^2}{2mr^2} - \frac{e^2}{4\pi\epsilon_0 r} \tag{2.3.19}$$

このエネルギーが極値（この場合、最小値）をとる条件 $\Delta E = 0$、すなわち

$$\Delta E = -\frac{\hbar^2}{mr^3} + \frac{e^2}{4\pi\epsilon_0 r^2} = 0 \tag{2.3.20}$$

から決まる r を**ボーア半径** a_B という。(2.3.20) 式を r について解くと、ボーア半径は

$$a_\mathrm{B} = \frac{4\pi\epsilon_0\hbar^2}{me^2} = 5.29 \times 10^{-11}\,\mathrm{m} \tag{2.3.21}$$

で与えられる。この半径をエネルギーの表式 (2.3.19) に代入すると

$$E_1 = -\left[\frac{1}{4\pi\epsilon_0}\right]^2 \frac{me^4}{2\hbar^2} = -13.6\,\mathrm{eV} \tag{2.3.22}$$

となる。電子がこのエネルギーにある状態を基底状態という。水素原子内で電子がとりうるエネルギーは量子化されていて、次のような離散的なエネルギーしかとりえない。

$$E_n = -\left[\frac{1}{4\pi\epsilon_0}\right]^2 \frac{me^4}{2\hbar^2}\frac{1}{n^2} \tag{2.3.23}$$

基底状態よりも高いエネルギーを持つ状態を励起状態という。$n=2$ のときを第 1 励起状態、$n=3$ のときを第 2 励起状態などという。

電子が第 m 励起状態から第 $n\,(m>n)$ 励起状態へ遷移するとき、そのエネルギー差と等しいエネルギーの電磁波が放射される。

$$E_m - E_n = 13.6\left[\frac{1}{n^2} - \frac{1}{m^2}\right]\,\mathrm{eV} \tag{2.3.24}$$

励起状態から基底状態への遷移で放出されるスペクトル線を**ライマン系列**という。ライマン系列のスペクトル線はすべて紫外領域にある。このうち第 1 励起状態から基底状態への遷移で放射されるスペクトル線を**ライマンアルファ線**（Ly-α）（122 nm）、第 2 励起状態から基底状態への遷移をライマンベータ線（Ly-β）（103 nm）、また束縛状態からの遷移と自由状態（陽子に束縛されていない状態）の境界であるエネルギー 0 の状態から基底状態への遷移に対応する波長（91.2 nm）を**ライマン端**、あるいは**ライマンブレイク**という。遠方天体からの電磁波のうちライマンブレイクよりも短い波長は地球に届くまでに星間空間に水素原子があると大きく吸収される。

第 2 励起状態以上の励起状態から第 1 励起状態への遷移で放射されるスペクトル線を**バルマー系列**という。ライマン系列と同様に、第 2 励起状態から第 1 励起状態への遷移で現れるスペクトル線をバルマーアルファ（Ba-α）（656 nm）、第 3 励起状態から第 1 励起状態への遷移で現れるものをバルマーベータ（Ba-β）（486 nm）などという。バルマー系列のバルマー系列の最初の 4 つ（$\alpha, \beta, \gamma, \delta$）は可視光領域にあるため、それぞれ **H-アルファ**（Hα）、H-ベータ（Hβ）、H-ガンマ（Hγ）、H-デルタ（H-δ）と呼ばれることが多い。この系列の最後をバルマー不連続といい 263.6 nm である。第 3 励起状態以上の励起状態から第 2 励起状態への遷移で現れるスペクトル線を**パッシェン系列**といい、赤外領域に現れる。

超微細構造線

実は水素のエネルギー準位は上に挙げたものばかりではない。陽子と電子はスピンと呼ばれる属性を持っている。古典的には自転の角運動量とみなされるが、このスピンの大きさも量子化されていて、整数あるいは半整数の値しかとることができないので、古典的な解釈は数学的な対応に過ぎない。スピン（の大きさ）が整数の粒子をボソン、スピン（の大きさ）が半整数の粒子をフェルミオンという。陽子も電子もスピン $\frac{1}{2}$ を持ったフェルミオンである。スピンが $\frac{1}{2}$ の粒子は、ある方向に対してスピンの向きを考えることができて平行か反平行かの 2 通りがある。水素原子では陽子と電子のスピンの向きが平行の場合のエネルギーの方が反平行な場合のエネルギーよりもわずかに高い。この差を超微細構造という。この差によってつくられるスペクトル線を**超微細構造線**、あるいは水素の場合、その波長が 21 cm であることから 21 cm 線という。正確な波長は 21.106114 cm、周波数は 1420.40575 MHz である。

月と太陽と地球

我々の住んでいる地球は、太陽系の第 3 惑星である。第 1 章で述べたように天文学は月や太陽の運動の観測から始まった。太陽の恩恵によって地球上に生命が誕生し、文明が栄え、月は人類に宇宙への憧れをかきたてた。このように太陽と月は地球にとって特別の存在である。現代的な観点からも太陽と月の研究は天文学の発展に大きな役割を果たしている。ここでは特に地球と太陽、地球と月のつながりについて考えていこう。

3.1 地球

我々が住んでいる地球は、太陽系の第 3 惑星で、太陽から最も近いところ（近日点）で 1 億 4710 万 km、最も遠いところ（遠日点）で 1 億 5210 万 km の楕円軌道上にあり、平均軌道速度は約 30 $\mathrm{km\,s^{-1}}$、周期は約 365.2425 日で太陽の周りを公転している。

地球の大きさは極方向に半径約 6357 km、赤道方向に半径約 6378 km で、赤道方向にわずかに長い回転楕円体となっている。質量は 5.972×10^{24} kg で、太陽に比べると大きさは約 109 分の 1、質量は 33 万分の 1 程度である。

3.1.1 地球の歴史

地球は約 46 億年前に太陽が生まれてから数千万年程度で誕生したと考えられている。惑星誕生の詳細についてはのちの第 7 章で述べるので、ここでは地球誕生以降に話を限る。地球は直径 10 km 程度の無数の微惑星同士の衝突によって原始惑星と呼ばれる月サイズまで成長した後、同じようなサイズの原始惑星との大衝突（**ジャイアントインパクト**）を10回程度繰り返して誕生したと考えられている。

形成過程の地球は原始太陽系星雲の主成分である水素やヘリウムからなる薄い大気をまとっていたと考えられている。このような大気は衝突で発生した熱をすぐに宇宙空間へ逃がすため、地表面の温度は低下し地殻ができるが、内部はまだ高温のため火山活動が活発で大気中に大量の二酸化炭素を放出しただろう。また微惑星に含まれていた水酸化化合物は衝突によって分解されて水蒸気が大気中に放出され、さらに太陽からの高速粒子の流れ（太陽風）によって水素などの軽い粒子は吹き飛ばされてしまう。このため原始地球は水蒸気と、二酸化炭素を主成分とする分厚い大気をまとうことになる。これらの強い温室効果のため地表面の温度はどんどん上昇し、地球全体は深さ数百 km の融けたマグマで覆われる。この状態をマグマの海、すなわち**マグマオーシャン**という。

地球誕生から約 4000 万年後、再び火星規模の原始惑星とのジャイアントインパクトがあったという説が有力で、このため地球の軸は傾き、剥ぎ取られたマントル物質と元の原始惑星のマントル物質から月が生まれたと考えられている。生まれた当初、月は地球から 10 万 km ほどしか離れておらず（現在は 38 万 km）、地球も月も内部まで融けた状態だった。その後、月は毎年 3.8 cm ずつ地球から遠ざかっていき、それに伴って地球の自転速度もだんだん遅くなっていく。形成当時の自転周期は 4 時間ほどと考えられていて、平均すると 1 年当たり 100 万分の 2 秒程度遅くなっている。ジャイアントインパクトによって地球は内部全体が融け、再びマグマオーシャンが地球を覆う。このとき融けた内部では、密度の違いに基づいて物質が段階的に分離した。金属鉄は高密度のため地球の中心に向かって沈降し、コアを形成する一方、ケイ酸塩鉱物の岩石は相対的に軽いため上部にとどまり、マントルを形成した。コアのうち外部コアと呼ばれる液体の金属鉄の領域での対流は一種の発電機（ダイナモ）として働き、地球磁場の成因となっている。[*1]

磁場の形成はその後の地球の歴史に決定的な影響を及ぼすことになる。後の 3.3.2 節で述べるように太陽表面から太陽風という電荷を持った粒子群が高速で吹

＊1　地球磁場をつくるコアの対流の駆動がいつどのように原始地球において始まったかは未解決問題である。近年、廣瀬敬らのグループ（東京工業大学）は、金属鉄が地球中心へ沈み込む過程で周囲の融けたマントルと化学反応を起こし、マントルの主成分であるケイ素と酸素を取り込んで二酸化ケイ素をつくり、軽い二酸化ケイ素が金属コアの最上部で結晶化する一方、その後に残った液体金属が沈降してコアの対流を駆動することにより、地球誕生後間もない頃から地球磁場はつくられたと提唱している（Hirose, K. et al. (2017), *Nature* 543, 99–102)。

き出している。この太陽風は生命にとって有害なだけでなく、もしそれを遮るものがなければ生命の誕生に不可欠な大気を吹き飛ばし海を蒸発させてしまう。磁場の存在は太陽風を遮ってくれるのである。現在の火星に生命が存在しない理由は、火星の重力が弱いことと、生成された磁場がすぐに消えてしまったため大気と海が失われたことである。このように惑星の磁場は生命の誕生と進化にとって基本的に重要な大気と海の存在を保証している。

太陽系形成の理論によると、41 億年前から 38 億年前のある期間、木星と土星の軌道が大きく変化し、その影響で太陽系外部の多数の小天体が太陽系内部に侵入し、地球をはじめ水星、金星、火星に衝突したと考えられている。これを**後期重爆撃期**と呼び、月のクレーターのほとんどもその時期に形成されたと考えられている。この結果、それまでできていた地殻は破壊され地表は再びマグマオーシャンで覆われた可能性がある。ただしオーストラリアで約 44 億年前の古い**ジルコン**粒子が発見されている。ジルコン粒子は 42 億年前、40 億年前の岩石にも発見されている。ジルコンはジルコニウム（Zr）のケイ酸塩鉱物であり、花崗岩などの火成岩の副成分鉱物である。石英（シリカ、二酸化ケイ素）や長石を主成分とする花崗岩は少量のジルコンを含むことがあり、ジルコンは花崗岩の構成物質の中でも風化作用や変成作用に強い。そのためジルコン粒子は、マグマが冷えて地殻ができつつあった時期を示しているとされる。さらに化学組成から液体の水との相互作用があったことも分かるので、発見されたジルコン粒子は約 44 億年前には大陸地殻と海が存在していることを示唆している。このことから後期重爆撃期の時期が 40 億年前以降のある時期から 38 億年前までだったとする説もある。

さらに約 40 億年前の生命の兆候の可能性を示唆する発見も報告されている。当時の大気は、二酸化炭素が海に溶け込み石灰岩として海底に堆積するため二酸化炭素が減少し、窒素が主成分だと考えられている。生命誕生は重爆撃期の前で、重爆撃期を生き延びた可能性もある。地球誕生から数億年はまだ謎が多い。

生命誕生から 10 億年以上経った 27 億年前、光合成するバクテリア（シアノバクテリア）が大繁殖した。シアノバクテリアそのものが誕生した時期は不明であるが、後で述べるように 35 億年前のシアノバクテリアがつくった構造物の化石が発見されているという報告もある。そうだとしても地球環境を変えるほどには存在しなかったことは確実である。27 億年前に大気組成を変えるほどに繁殖したのだろう。生成された酸素は初めは海に溶け、海中の鉄イオンと結びついて酸化鉄をつくり海底に沈殿するが、徐々に地球大気に酸素が増えていき、23 億年前には現在の大気組成にほぼ近い状態になったと考えられている。

3.1.2 現在の地球大気

大気が存在する範囲を**大気圏**と呼び、その外側を宇宙空間と呼ぶ。一般的には高度 100 km 以上を宇宙空間と定義する。大気の組成は、窒素 78 %、酸素 21 % でそのほかはアルゴン、二酸化炭素などである。

大気は高度と共に温度がどう変化するかによって地表から**対流圏**、**成層圏**、**中間圏**、**熱圏**と分類されている。対流圏は赤道付近では上空 17 km 程度、極付近では上空 9 km 程度まで広がっていて高度と共に気温が下がり、この中でさまざまな気象現象が起こっている。対流圏を超えて成層圏に入ると、高度と共に気温が上がり、高度 50 km まで広がっている。成層圏のうち、特にオゾン濃度の高い高度 20 km 近辺は**オゾン層**と呼ばれている。酸素分子が太陽からの紫外線で解離されて酸素原子になり、それらが周りの酸素分子と結びついてオゾン O_3 になっている。このオゾンは太陽からの有害な紫外線を吸収するため地上の生物にとって非常に重要である。成層圏を超えて中間圏に入ると再び高度と共に気温が下がっていく。そして上空 80 km から熱圏に入ると、高度と共に気温が上がる。諸説あるが熱圏は、500～1000 km で終わっている。

高度 60～500 km では太陽からの紫外線や X 線によって大気中の原子や分子が電離されているため**電離圏**と呼ばれている。電離圏は電離状態によって下から D 層、E 層、F 層（電子数密度が少ない順）の 3 つの層に分かれるが、夜間は太陽からの紫外線が届かなくなるため一番下の層である D 層は消えてしまう。また昼間では紫外線が強くなり F 層は 2 つに分かれている。波長が 10～100 m から 10 km 程度までの電波は電離圏によって反射される。

天文学との関係では、地球大気は波長 1 mm～10 m（周波数 30 MHz～300 GHz）の電波領域と波長 350 nm～1 μm の可視領域の 2 つの波長帯に対してほぼ透明であるため、この波長帯では地表面から宇宙の観測が可能である。この 2 つの波長帯を**大気の窓**と呼んでいる（**図 3.1**）。このほか、波長 20 μm 以下の赤外線領域にはいくつかの狭い波長帯で大気の透過率が大きくなって地上からでも観測できる窓が存在する。天体の中には星間雲、活発な星形成領域など主に赤外線を放射するものがあり、天文学としては非常に重要な窓となっている。しかし宇宙からの赤外線は大気中の水蒸気によって多くが吸収されてしまうため、大気中の水蒸気の大部分が存在する高度よりも高く非常に乾燥した場所からのみ観測が可能となり、たとえばハワイ島の高度 4205 m のマウナケア山頂やチリの標高 5000 m のアタカマ砂漠などに望遠鏡が設置される。

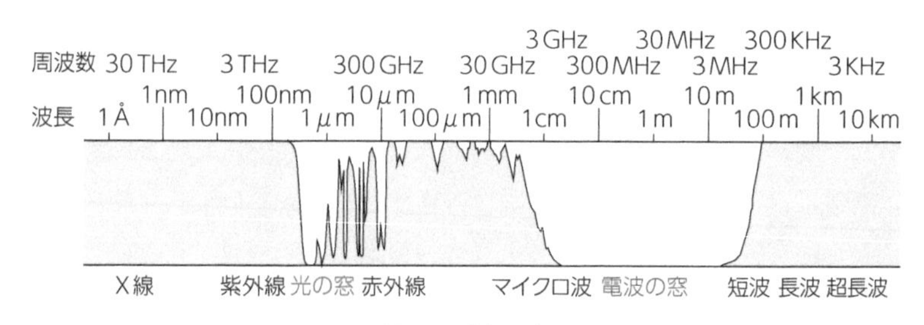

図 3.1　大気の窓

3.1.3 地球の磁気圏とオーロラ

地球の磁場が及ぶ範囲を**磁気圏**という。地球は北極付近に S 極、南極付近に N 極の棒磁石がつくるような磁場を持っている。地磁気の磁場の強さはおよそ数百 mG で、家庭にある普通の棒磁石がおよそ数百 G なのと比べると 1000 分の 1 程度にすぎないが、3.1.1 節でも述べたように地球の環境にとっては決定的に重要である。棒磁石の上から鉄粒をまくと、N 極から S 極に流れるような模様になるが、この流れで表されるのが磁力線で、磁力線は途切れることがない。磁力線の密集しているところが磁場の強いところになる。電荷を持った粒子が磁力線に対して斜め方向から入ってくると、粒子は磁力線の周りを回りながら N 極、あるいは S 極の方に進んでいく。

磁気圏の境界は磁力と太陽風による圧力との釣り合いで決まっている。したがって太陽側（昼側）の高度は 6 万～7 万 km であるが、反対側では 100 万 km にも伸びていて、磁気圏尾と呼ばれる。後ろに流れた磁力線に沿って太陽風粒子も流れていき 1 ヵ所にシート状に溜まっていく。これを**プラズマシート**という。一方で磁気圏尾での磁場の向きは北半球では地球を離れる方向、南半球ではその反対方向となり、プラズマシート内で反対方向の磁力線が出会うと、磁力線は消えることがないので、磁力線のつなぎ変えが起こり、その際膨大な磁気エネルギーが解放され、プラズマシート内のプラズマ粒子を地球方向と反対方向へと加速する。この過程で 1 eV 程度のエネルギーだったプラズマ粒子は 1000～10000 eV にまで加速される。地球方向に加速されたプラズマ粒子（電子は質量が軽く加速されやすいので、ほとんど電子）は磁力線に沿って地球磁場の極に向かって落下し、大気中の原子、分子と衝突することで発光する。これがオーロラである。

オーロラの色は電子のエネルギーとどんな粒子と衝突するかによって決まっている。電子は磁極上空高度 500 km 程度まで達すると大気粒子と衝突し始めるが、高度 200 km までは主に酸素原子と衝突するため赤く発光する。高度 100 km 程度まで届いた電子はやはり酸素と衝突するが、電子のエネルギーがより高くなるため、よりエネルギーの高い緑色に発光する。さらに低層では窒素分子との衝突が多くなり、電子のエネルギーがさらに高くなるため、紫がかったオーロラができる。

3.2 月

月は地球に一番近い天体で、太古から宇宙への興味をかきたててきた。その平均半径は約 1737 km（地球の約 0.27 倍）、質量は 7.35×10^{22} kg（地球の約 1.24 %）、表面重力は地球の 16.5 % 程度で、太陽系で 5 番目に大きい衛星である。地球から最も近く（近地点）では約 36.3 万 km、最も遠いところ（遠地点）で約 40.5 万 km の楕円軌道を周期 27 日 7 時間 43 分で公転している。自転周期は公転周期と完全に同期しているため、月はいつも同じ面を地球に向けている。これは**潮汐ロック**と呼ばれる現象で、月だけでなく木星の 4 大衛星も潮汐ロックの状態にある。

月面の明るく見える部分を盆地、暗く見える部分を海という。盆地は直径 200 km を超える大型のクレーターがある場所で、海は内部から溶岩が噴き出し、クレーターを埋めて平原となった場所である。1960 年代以降の月探査によって月の地球に向けている表側には大きな海があるのに対して、裏側には海がほとんどないことが分かった。また月の表面には永久磁化した岩石帯が見つかっている。このことは過去に月の内部が高温で液体金属コアがあって対流が起こっていたことを意味している。

3.2.1 月の内部構造

月にも地球と同じく金属コアとマントル、そして薄い地殻という 3 層構造が見られる。これまでの月探査衛星の観測から、コアは中心から半径 260 km 程度の固体の内部コアと、その外側で半径 400 km 程度まで広がった流体の外部コアの2 層構造、マントルも厚さが 170 km 程度の粘性が低く高密度の内側の層とその外側の厚さ 1170 km 程度の粘性が高い層の 2 層構造をしていると思われる。地殻の厚さは地球と同程度で 34〜54 km である。

月の内部には、地球よりもはるかに顕著な**重力異常**という大きな特徴がある。重力異常とは平均的な重力の強さからのずれのことで、正の重力異常はその場所に平均的な質量分布よりも重たい物質、負の重力異常はその場所が平均よりも軽い物質があることを意味する。日本が 2007 年に打ち上げた月探査衛星「かぐや」や NASA が 2011 年に打ち上げた月探査衛星「グレイル」などの観測から、表側の海は正の重力異常が広がっていてマスコン（mass concentration の略）と呼ばれる重たい物質が分布していることや、裏側にはクレーターや盆地で負の重力異常が多くあることが分かっている。マスコンは、天体衝突によってマントルが盛り上がり密度の高い溶岩が噴出してできたものと考えられている。一方、裏側では天体の衝突があったときすでに内部の温度が低く固い状態であったため地殻の盛り上がりや溶岩の噴出が少なく質量密度が小さくなったと考えられている。

月の地形のほとんどは 40 億年前頃の後期重爆撃期における大規模な天体衝突によって形成されたと考えられているので、その時点ですでに月内部は表側が高温で裏側が低温となっていて表と裏の地殻の固さが違っていたと思われる。これはマグマオーシャンが冷えて地殻ができたとき表側は冷却速度が遅く数億年は温かかったのに対し、裏側はかなり速く冷えたことを意味するが、なぜ表と裏で冷却速度が違ったのかはよく分かっていない。

また、かぐやはそれまでの月探査機よりも高分解能のカメラを用い、月の裏側の海で直径 200〜300 m の小さなクレーターを多数発見した。月の地域の年代はクレーターの個数密度が高いほど、その場所が古いとする「クレーター年代学」という手法で決定される。かぐやの結果から裏側の海で見つかった地形の形成時期は約 25 億年前であると推定されている。もしそうなら、月の裏側には少なくとも 25 億年前まで熱源があり、マグマの噴出活動を行っていたことになる。

3.2.2 月による地球への影響

人々の心理や生活に月の影響があることはよく知られているが、物理的にも月は地球に大きな影響を与えている。その代表的な現象は月による潮汐力である。

潮汐力とは、離れた場所にある点で受ける重力の強さや方向が違うために現れる力のことである。潮汐力の強さは、重力を及ぼす天体の質量に比例し、その天体からの距離の3乗に反比例する。したがって重力源の天体からの距離が遠ければ急速に弱くなる。このため地球の潮の満ち引きは月と太陽による潮汐力によって1日に2回起こるが、月の影響の方が太陽よりも2倍ほど大きい。

また月の潮汐力による潮の満ち引きでは、月の真下にある海面の高さが最高ではない。これは海水が移動するとき海底地形との摩擦によって水の運動が遅れるからである。この摩擦力によって地球の自転は変動を受け、1日の長さが100年で0.002秒程度遅くなっている。

3.2.3 月の成因

月の密度は地球の上部マントルの密度に近い。また、アポロ計画で持ち帰られた月の岩石や砂の研究から地球よりも鉄が非常に少なく、揮発性物質も少ないことが分かっている。

月の成因については諸説あるが、有力な説は3.1.1節でも述べた地球誕生直後の**ジャイアントインパクト**説である。この説によるとジャイアントインパクトによって地球の周りに岩石やガスからなる円盤が形成され、その円盤から1年足らずで月が生まれるとされている。衝突の際に原始惑星や地球の上部マントルの破片から月が形成されるため鉄が少ないことや、衝突時の加熱によって揮発性物質は散逸したとすると月に揮発性物質が少ないことなどがうまく説明できる。ただしこの説に基づくシミュレーションでは、地球周りに形成される物質の多くは衝突した原始惑星のマントル物質となり、衝突天体と地球の組成の違いが残る。しかし月の岩石の分析からは月と地球の岩石の組成はほぼ同じとなっていることの説明は難しいとされている。このため火星クラスの天体とのジャイアントインパクトではなく、より小さな天体との20回程度の衝突によって地球の周りにできた円盤から原始月が何個かできて、数百万年かけてそれらが合体して月ができたという説も提案されている。この説では地球周りの円盤には地球からのマントル物質がより多く存在することになり、地球と月の組成が似ていることが説明できる可能性があるといわれている。

3.3 太陽

太陽は我々に最も近い恒星であり、その表面の活動を詳細に観測できる唯一の恒星である。太陽は、典型的な**主系列**段階（中心で水素の核融合反応が起こっている状態）の星で、その質量は 1.989×10^{30} kg（地球の約 33 万 3400 倍）、赤道方向の直径は約 139 万 2000 km（地球の約 109 倍）、表面の有効温度は 5772 K である。

地球から太陽は約 1 億 5000 万 km の距離にあり、その見かけの明るさは V バンドで −26.7 等級にもなるが、特別に明るい星というわけではなく、絶対等級は V バンドで 4.82 等級である。絶対等級を光度（単位時間当たりに電磁波で放射するエネルギー）で表すと 3.846×10^{26} W となり、地球軌道で太陽から受け取る単位時間当たりの放射エネルギー（**太陽定数**）は、1 m^2 当たり約 1365 W であるが、大気の吸収などで地上で受け取るのはその半分程度である。地球が受け取るエネルギーの 99.7 % がこの太陽からのエネルギーで、残りのほぼすべては地球内部の放射性物質の崩壊によるエネルギーである。

一般の恒星の誕生、進化、また内部構造やエネルギー源については後の第 6 章で詳しく述べるので、この節では地球と直接的に関係する太陽の表面活動を説明する。

3.3.1 太陽の大気

太陽は地球と異なり、固体の表面を持たない。太陽をスクリーンに投影すると白く丸い像が見えるが、この白い円の円周が太陽の表面である。この表面として見える層は光球と呼ばれる。太陽内部の核融合反応で生まれた高エネルギーの光は内部の物質によって散乱されてまっすぐ進むことができない。ある程度以下に密度が小さくなって初めて散乱されずにまっすぐ進めるようになる。このことを光学的に薄くなるという（光学的厚さが 1 になる）。ここが、光球面である。中心で生まれた光が光球に届くまでには平均して 20 万年程度かかるが、光球から出た後は 499 秒で地球に届く。したがって太陽の中心で核融合反応が止まったとしても、その影響が現れるのは、20 万年後ということになる。光球は厚さ数百 km 程度で、我々が受け取る放射エネルギーのほとんどはこの薄い層から出てきたものである。この層の平均温度は約 5770 K である。

地球に大気があるように太陽も光球の外側は真空ではなく、ごく薄い電離ガスが取り巻いている。光球から離れると温度が下がって高度 500 km で約 4200 K となり、これが太陽大気の温度の最低値となる。さらに光球面から離れると温度が上がっていき、高度 1500 km で約 6900 K となる。この温度が上がっていく層を彩層といって、この層は皆既日食の直前と直後に一瞬赤く輝いて見えることからそう名づけられた。

さらに、高度 2000 km での温度は約 8400 K だが、そのすぐ上部の厚さ数百 km の層では急激に 100 万 K もの高温に達していて、この層を遷移層という。その上層から数百万 km 程度まで広がる超高温層をコロナという。コロナの密度は光球の 10^{-12} 程度しかなく、その明るさも光球の 100 分の 1 程度なので眼視では皆既日食時にしか見ることができない。19 世紀の初めにはすでに皆既日食時に見えるコロナは月の大気ではなく、太陽の周りを取り囲む大気であると考えられていた。

3.3.2 太陽の表面と活動

太陽の表面活動として古くから知られているのは黒点である。黒点の発見は 16 世紀のドイツの天文学者ダービット・ファブリツィウス（1564～1617）によるとされていて、ガリレオも黒点を観測してその変化と移動を記録している。しかし中国では古代から太陽には「カラス」が住んでいるといわれていて、黒点の存在は古くから知られていたと思われる。

太陽の表面と活動

黒点が黒く見えているのは、その温度が約 4000 K と周囲より低いためである。大きいものでは直径数万 km にも及び、また群れをなしてできることが多く、黒点群と呼ばれる。個々の黒点は、暗い中央部を筋状の模様がある半暗部と呼ばれる比較的明るい周辺部が取り囲んでいる。黒点に強い磁場が存在することは、1908 年、アメリカの天文学者ジョージ・ヘール（1868～1938）によって発見された。その強さは 3000 G（ガウス）すなわち 0.3 T（テスラ）程度で、地球磁場に比べると数万倍強い。

3.1.3 節の地球磁場のところで述べたように磁場の様子は磁力線によって表される。磁力線の向きは磁極の N 極から S 極に向かう向きで、磁力線が密集しているほど磁場が強くなっている。また磁力線の束を考えると、その束は磁力線の方向に沿って縮み、それに垂直な方向に膨らむような力を及ぼす。このような磁場の力によってプラズマの流れが阻害されて、対流が起こりにくくなる。その結果、磁力線の束の中では表面への熱の流れが妨げられて温度が下がり、黒点ができる。したがって黒点は磁力線の束が太陽表面に顔を出した切り口ということができる。

N 極から出た磁力線は S 極に着くまで途切れることがないので、基本的には黒点は N 極と S 極の対で現れる。対になって現れた黒点の、自転の向きに関して前に位置しているものを先行黒点、後ろに位置しているものを後行黒点というが、先行黒点の方が赤道寄りに位置することが知られている。

黒点の大きな特徴は、その周期性である。1870 年代から約 150 年間の黒点の数の記録があり、それによると平均約 11 年で増減を繰り返していることが分かる。後で述べる太陽表面の爆発現象であるフレアの数も黒点の数（正確には太陽表面に対する黒点の面積）に比例していて、数が多い時期を太陽活動の極大期、少ない時期を太陽活動の極小期と呼ぶ。極小期から次の極小期までの 11 年間を 1 つの太陽周期といって、1 つの周期ごとに活動の極大期に太陽の磁場が反転して N 極と S 極が入れ替わる。黒点の周期性については次の**ヘール–ニコルソンの法則**が知られている。

1. 1 つの太陽周期中では、北半球または南半球内で先行黒点の磁極は同じである。
2. 北半球と南半球の先行黒点の磁極は異なる。
3. 周期ごとに磁場の極性が逆転する。

11 年周期というのは絶対的なものではなく、また黒点の出現回が極端に少なかった時期も過去に何度か記録されている。特に有名なものとして、1645 年から 1715 年にかけて黒点数が異常に少ない時期があり、**モーンダー極小期**と呼ばれている。この期間は、黒点数が極端に少なく、11 年周期は確認できなかった。また地球の平均気温が 0.6 °C ほど下がり、テームズ川が凍ったなど地球が寒冷化した記録が残っている。太陽磁場の活動性の影響は、宇宙線にも現れる。宇宙線とは遠方から太陽系に飛来するエネルギー粒子（ほとんどが陽子）である。太陽磁場活動の極大期には、宇宙線が減少する。宇宙線は地球大気に侵入すると大気中の物質と衝突して多くの放射性同位体をつくる。放射性同位体というのは陽子数が同じで中性子数が異なる元素で、放射線を出して安定な元素に戻る。特に重要なものが炭素14である。安定な炭素の原子核は陽子6個と中性子6の炭素12であるが（中性子7個を含む炭素13も安定であるが、その割合が1％程度なので、ここでは無視する）。炭素14は8個の中性子を含み半減期5730年で安定な炭素に戻る。この性質を使って残っている炭素14の量を測定すると、地球に飛来した宇宙線量を推定することができる。たとえば屋久杉などの寿命の長い樹木の1年ごとの年輪に含まれる炭素14を調べることで、モーンダー極小期には11年周期ではなく14年周期で太陽磁場が変動していたことが報告されている。

✸ 粒状斑

黒点以外の太陽面全体は、細胞のように1000 km程度の粒状の構造で覆われている。これを**粒状斑**という。太陽は水素の核融合反応によって中心部でつくられたエネルギーを半径の7割程度のところまで光として外に伝え（放射層）、それより上層では熱対流によって表面へとエネルギーが運ばれる（対流層）。粒状斑は対流によって運ばれてきた熱いガスが表面で冷えて下に沈んでいく様子が模様となって現れたものである。粒状斑の1つのセルの平均的な寿命は数分程度であり、$1\sim2\ \mathrm{km\,s^{-1}}$ ほどで上下運動をしていて、太陽表面から失われるエネルギーの大半はこの運動によって内部から運ばれる。また超粒状斑という3万km、寿命1日程度の大きな対流構造も確認されているが、その起源はまだよく分かっていない。

✸ 太陽フレア

太陽大気の一部が突然輝き出し、数分から数時間の間に 10^{23} J程度のエネルギーを解放し、また元の明るさに戻るような爆発現象を**フレア**と呼ぶ。ちなみに全世界で消費される1年間の電力エネルギーは、10^{20} J程度である。

フレアは太陽活動の極大期にほぼ毎日のように巨大な黒点群の周りで起こっている。一方、極小期にはあまり起こらない。巨大な黒点群に溜まっている磁気エネルギーは 10^{25} Jにも及ぶ。そのエネルギーの100分の1程度がフレアとなって解放されることになる。

巨大な黒点群ではN極とS極が複雑に分布していて磁力線も複雑な構造をしている。そのような状況で磁力線のつなぎ変え（磁気リコネクション）が起こると、磁気エネルギーがガスの熱エネルギーに変換されることでガスは数億Kまで加熱され、大爆発が起こる。これがフレアである。フレアが起こると、100〜

1000 km s^{-1} で数 10^{10}〜10^{13} kg もの太陽コロナのプラズマが惑星間空間に放出される（**コロナ質量放出**）。フレアは電波や X 線と共に、電子や陽子などの荷電粒子を放出し、それらが地球の電離圏や地磁気を乱し電波通信を妨害するなど、さまざまな影響を地球に及ぼす。

フレアはほかの恒星でも観測されている。特に赤色矮星と呼ばれる小質量星ではスーパーフレアと呼ばれる太陽フレアの数百倍の規模のフレアがしばしば起こる。NASA が系外惑星探査のために 2009 年に打ち上げたケプラー衛星は、はくちょう座方向の 10 万個の恒星の明るさの変化を観測したが、そのデータから太陽程度の質量の恒星でも数千年に一度スーパーフレアが起こる可能性が示されている。

太陽風

太陽に近づく彗星が太陽と反対方向に尾を持つことから、1950 年代に太陽から高速の粒子が吹き出していることが予想されていた。1962 年、金星探査機マリナー 2 号によって実際にそれが観測された。この太陽からの定常的な粒子の流れを、**太陽風**と呼ぶ。粒子の数密度は 1 cm^3 当たり数個程度であり、その 95 % は陽子で残りはヘリウム原子核やさまざまなイオンと電子である。その速度は太陽の近くでは 30〜60 km s^{-1} であるが、太陽半径の 5 倍程度から急激に加速され地球近傍では約 450 km s^{-1} 程度になる。加速の原因は太陽風に伴って出ている数 μG（マイクロガウス）程度の弱い磁場の振動がつくるエネルギーと考えられている。

太陽風の元をたどると**コロナホール**と呼ばれる太陽コロナの暗い領域になり、ガスが常に吹き出すため希薄で暗くなっている。太陽は 27 日周期で自転しており、太陽風は回転しているスプリンクラーのように太陽を中心としたスパイラル状に吐き出される。この太陽風には 2 種類あって、300 km s^{-1} 程度のものを低速太陽風、700 km s^{-1} 程度のものを高速太陽風と呼ぶ。高速太陽風は太陽低緯度のコロナホールから吹き出して、2 日程度で地球に到達する。この高速太陽風は太陽自転とあわせてほぼ 27 日周期で観測される。またフレアやコロナ質量放出によっても高速太陽風がつくられる。

太陽風は地球の磁場と衝突して地球磁気圏をつくり、前に 3.1.3 節でも述べたようにオーロラなどの現象を引き起こす。また地球軌道を離れてもほとんど速度を落とすことなく、恒星間空間にまで広がっている。太陽風が及ぶ範囲を**太陽圏**という。太陽系は現在、超新星爆発によって形成された局所星間雲と呼ばれる星間ガスの中にあって、局所星間雲は銀河系の中心から遠ざかる方向に太陽系に対して約 25 $\mathrm{km\,s^{-1}}$ の相対速度で運動している（**図 3.2**）。星間ガスの温度は約 6500 K で、その中を伝わる音速は約 8 $\mathrm{km\,s^{-1}}$ なので、太陽圏の運動は星間ガスに対して超音速で、太陽圏の境界にはバウショックという弧状の衝撃波が形成されている。衝撃波面では密度が高くなり磁場が強くなる。1977 年に打ち上げられた惑星探査機ボイジャー 1 号、2 号はそれぞれ 2014 年と 2018 年に地球から約 94 天文単位と約 87 天文単位で電子密度や磁場の変化を観測し衝撃波を通過したことが確認された。このことから前方の衝撃波面は地球から 80〜100 天文単位にあり、後方は地球磁気圏のように引き伸ばされていると考えられている。

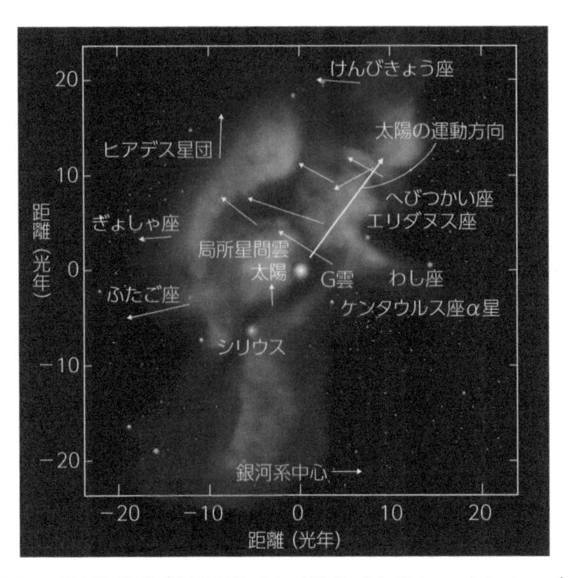

図 3.2　局所星間雲（NASA/Goddard/Adler/U. Chicago/Wesleyan）

3.3.3 宇宙天気予報

以上述べてきたように、太陽の長期活動と短期活動は人間の生活に大きな影響を与えてきた。特に現代社会は、地球規模の通信、あらゆる分野での電子機器の利用によって成り立っていて、巨大なフレアやそれに伴うコロナ質量放出による地磁気や高層大気の乱れの影響は深刻になっている。たとえば、1989 年 3 月 10 日に巨大フレアが発生し、それに伴うコロナ質量放出が 3 月 13 日に地球まで到達したことにより、カナダ、ケベック州のほぼ全域で長距離送電線に異常電流が流れて 9 時間に及ぶ停電が発生し、送電網の完全な復旧には数ヵ月を要した。その被害額は数百億円に及んだ。このときフロリダ州でもオーロラが見えた。そのほか、航空機の運航への支障や気象衛星の気象データが失われるなどの被害もあった。現在、もしこのようなことが起こると、GPS やインターネットに支障を与え株式市場などにも大混乱を引き起こすだろう。このため、いつどの程度の規模のフレアが発生するかを予測する「**宇宙天気予報**」は、非常に重要になっている。

現在日本には宇宙天気予報を出している情報通信研究機構という国立法人があって、そのホームページには、太陽フレア、プロトン現象、地磁気擾乱、放射性帯電子、電離圏嵐、デリンジャー現象、スポラディック E 層という項目と、可視光での太陽表面、プロミネンス（彩層）、フレア（コロナ）の画像、X 線の強度などが掲載されている。黒点数の変化のグラフなどもある。**プロトン現象**というのは太陽フレアやコロナ質量放出の際に光速近くまで加速される陽子のことで、地球の磁気圏に侵入して人工衛星、GPS 衛星などに誤作動や故障を引き起こしたりする。**デリンジャー現象**とは、太陽フレア発生によって増大した高エネルギー光子と大気の衝突によって電離圏の電子の数が増えることで、これによって短波通信（3～300 MHz）に障害が起こる。**スポラディック E 層**とは、春から夏にかけて上空 100 km 付近で突発的に電子数が急増する現象で、これが現れると通常電離圏では反射されずに遠くには届かないメートル波が反射されて、はるかかなたのテレビ放送が受信できるようになったりする。またプロミネンスとは、彩層のガスが磁場によってコロナ中に噴き上げられる現象で、高温のコロナ中では低温のため黒く筋状に見えるが、皆既日食では、水素の Hα 線を強く放射するため赤く見える。プロミネンスの日本語訳の紅炎というのはこれから来ている。

太陽系内惑星・衛星探査

長い間人類は大気の窓を通して宇宙を観測してきたが、第二次世界大戦以降のロケットの開発によって天体をごく近く、あるいはその表面で観測するという方法を手に入れた。飛翔体による太陽系探査は、当然のことながら 1959 年一番近い天体である月から始まった。旧ソ連（ソビエト連邦）が打ち上げたルナ 1 号は月から約 6000 km を通過し、その後、地球と火星の間を公転する人工惑星となった。ルナ 1 号から始まった太陽系探査は、現在までにすべての惑星といくつかの衛星、小惑星を訪れ、さらに太陽系の果てへと探査を続けている。現在、人類がつくったもので地球から一番遠くにあるのは、1977 年に相次いで打ち上げられたボイジャー 1 号と 2 号である。2022 年の時点でボイジャー 1 号は太陽から約 134 天文単位、ボイジャー 2 号は 112 天文単位のところを十数 $\mathrm{km\,s^{-1}}$ という速度で太陽から遠ざかっている。太陽系の最遠部は太陽から 1 万天文単位から 10 万天文単位にかけて広がっているオールトの雲と呼ばれる彗星の巣と考えられていて、ボイジャーがたどり着くのはあと 2 万年以上の未来となる。

この章では主に惑星探査機が明らかにした太陽系の惑星の姿について説明する。

4.1 水星探査

太陽系の第 1 惑星である水星は他の惑星に比べて変わっている点が多い。ほかの惑星がほぼ円軌道であるのに対して、水星は近日点が太陽から約 0.31 天文単位、遠日点が約 0.47 天文単位と円軌道から大きくずれた楕円軌道（公転周期約 88 日）である。また水星の半径は地球の約 38 % で、木星の衛星ガニメデや土星の衛星タイタンよりも小さく、その質量は地球の 0.055 倍程度しかない。水星は

「鉄の惑星」とも呼ばれるように、その特徴は半径の約 4 分の 3 が鉄を主成分とするコアを持つことである。地球の場合、内部の金属コアは体積の約 17 % 程度であるが、水星の金属コアは 42 % を占めている。

探査機による水星観測は太陽に近いことと水星自身の重力が弱いことから、水星の軌道に乗せることが技術的に難しく他の惑星探査よりも遅れて 1973 年に打ち上げられたマリナー 10 号から始まった。マリナー 10 号は、1975 年に水星上空 327 km まで接近して地表の 4 割を撮影し、昼間面の地表温度が 187 °C で夜間面が −183 °C であることや、地球の磁気圏の約 1.1 % に相当する比較的強い 4.9×10^{-12} T の磁気圏を持つことを発見した。惑星の磁場は内部の金属コアが融けて流動していることでつくられるが、水星は小さく形成直後に内部は冷えてしまったと考えられていたため、この発見はまったく予想外だった。形成から 40 数億年経った今でもなぜコアが融けているのかはいまだ分かっていない。

ちなみにマリナー 10 号は最初に**スイングバイ**を行った人工衛星である。スイングバイとは天体の重力を利用して探査機の方向や速度を変えることで、マリナー 10 号は金星によるスイングバイで太陽を約半年で周回する軌道に乗り水星に到達した。

次に水星を訪れたのは、2004 年に打ち上げられた水星探査機メッセンジャーである。メッセンジャーは地球、金星、水星によるスイングバイを繰り返し、2011 年に水星の周回軌道に入り、2015 年に水星に落下するまでの 4 年間、水星を 4105 周して地図の作成、地表の組成や磁場の観測をし、いくつもの発見をした。たとえば極軸（磁気の N 極と S 極を結ぶ軸）は自転軸とほぼ一致しているにもかかわらず、磁気の赤道が水星半径の 5 分の 1 も北側にシフトしていることを発見した。現在でもそのメカニズムは分かっていない。また火山性の堆積物が存在することや、北極点の常に太陽光が届かない場所に氷が残っていることも発見している。さらに太陽に最も近く高温にもかかわらず表面の鉱物組成に予想以上の揮発性元素を含むことも発見している。このように水星は謎だらけの惑星である。これらの謎の解明は、太陽系における惑星形成の理解につながると期待されている。

この期待のもとに、2018 年、日本とヨーロッパが共同で水星探査衛星を打ち上げた。この衛星は、水星の自転周期が公転周期の比が 2 : 3 になっていることや複数回のスイングバイで水星の探査が可能なことを示したイタリアの天文学者ジュゼッペ・コロンボ（1920〜1984）にちなんでベピ・コロンボと名づけられた。この探査機の目的は、水星の磁場と磁気圏、水星内部と表層の詳細な観測によって水星の起源、特殊性を解明することで、そのため日本が担当する水星磁気圏探査機「みお」とヨーロッパが担当する水星表面探査機「MPO」の 2 機の探査機を搭載している。地球による 1 回のスイングバイ、金星による 2 回のスイングバイと水星による 6 回のスイングバイを行って 2025 年に水星周回軌道に到達する予定である。2021 年には水星による最初のスイングバイを行い水星付近にまで到達している。

みおと MPO が順調に水星の周回軌道に乗って観測が開始されて、水星の謎が解明されることが期待されている。

4.2 金星探査

金星は太陽から約 0.723 天文単位のほぼ円軌道を周期 227.1 日で回っている、地球とほぼ同じ大きさ（赤道半径 6052 km）と平均密度（$5.24\,\mathrm{g\,cm^{-3}}$）を持つ惑星である。しかし金星の自転の向きは地球やほかの惑星とは違って公転とは逆方向で、その周期は公転周期よりも長く約 243 日であり、また大気組成も地球とはまったく違っていて、その主成分は二酸化炭素である。金星大気で特に注目されるのが、惑星全体で西向きに吹く**スーパーローテーション**（**超回転**）と呼ばれる高速の風である。風速は金星の自転速度よりもはるかに速く最大で $100\,\mathrm{m\,s^{-1}}$ にもなる（金星の赤道での自転速度は $1.6\,\mathrm{m\,s^{-1}}$ である）。

金星探査は 1960 年代初めから旧ソビエト連邦とアメリカによって始められた。最初に成功したのはアメリカのマリナー 2 号で、金星に約 3 万 4773 km まで接近し、マイクロ波観測によって大気温度が昼側も夜側も大きな違いはなく 200 °C を超える高温であること、磁場が非常に弱いことを明らかにした。1967 年、旧ソビエト連邦のベネラ 4 号が金星軌道に到達し、大気中に降下カプセルを落下させた。カプセルは高度 25 km に到達するまでデータを送信し続けた。1972 年、ベネラ 7 号は、無事、金星表面に到達して高度数十 km から表面までの情報をもたらした。これらの観測から金星の表面温度が約 460 °C であること、大気の 95 % 以上が二酸化炭素であること、それ以外は窒素を数 % を含み、大気圧は金星表面で 90 気圧にもなることが分かった。また高度 45～70 km のところに厚い硫酸の雲があって金星全体を覆っていること、硫酸の雲からは酸性の雨が降り、雨は地上に着く前に蒸発して雲に戻ること、そしてこの雲のため金星表面には地球の場合の 10 分の 1 程度の日光しか届かないことも分かった。それにもかかわらず表面温度が高いのは、大気の主成分である二酸化炭素の温室効果のためである。

またベネラ 7 号は、地上から数十 km 上空では自転速度を大きく上回る風速を持つスーパーローテーションを発見している（アメリカのマリナー 10 号も同時期に発見している)。それまで惑星大気の風の速度は地面との摩擦などのために減速されて惑星の自転速度よりも遅いと暗黙のうちに思われていた。実際、地球の偏西風は自転速度の 10 % 程度にすぎない（地球の赤道での自転速度は約 400 $m\,s^{-1}$)。したがってスーパーローテーションの発見はまったく予想外であった。現在では土星の衛星タイタンでもスーパーローテーションが発見されており、また太陽系外惑星でも強力な風が吹いているという観測も報告されていて、スーパーローテーションは金星に特有の現象ではなく惑星の持つ典型的現象の 1 つなのかもしれない。

一方、金星の地形は NASA のパイオニア・ビーナス、旧ソ連のベネラ計画によって徐々に明らかにされてきたが、NASA が 1989 年 5 月に打ち上げた金星探査機マゼランによってほぼ完全に明らかにされた。マゼランは、1990 年 8 月に金星の極軌道（南極と北極の上空を周回する軌道）に到達し、厚い大気を通す電波を放出し、その反射シグナルを受信することで 100 m 程度の解像度で表面の 98 % をカバーする地図を作成した。それによると金星表面の大部分はゆるやかな平原で、火山でできた地形が多いことが判明した。なかでも粘り気のある溶岩が吹き出た後に大気圧に押しつぶされたことで形成された「パンケーキ」と呼ばれる特徴的な地形を発見している。

ESA（ヨーロッパ宇宙機関）が 2005 年 11 月に打ち上げたビーナス・エクスプレスは、2006 年 4 月に金星周回軌道（極軌道）に入り、2014 年まで大気組成や金星周辺の電離大気などの観測を行い、約 250 万年前の溶岩流の発見と、金星大気から多くの水素が逃げ出していることを明らかにした。これによって金星の地下には現在でもマグマだまりがあり今後火山活動が起こる可能性があることや、かつて金星には地球のように海があったことが示唆されている。さらに高度 125 km のところに $-125\,°C$ という極低温の層を発見している。

2010 年、日本の JAXA（宇宙航空開発機構）が金星大気観測、特にスーパーローテーションの解明のため金星探査機「あかつき」を打ち上げた。あかつきには、雷（可視光線)、雲の温度分布（中間赤外線)、雲頂の化学物質（紫外線)、地表面（近赤外線)、下層大気（近赤外線）を探るための 5 台のカメラが搭載されていた。メインエンジンの故障のため計画は大幅に遅れ、2016 年に金星の周回軌道に到達し観測を始めた。この時点で 2 台の近赤外線カメラは故障していたが、残り3台の観測によって金星のアルベド（太陽からの入射光に対する反射光の比）が10年単位で2倍ほど変化すること、アルベドが低い（雲が熱をより多く吸収）ときにはスーパーローテーションは速く、アルベドが高いときには遅いことを発見した。またそれまで知られていなかった金星の夜側における雲の流れを解明した。また昼間は雲の頂上付近が赤道から南北両極の方へ流れているが、夜間では逆に南北から赤道の方へ向かっていることを発見した。この流れは大気が昼に加熱されて夜は冷却されることで起こる温度差が原因と考えられる。スーパーローテーションの原因はよく理解されていないが、あかつきの観測からこの温度差説が有力となっている。大気での加熱される場所は太陽直下であるが、金星の場合その場所は太陽の動きと共に自転方向と反対側に動いていくことで、惑星規模の波が生まれる。この波は東西方向に伝播するだけでなく、上下方向にも伝播するため雲層では自転と逆向きの運動量が失われる。するとその反作用として雲層に自転方向のスーパーローテーションが生まれると考えられている。

2020年、ALMA望遠鏡などの電波観測から金星大気の雲の上層部でリンの水素化物であるホスフィン（リン化水素）が検出されたという報告があった。ホスフィンはある種の嫌気性微生物によって代謝物として生成されるため生命の存在の兆候である可能性が議論されているが、検出量はごくわずかで検出自体に議論があり、確定的ではなく、今後の検証が必要である。

2028年から2030年にかけてNASAは金星大気と地質を調べる2つの探査衛星の打ち上げを予定している。形成当時は地球とよく似た環境と考えられている金星がなぜ現在地球とはまったく違う環境になったのか、これまでの探査機の観測からかなり理解が進んできたが、硫酸の雲がどのようにしてできたのかなど、まだ多くの謎が残っている。金星を理解することで地球の形成、太陽系外惑星の理解が進むことが期待されている。

4.3 火星探査

火星は金星と並んで多くの探査機が送り込まれた惑星である。火星は太陽からの平均距離約1.52天文単位を周期1.88年で公転している太陽系の第4惑星である。火星の赤道半径は3396 kmで地球の約0.53倍、質量は約0.11倍、表面での重力は地球の約0.38倍である。自転周期は約1.026日と地球とほぼ同じで、地軸（北極と南極を結ぶ軸）が軌道面の垂直方向と約25度傾いて四季があることも地球に似ている（地球の場合は 23.4 度）。フォボスとダイモスという小さな衛星を持っているが、それらの大きさは最長径でそれぞれ 25 km, 16 km ほどで、球形ではなく大きな岩の塊のような形をしている。火星を回る周期は、フォボスが 0.319 日、ダイモスが 1.262 日なので、火星から見ると内側のフォボスは速い速度で西から東へ、外側のダイモスはゆっくりと東から西へ移動していく。

他の惑星に比べて火星が古くから興味を持たれていたのは、その赤い色と表面で起こる現象が観測できるからである。すでに 17 世紀には表面に模様があることが知られていた。18 世紀にはウィリアム・ハーシェルは火星の地軸が傾いていることや、極冠の大きさが変化することから火星に四季があることを発見したが、火星が背景の星を通り過ぎるときに星の像がほとんどぼやけないことから火星大気は確認できなかった。19 世紀には火星表面の黄色い雲の出現が観測され、火星に大気があることが認識された。さらにイタリアの天文学者ジョバンニ・スキャパレリ（1835～1910）は多数の直線状の模様をスケッチした。スキャパレリはその模様を「すじ」という意味のイタリア語 canali と命名したが、それを canal（運河）と英語で訳したことから、第 1 章 1.5 節で述べたローウェルのように実際に火星に高等文明が存在すると考える人もいて、19 世紀末から 20 世紀初めにかけて火星に対する興味が一挙に盛り上がった。

しかし、1920 年代には口径 2.54 m の望遠鏡によって火星表面から放射される熱エネルギーが測定され、極付近で温度が −68 °C、赤道付近で 7 °C 程度であること、さらに分光観測から大気中の酸素や水は微量しか含まれていないことが分かり、火星に高等文明が存在する可能性はないことが明らかになった。なおスキャパレリが「発見」し、ローウェルが「観測」した模様は、錯視であると考えられている。1940 年代、赤外線観測から火星大気の主成分が二酸化炭素であること、極冠は二酸化炭素の氷（ドライアイス）であることが分かった。

その後、1960 年代以降は探査機による火星観測が主流となる。最初に火星に接近したのは、アメリカが 1964 年 11 月に打ち上げたマリナー 4 号である。1965 年 7 月 15 日に火星に最接近し、表面気圧が 6 hPa（ヘクトパスカル）程度（地球の 0.006 倍程度）、温度が −100 °C との推定値とクレーターの多い地形の画像を送ってきた。その後、マリナー 6 号、7 号、9 号が続けて火星に接近し、1972 年までに火星表面の 70 % 程度が撮影され、地球の約 0.1 % という弱い放射線帯を検出した。また地上望遠鏡の観測で発見されていた黄色い雲が、火星大気で起こった大規模な砂嵐で巻き上げられた土壌成分の酸化鉄の微粒子であることも確認された。火星の大気は薄く（気圧は地球の 1％ 以下）、以下で述べるように表面には水がなく乾燥しているため、絶えず土壌の微粒子が吹き上げられ、しばしば砂嵐が起こる。全球を覆い尽くすような砂嵐も 3〜4 年（地球の 6〜8 年）に一度は起こっている。火星大気は常に微粒子が漂っている状態である。この微粒子の典型的なサイズは、2 μm 程度で、このような粒子によって可視光はすべての波長で同じように散乱されるが、微粒子の成分の一部に青い光を吸収する物質（赤鉄鉱）があるため、青い色がカットされて黄色がかった茶色に見える。地球の大気では、太陽光を散乱する粒子が可視光の波長よりも小さい窒素分子や酸素分子であるため、波長の短い青い光がよく散乱されるため空は青く見えるのである。

一方、旧ソ連が 1971 年に打ち上げたマルス 3 号は、初めて火星表面に着陸機を軟着陸させることに成功したが、着陸後すぐに通信は途絶えた。1975 年 8 月と 9 月に、アメリカは火星における生命の兆候を探査する目的で、バイキング 1 号と 2 号を打ち上げ、それぞれ着陸機を 1976 年 7 月と 9 月に過去に水が存在した可能性のある平原に軟着陸させた。目的の土壌調査では、土壌を加熱して放出されるガスを分析する有機物検出実験、微生物の呼吸作用を調べるガス交換実験などが行われたが、生命の存在を示す証拠は得られなかった。またバイキングは地表付近で渦巻状に立ち上がる突風（塵旋風またはダストデビル）の発生も観測した。後の観測からダストデビルは火星のいたるところで出現し、砂嵐にまで成長するものもあり、大気中に微粒子を漂わせる原因と考えられている。

その後、1997 年、マーズ・パスファインダーが火星に着陸したが、このとき火星の周回軌道に入らず、そのままエアバッグにくるまれた探査機を突入させ表面でバウンスさせるという方法が採用された。着陸後、内部に搭載されていた 6 輪の探査車（マーズ・ローバー）が起動し、移動しながら着陸機の周りの半径 500 m の岩石を調査した。その結果、地球のマグマ由来の安山岩や玄武岩のような組成を持ち、できた年代が違った石を複数発見した。このことはかつて火星に水があって、それらの石が洪水によって違った場所から運ばれてきたことを表すと解釈されている。

マーズ・パスファインダーと同時期に打ち上げられたマーズ・グローバル・サーベイヤーは平均高度 378 km を約 2 時間で周回する軌道から、0.5 m の精度で火星の地図を作成し、のちの探査計画に対する重要な情報を提供した。この地図には峡谷や土石流の跡らしき地形があり、液体の水が流れる水源が火星の地表または地表近くに存在する可能性を強く示唆していた。2001 年に打ち上げられたマーズ・オデッセイは、水素からのガンマ線などの解析結果から火星の南極地方の地下約3m以内に大量の水の氷が堆積していることを明らかにした。

2003年6月、ヨーロッパ宇宙機関（ESA）が打ち上げた火星探査機マーズ・エキスプレスは、可視光・赤外分光器、地下探査レーダーなどを搭載し、今でも火星の極軌道を周回していて、10m単位の火星の地図をつくり、100m単位の鉱物分布図をつくっている。その結果、火星表面に含水鉱物や硫酸塩鉱物など水が存在しないと形成されない鉱物を検出したり、水が流れた地形などから火星はかつて海があり温かく生命の誕生に適した惑星だったことを強く示唆している。

2004年1月には、スピリットとオポチュニティと名付けられたNASAのマーズ・エクスプロレーション・ローバーが共に火星に着陸し、スピリットは2010年3月22日まで、オポチュニティは2018年6月10日まで活動し、両方の着陸地点で過去のある時期に液体の水が存在した証拠を発見している。2012年8月6日、火星の気候と地質を調査するマーズ・サイエンス・ラボラトリー（MSL）ミッションの一環として、探査機キュリオシティをかつて湖が存在していたと考えられているゲール・クレーターと呼ばれる地点に着陸させた。実際にキュリオシティは、水によって流されたことで丸くなった礫を発見し、またゲール・クレーターに河川が流れこんでいた痕跡を見つけた。キュリオシティにはドリルで岩石を粉砕し、その成分を分析する装置が搭載されていて、2018年には30億年前の湖の底に溜まった泥岩の中からベンゼン、トルエン、プロパンなどの有機分子を発見した。また大気中のメタンの量が夏に高くなり冬に低くなるという季節変化を発見している。地球ではメタンは生物活動で発生するが、そのほかにも岩石と水との反応でも発生する。火星のメタンの季節変化の原因は、特定されていない。キュリオシティの後継機としてNASAは生命の兆候の検出をめざして、2021年2月、探査機パーサヴィアランスを火星に着陸させ調査中である。

一方、火星の内部構造については2018年5月にNASAが打ち上げた探査衛星インサイトが大きな成果を上げている。この目的のためインサイトは地震計と地下の熱伝導を測る着陸機を搭載している。インサイトは同年11月に火星の赤道付近の平原に着陸し、その後の15ヵ月で数百回の地震を観測している。地震波には速く伝わる縦波のP波とそれよりも遅い横波のS波があり、その伝達速度は内部固体の硬さによって変わり、また液体中では横波のS波は伝わることができない。このような性質のため、地震波を調べることで惑星の内部構造が分かる。その結果、火星は地球のように、厚さ50km程度の地殻があり、地殻とマントルの上層部分は硬く厚さ 500 km 程度のプレートがあることが分かった。一方、内部の構造は地球とはかなり違っていた。地球中心部の金属コアは固体の内部コアと液体の外部コアがあり、その上のマントルも組成の違いから下部マントルと上部マントルの 2 層構造をしている。火星の場合、中心の液体金属コア（ほぼ鉄）とその周りのマントルともに 1 層で、金属コアは火星半径（3396 km）の半分程度を占めている。

さらに火星起源の隕石の解析から液体の鉄のコアには大量の硫黄が含まれていることが示唆されているが、インサイトの観測によると予想以上に軽いことが分かった。これは太陽系が形成された頃に火星に降り注いだ大量の小天体がもたらした水の中の水素が、高温高圧という環境で鉄に取り込まれたためと考えられている。液体鉄–硫黄–水素合金は十分な高温高圧状態では十分に混じり合って均一であるが、温度が下がると硫黄が多く重い部分と水素が多くて軽い部分に分離することが実験で確認されている。このことから次のような仮説が導かれる。火星形成直後は高温状態で均質な液体だったコアが冷えると、硫黄を多く含む液体と水素を含んだ軽い液体に分離する。硫黄を含んだ成分は重いため底に沈み、水素を含んだ軽い液体が上昇することでコアの中で対流が起こる。すると電流が流れて磁場がつくられる。その後、火星は地球よりも軽いため冷却が急速に進み、コアで完全に分離が終わって対流が止まり、火星の磁場は消えたと考えられる。

この仮説は現在の火星には磁場がなく、したがって磁気圏もないことをうまく説明できる。いずれにせよ火星磁場がないことによって太陽風が火星大気に直接衝突して大気の多くを吹き飛ばし、海を蒸発させ、現在の火星環境をつくったのである。

4.4 小惑星探査

火星の次の惑星は木星だが、その間には小惑星帯と呼ばれる無数の小天体が存在する領域がある。現在観測されている小惑星は最大のものでも、月の質量の 1 割にも達しない。これらの小惑星は第 6 章で述べる原始惑星系円盤において木星の影響で惑星にまで成長できなかった小天体と考えられていて、原始惑星系円盤の生き残りともいうべきものである。小惑星は小惑星帯にのみ存在するわけではなく、太陽と木星の重力と小惑星に働く遠心力が釣り合う地点（太陽と木星を結ぶ線分を底辺とする正三角形の頂点）に 7000 個以上の小惑星が分布していて、トロヤ群小惑星と呼ばれる。木星ばかりでなく他の惑星と太陽を底辺とする正三角形にも少数ではあるが小惑星が分布していて、やはりトロヤ群小惑星と呼ばれる。また地球軌道に近づくものは地球接近小惑星と呼ばれている。地球接近小惑星は小惑星帯にあった小惑星が木星や土星の重力の影響で近日点が地球軌道付近（太陽から 1.3 天文単位以内）まで軌道を変えたものである。

小惑星は大きさ、形、組成はさまざまだが、そのスペクトルから炭素質の C 型、岩石質（ケイ素質）の S 型、主に金属質の X 型の 3 種類に分類されている。2003 年、日本が打ち上げた小惑星探査機「はやぶさ」が 2005 年にタッチダウンに成功してサンプルを持ち帰ったイトカワは、S 型の地球接近型小惑星である。はやぶさが持ち帰ったサンプルから、イトカワが小天体が衝突したときの破片が重力で集積した天体であることが分かった。

2014 年 12 月に打ち上げられた「はやぶさ 2」は、2018 年 6 月に小惑星リュウグウに到着し、同年 9 月に探査機を着陸させた。リュウグウは C 型小惑星でイトカワと比べるとより始原的な天体で、同じ岩石質の小惑星でありながら有機物や含水鉱物をより多く含んでいる。はやぶさ 2 はその後、人工クレーターをつくるなどして、2019 年 11 月にリュウグウを離れた。2020 年 12 月、採集した試料を搭載したカプセルを分離し、オーストラリアの砂漠に落下し回収された。探査機本体はさらなる小惑星探査のため、小惑星 2001 CC21 を次の目的地として継続して運航中である。

カプセル内の微粒子の主な構成鉱物は主に水を含んだケイ酸塩鉱物で、またアミノ酸やそのほかの有機物も検出された。詳しい解析の結果から、リュウグウの成因について以下のようなシナリオが示唆されている。リュウグウをつくった母天体は、太陽系形成時に太陽系外縁部にあった大きさ数十 km 程度のケイ酸塩や有機物を含んだ氷まみれのダストが集積したものであった。その後の約 260 万年までの間に内部の氷が水になり現在のリュウグウの岩石組成となった。そして衝突によって大きさ数 km に破砕された後、地球近傍軌道に移動し再集積してリュウグウをつくった。リュウグウ試料は化学組成が変化していない最も始原的な特徴を持っていて、太陽系形成時まで歴史を遡れるのである。

4.5 木星系探査

木星は、太陽から約 5.2 天文単位を周期 11.86 年で公転している太陽系最大のガス惑星である。その質量と直径はそれぞれ地球の約 318 倍と約 11 倍である。質量は太陽質量の約 1000 分の 1 程度だが、太陽系のほかのすべての天体を合わせた質量の 2 倍以上にもなる。公転周期は 11.86 年で、自転周期は 10 時間弱と非常に速い。

1610 年、ガリレオ・ガリレイは初めて望遠鏡を木星に向け、現在ガリレオ衛星として知られる 4 つの衛星（内側からイオ、エウロパ、ガニメデ、カリスト）を発見し、その後の観測でこれらの衛星が木星の周りを回っていることにも気が付いた。この発見は、地球が太陽の周りを回っているという地動説の主張を裏付けることになった。現在では 80 個程度の衛星が発見されている。

木星が興味深いのは、その大きさばかりではない。その巨大な質量のため原始太陽系円盤中に存在した軽い元素をその大気にとどめていると考えられている。さらにその大気成分には彗星のような小天体との衝突の影響も残っており、木星探査は、太陽系形成過程を探る上で重要である。

木星には、これまで多数の探査機が接近している。最初に接近した探査機は、1973 年のパイオニア 10 号と 11 号で木星の近接写真を撮り、木星の磁場を発見した。続く 1979 年 3 月、ボイジャー 1 号が接近し、木星がリングを持つことや衛星イオの火山を発見した。木星を周回する人工衛星としては、1989 年 10 月に NASA が打ち上げ、1995 年 12 月に木星周回軌道に到達した「ガリレオ」と、同じく NASA が 2011 年 8 月に打ち上げ、2016 年 7 月に木星の高度 4200 km を 53 日で周回する極軌道（北極と南極上空を通過する軌道）に到達した「ジュノー」がある。

ガリレオは 1995 年 12 月に観測機（プローブ）を大気に突入させ、75 分程度信号を送り続けた。その結果、木星の質量の 75 % は水素で 24 % がヘリウムであること（太陽が形成されたときのヘリウムの質量は約 28 % であった）、水素に対する炭素と硫黄の存在比が太陽よりも若干大きいことを発見している。これは彗星やほかの小天体が木星に衝突したことにより、これらの物質が大気中に蓄積された結果と考えられる。プローブは表面から深さ約 160 km、圧力約 28 気圧の地点に達するまで信号を送ってきたが、突入地点での圧力は 0.4 気圧、温度は −140 °C で、160 km の内部では 185 °C だった。また降下する過程で太陽光の減少率から雲の主成分がアンモニアの結晶であることを確認した。

ガリレオは 2003 年まで観測を行い、この期間に木星本体ばかりでなく、4 つすべてのガリレオ衛星に接近して、そのうち 3 つが薄い大気を持つことを発見した。特に2000年1月に木星の衛星エウロパの上空351 kmを通過し、搭載された磁力計によってエウロパの磁北極の位置が移動することを発見した。この現象はエウロパ全体が電導性の高い物質で覆われていることを示していて、エウロパ内部に大量の液体の塩水が存在する結果だと考えられた。その後、ハッブル宇宙望遠鏡が表面の氷の割れ目から高度200 kmにも及ぶ間欠泉を観測するなど、エウロパに内部海が存在することが確実になっている。

ジュノーの目的は木星本体を詳細に調べることである。そのために木星の磁場を調べる磁力計、大気内部を観測するマイクロ波放射計、内部構造を調べる重力測定装置、オーロラをつくり出す電子やイオンを検出するセンサーなどの観測装置を搭載している。木星に強力な磁場が存在し、極地方に現れるオーロラが地球に現れるオーロラの1000倍ものエネルギーを持つほど大規模で、電波からX線までの広い波長帯で輝いていることは以前から知られていた。オーロラは荷電粒子が磁場によって加速を受け、それが大気の分子と衝突して発光する現象であるが、木星の場合、その荷電粒子の主な供給源が衛星イオの数百の火山から放出された大量の溶岩がプラズマ化したものであることが予想されていた。ジュノーによる磁場強度の変動と荷電粒子の流れの観測とハッブル宇宙望遠鏡によるオーロラの明るさの変動を比較することで、この予想の正しさが確認された。またジュノーの精密な磁場の測定から、木星の磁場は地球とは異なって、棒磁石のような単純な南北2極構造ではなく、赤道付近にももう1つの極を持つ複雑な形状であることが分かった。

さらにジュノーの精密な重力測定によって、木星コアは低密度で半径の半分程度まで広がっていることが示された。第7章で述べる惑星形成では惑星系形成時は中心に重い物質からなるコアができるとされるが、その予想とは違っている。これは木星の形成直後、天王星サイズの天体が衝突した結果、コアが半径の半分くらいまで広がり低密度になったためと考えられている。コアの上には液体状の水素の層が存在するが、マイクロ波の観測で今まで想定されていたよりもこの層が惑星表面に近いところまで広がっていることも示された。木星の強い磁場はこの内側の液体状水素が流動することによってつくられたと考えられている。

木星の大気には**大赤斑**と呼ばれる高気圧性の巨大な嵐がある。この大赤斑は、1665年にジョバンニ・カッシーニ（1625〜1712）によって発見されて以降、350年以上にわたって存在していると考えられている。大赤斑は2つの反対方向に流れるジェット気流に挟まれて、速度200 $\mathrm{m\,s^{-1}}$程度、周期6日程度で回転している。1830 年代から継続的に観測されており、1979 年にボイジャーが木星に接近したときには地球の 2 倍程度であったが、現在では地球の 1.3 倍程度にまで小さくなっている。またその形も楕円形から真円に近い形に変わっている。ジュノーは大赤斑上空を通過する際の微妙な重力の変化を測定した。この測定結果から大赤斑は深さ 500 km まで続いていること、大赤斑を取り巻くジェット気流の深さは 3000 km にも及ぶことが判明した。何が大赤斑を 500 km でとどめているのかはよく分かっていない。

ジュノーは従来の探査機と違って極軌道であるため、極地方の大気の様子を詳しく調べることができる。その結果、両極に 1 つの嵐を取り囲むように複数の嵐が正多角形を組んでいることを発見した。一つ一つの嵐の直径は 1000〜3000 km 程度であり、その数は一定ではなく 2 年程度で変わっていることが観測されている。ジュノーは 2025 年まで観測を続ける予定とされており、その後の解析で木星の内部構造、大気の構造などの解明が進むと思われる。

4.6 土星系探査

木星と同様に巨大ガス惑星である土星は、そのリングを持った特徴的な姿で人気のある惑星である。土星の平均公転半径は約 9.6 天文単位で公転周期は 29.5 年、その質量は地球の約 95 倍、赤道面での直径は地球の 9.4 倍程度である。内部構造は木星と似ていると思われるが、密度が 690 kg m^{-3} と木星の半分程度しかない。木星と同様に内部の液体状の水素の層により磁場を持つが、地球磁場より少し弱い程度で、形状も地球磁場と似て棒磁石のように N 極と S 極の 2 つの極を持っており、同じ巨大ガス惑星である木星とはかなり違っている。

土星のリングをリングとしてはっきりと認識したのはクリスティアン・ホイヘンス（1629〜1695）で、1655 年のことである。それ以前の 1610 年にガリレオが土星を観測したが、耳らしいものがついているとしか分からなかった。1675 年にはジョバンニ・カッシーニ（1625〜1712）によってリングが 1 枚ではなく、空隙によって複数のリングからなることが発見された。その後の観測からリングはマイクロメートルからメートルサイズの無数の氷の粒子からできていることが分かった。またリングは発見された順に、A から F まで名前がついているが、実際には数千の薄い空隙と小さなリングから構成されていることが、1980 年とその翌年に土星に接近したボイジャー 1 号と 2 号によって認識された。

最初に土星に接近したのは1979年のパイオニア11号であるが、送られてきた画像は低画質であったため表面の詳しい模様は見えなかった。1980年、ボイジャー1号が初めて高画質の画像を送り土星表面の模様やリングの構造が明らかになった。タイタンに窒素を主成分とする厚い大気があることも発見された。このときボイジャーは土星の北極に1辺の長さが地球直径よりも長い正六角形の雲の模様を発見している。すぐ下で述べる土星探査機カッシーニによってもこの模様はのちに観測され、自転方向に回転していることも確認された。

NASAとESA（ヨーロッパ宇宙機関）は1997年10月、土星探査機カッシーニを打ち上げた。カッシーニは金星で2回、地球で1回、木星で1回のスイングバイののち、2004年7月、初めて土星の周回軌道に入った。2005年1月、カッシーニはタイタンに探査機ホイヘンスを着陸させた。ホイヘンスは機能停止するまでの3時間40分にわたってタイタンの大気、地表の信号を送り続け、厚い雲に隠されたタイタンの表面の様子が明らかになった。タイタンでは液体メタンの雨が降り、液体メタンやエタンの河川、湖、海、三角州など地球と同じような地形が存在したのである。またパラシュートで落下する最中の表面から100 km上空から数百 kmまでの成層圏で、自転速度よりも速い$100\,\mathrm{m\,s^{-1}}$以上（自転速度の10倍程度）の風速で、自転方向に同じ向きで風が吹いていること（スーパーローテーション）を確認した。スーパーローテーションはボイジャーの大気上層の温度分布から予想されていたが、ホイヘンスは風速を直接測定してその存在を確認した。スーパーローテーションは金星でも観測されているが、土星では風速の高度分布が複雑で基線変動も激しいこと、また成層圏の下部には無風領域があるなど金星との違いもある。しかし、大気温度が低いため太陽からの距離が遠いにもかかわらず太陽による大気の加熱の影響が無視できず、基本的には土星でも金星と同じメカニズムでスーパーローテーションが起こっているとされている。

2014年4月、カッシーニは衛星エンケラドゥスに接近し、南極付近の表面のひび割れから噴き出た水蒸気や氷を検出し、その内部に地下海がある証拠を発見した。またエンケラドゥスに接近した際のカッシーニの軌道から、エンケラドゥスの質量が予想以上に大きいことが分かった。このことは、エンケラドゥスは土星本体よりも岩石と鉄の含有率が高いことを示している。

カッシーニは2017年4月から「グランド・フィナーレ」と呼ばれる土星表面と一番内側のリングの間を22回通過するという最後のミッションを行った。その過程で恒星が土星に隠される現象を観測し、恒星の光度が土星大気中を通過する際の減光の様子から土星大気の密度や温度を調べた。惑星大気の最上層は熱圏と呼ばれ、低密度ではあるが太陽からのX線や紫外線によって加熱されるため高温になっている（地球の熱圏では2000 K程度にもなる）。木星や土星は太陽から遠いため、太陽の影響は弱く熱圏の温度も低いと考えられていたが、カッシーニの観測ではやはり500 K程度になっていることが判明した。これは木星や天王星や海王星でも同じで謎であったが、のちにやはりカッシーニの観測で熱圏の温度が南極や北極でオーロラが発生する領域で最も高いことが分かり、オーロラの電流が大気を加熱している可能性が示唆されている。

このミッション中の飛行軌道の精密な測定などから、土星のコアは地球のような硬くコンパクトなものではなく、岩石、氷、水素、ヘリウムの混じった泥のようなもので土星半径の30％程度にまで広がって拡散していること、質量が地球の55倍程度であることが分かった。木星のコアも同様に広がって低密度であることが分かっている。またBリングの質量が予想されていたよりも軽いことも確認された。一般にリングの質量が小さいほどリングの年齢は若いことが予想されていて、それに基づくとリングが形成されたのは今から1億年から1000万年前の間ということになる。一方、リングは40億年前に形成されたという説もあり、確定したことは分かっていない。

カッシーニによる長期大気観測データから、土星の北半球が夏に向かう2009年以降、北極域上層に六角形の渦ができていたことが初めて明らかにされた。この自転方向に回転する暖かい渦は、ボイジャーが見つけた雲の六角形模様の渦よりも数百km高い成層圏に生じている。風の様子は高度によって非常に違っているので、雲の六角形とは直接の関係がないと思われる。南半球の夏の2009年までの観測では、地球の直径の3分の2程度の嵐を観測しているが、雲の上層部にも、より高い領域にも北極で観測されたような六角形は見られなかった。この嵐は台風の目のような目を持ち、約150 $\mathrm{m\,s^{-1}}$ という猛烈な速度で時計回りに渦を巻いている。北極の成層圏の渦はこの嵐よりははるかに穏やかである。なぜ南極と北極で大気の運動にこれほどの違いがあるのかは分かっていない。

2017年9月、カッシーニは制御不能になり、タイタンやエンケラドゥスなど生命が存在する可能性がある衛星を汚染させないために土星大気に突入して燃え尽き、13年にわたるミッションを終えた。

4.7 外縁天体探査

太陽系の最も外側の惑星は天王星と海王星である。どちらも水やメタン、アンモニアを含んだ氷からできていて巨大氷惑星と呼ばれる。天王星は太陽から約 19.2 天文単位の軌道を 84.2 年、海王星は太陽から約 30 天文単位の軌道を 164.8 年かけて周回している。その大きさはそれぞれ地球の 4 倍と 3.8 倍、質量は地球の 14.5 倍と 17 倍と大きさも質量もよく似た惑星である。

これらの惑星には現在までのところ 1977 年 8 月に打ち上げられた探査機ボイジャー 2 号しか接近していない。1986 年 1 月、ボイジャー 2 号は天王星大気上層部から 8 万 1500 km まで近づき、天王星の磁場が地球程度であることと、いくつかの衛星を発見した。天王星の大きな特徴は自転軸が大きく傾いていることで、ほぼ横倒しの状態で公転運動している。これは天王星形成初期に他の天体と衝突したためと考えられている。

天王星接近から 3 年 7 ヵ月後の 1989 年 8 月、ボイジャー 2 号は海王星に接近した。このときボイジャーは海王星大気に木星のような高気圧性の嵐を観測している。この嵐は大黒斑と呼ばれ、縦 6600 km、横 1 万 3000 km の大きさを持っていたが、5 年後のハッブル宇宙望遠鏡の観測では消えていた。このほかにも海王星には風速 580 $\mathrm{m\,s^{-1}}$ の風が吹いているなど活発な大気活動が見られる。一方、天王星は目立った活動性は観測されていない。この違いは海王星内部の加熱によるものと考えられている。海王星の日射量は天王星の 40 % 程度しかないにもかかわらず、その表面温度はほぼ同じ −210 °C 程度である。海王星は天王星よりも幾分小さいが質量は天王星よりも大きく平均密度が高い（海王星が 1.67 $\mathrm{g\,cm^{-3}}$ であるのに対して天王星は 1.32 $\mathrm{g\,cm^{-3}}$）。この違いは中心のコアが重たいためで、それによって中心部の温度が 5100 °C 程度になっていると考えられている。ボイジャー 2 号は天王星と海王星を取り巻く磁場を観測し、磁場が中心からずれていて自転軸から傾いていることも観測している。

4.7.1 EKBO

第 7 章で述べるように、海王星よりも遠方にはいくつかの準惑星と多数の小天体が円盤状に分布している領域が数十天文単位まで続いている。この領域を提案者の名にちなんで**エッジワース–カイパーベルト**という。その領域に属する天体を**エッジワース–カイパーベルト天体**、略して **EKBO**（Edgeworth–Kuiper belt objects の略）という。EKBO は周期が 200 年未満の短周期彗星の巣である。実際に 1990 年代以降、この領域に属する多数の小天体が発見されている。冥王星の質量は月の 0.2 倍以下であり冥王星よりも大きな EKBO もあり、そのため 2019 年 2 月の国際天文学連合の会議で冥王星は惑星ではなく準惑星、あるいは冥王星型天体の 1 つと分類されることになった。

EKBO の探査のため NASA は 2006 年 1 月、探査機ニュー・ホライズンズを打ち上げた。2015 年 2 月、冥王星探査をはじめ同年 7 月に冥王星から 1 万 3685 km まで接近し冥王星とその衛星カロンを観測した。その結果、冥王星の表面に新しい氷が下から湧き上がってきた地形を確認し、現在あるいはつい最近まで内部の熱による地質活動が起こっていることを明らかにした。また衛星カロンにも深いひび割れを発見した。

2019 年 1 月、ニュー・ホライズンズはエッジワース–カイパーベルト天体の小惑星アロコスに 3500 km まで接近して観測を行い、2 つの同じようなサイズの小惑星が雪だるまのようにつながっていることを確認した。このよう小惑星は接触二重小惑星という。

エッジワース–カイパーベルトのさらに遠方で、太陽から 1 万天文単位から 10 万天文単位程度の間に無数の小天体が球殻上に取り巻いているとされる。これを**オールトの雲**と呼び、長周期彗星や非周期彗星の巣とされている。オールトの雲の起源は、巨大惑星が形成された頃にその領域にあった氷微惑星が巨大惑星から受ける重力によって跳ね飛ばされて形成されたと考えられている。一方、エッジワース–カイパーベルトは、海王星形成後に海王星が現在の軌道に移動する過程で付近にあった小惑星が海王星の重力によって太陽から 30～50 天文単位に散乱されて形成されたとする説があるが、太陽系形成の詳細と絡んで確定的ではない。人類の探査機が直接オールトの雲に到達するのは現実的な時間の範囲では不可能であるが、長周期彗星への探査機などの観測によって、その組成が解明されるだろう。

恒星の構造とエネルギー源

天文学は夜空に輝く星の観測から始まった。星の中で自分自身で輝いているものを恒星といい、その輝きの原因は長い間謎であった。それが解明されたのは20世紀に入ってからの物理学の進展による。この結果、種々の天体現象や、超新星、輝線星雲、パルサー、ブラックホールなどさまざまな天体が、いずれも恒星の進化と直接、間接に関係していることが明らかになった。また恒星の集合体である銀河を理解するには、恒星の理解が必要であることは言うまでもない。恒星を知ることは天文学の基礎なのである。この章では恒星の構造とエネルギー源を概観し、次の第6章ではその進化について考える。

5.1 恒星の分類

我々が夜空に見る星には明るいものや暗いもの、赤っぽい星や白っぽい星などさまざまなものがある。すぐに区別がつくのは天球上の位置が固定されている星である恒星と、天球上において恒星間を行ったり来たりする惑星である。惑星はもちろん太陽の周りを公転し、太陽の光を反射して光っている星である。恒星というのは太陽のように自らから光っている星のことで、そのエネルギー源が解明されたのは1930年代以降のことである。それまで恒星の構造や組成はまったくといっていいほど分かっていなかった。そのような状況で最初に行われることは、恒星をその特徴によっていくつかの種類に分けることである。観測から分かる恒星の特徴は、その見かけの明るさ（等級）と色、より詳しくはスペクトルである。見かけの明るさは恒星までの距離によるから、本当の明るさ（絶対等級）を知るには恒星までの距離を知る必要がある。多くの恒星に対してその距離を測定することは困難であったので、最初に行われた分類はスペクトルに基づくものであった。

第1章で述べたように、19世紀中頃から客観的な記録手段として写真が天文観測に利用されるようになったことで、アメリカの天文学者エドワード・ピッカリング（1846〜1919）は多数の恒星の分光写真のデータを用いて恒星を分類するプロジェクトを立ち上げた。このときに重要な役割を果たしたのが1.5.2節で紹介したリービットなどと共にハーバード天文台で助手として雇われた女性天文学者たち、ウィリアミーナ・フレミング（1857〜1911）とアニー・キャノン（1863〜1941）である。フレミングは線スペクトルの分布のパターンに基づいて単純なものから複雑なものの順にA, B, C, ...と分類した。のちにキャノンは、第2章で見たように黒体放射で強度が最大になる波長が温度に関係する（(2.2.8)式）ことから、スペクトルと温度を対応させてフレミングの分類を温度順に

O – B – A – F – G – K – M　（高温から低温の順）

と並べ直した。これが現在まで使われている**スペクトル分類**である（**表5.1**）。さらに、それらは温度の高い方から順に0から9まで細分されており、たとえば太陽はG2型である。現在ではこれらのスペクトル型に加えて大気中に炭素が多いC型（炭素星）などもある。

表5.1　スペクトル分類。星のスペクトル型、表面温度、色指数、星の色の間のおおまかな関係を示す。表面温度と色指数のデータはA. N. Cox, *Allen's Astrophysical Quantities*, 2000による

スペクトル型	表面温度(K)	色指数B−V	色
O5	45,000	−0.3	青白
B0	29,000	−0.3	青白
A0	9,600	0.00	白
F0	7,200	+0.33	淡黄
G0	6,000	+0.60	黄
K0	5,300	+0.81	橙
M0	3,900	+1.4	赤

さらに1914年頃、デンマークの天文学者アイナー・ヘルツシュプルング（1873〜1967）とアメリカの天文学者ヘンリー・ラッセル（1877〜1957）が、今日**HR図**として知られるスペクトルと絶対温度の相関図（**図5.1**）を提案した。この図

に多数の恒星をプロットすると、恒星は一面に分布するのではなく、いくつかのある特定の領域にだけ分布する。大多数の恒星は HR 図の左上（高温で明るい）から右下（低温で暗い）にかけて斜めの領域に分布している。この領域を**主系列**、主系列にある恒星を**主系列星**と呼ぶ。

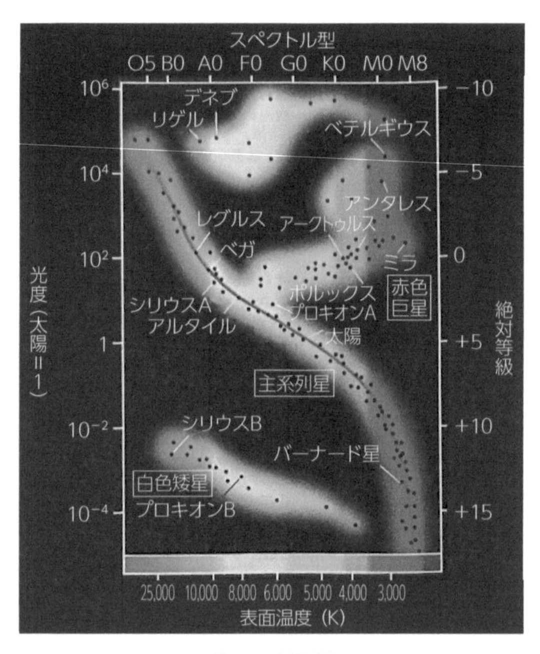

図 5.1　HR 図

主系列やそれ以外の領域に分布している恒星の違いは何だろうか。また同じ主系列に属する星でも高温で明るい星と低温で暗い星は何が違うのだろうか。1920 年頃までは恒星は地球と同じような物質からつくられていると思われ、恒星のスペクトルの違いは構成物質の違いであると考えられていた。しかしアメリカの天文学者セシリア・ペイン＝ガポーシュキン（1900〜1979）は、1925 年の博士論文で星の主成分は水素であり他の構成物質も同じようなものであること、そしてスペクトルの違いは温度の違いによる物質の電離度の違いであることを突き止めた。電離度というのは原子がどの程度電子を失ったかの目安である。たとえば酸素原子は 8 個の陽子と 8 個の中性子からなる原子核の周りを 8 つの電子が取り巻いていて、各々の電子は決まったエネルギーを持っている。温度が高くなると電子の熱エネルギーが大きくなり一番束縛の緩い電子から順々に原子から飛び出していく。これを電離といい、1 個の電子が飛び出した状態を 1 階電離状態の酸素イオン、2 個の電子が飛び出した状態を 2 階電離状態の酸素イオンなどという。同じ酸素でもそれが中性であるかイオン状態であるかによって放射、吸収される電磁波の波長が違っていて、違う線スペクトルを与える。星の主成分が水素であること、そして宇宙の主成分は水素であることは現在では常識だが、当時はそうではなく彼女の結論が認められるには数年を要した。

5.1.1 星の種族

星の分類の 1 つとして、種族という分類がある。これは恒星に含まれる金属量の違いによる分類である。天文学では、元素を水素、ヘリウム、それ以外を金属（あるいは重元素）と 3 種類に分類する。金属量を表すには、全体の重さに対するその割合（質量比）と、金属の代表として鉄と水素の数密度の比で表す。金属の質量比は Z で表される。このとき水素の質量比を X、ヘリウムの質量比を Y と表すのが慣例である。したがって $X+Y+Z=1$ となる。太陽の場合、$X=0.71$, $Y=0.28$, $Z=0.02$ である。また水素と鉄の数密度の比は一般に非常に小さな数であるため、太陽での値の比の対数で表され、[Fe/H] という記号が用いられる。

$$[\mathrm{Fe/H}] = \log_{10}\{n(\mathrm{Fe})/n(\mathrm{H})\} - \log_{10}\{n(\mathrm{Fe})/n(\mathrm{H})\}_{\odot} \tag{5.1.1}$$

ここで $\odot$ は太陽を表す記号である。したがって $[\mathrm{Fe/H}]=-1$ なら、太陽の金属量の 10 分の 1 となる。

1944 年、ドイツの天文学者ウォルター・バーデ（1893〜1963）はアンドロメダ銀河のバルジ（円盤銀河の中心部の膨らんだ部分。第 11 章参照）や球状星団に分布する星の観測から、銀河の渦巻きに分布している星には青い星が多いこと、バルジや球状星団の星に分布している星には黄色い星が多いことから恒星を 2 種類に分類して、前者を**種族 I**、後者を**種族 II** と名づけた。この種族という分類には、星の空間分布ばかりでなく金属量や年齢も反映する性質がある。種族 I の星は太陽程度の金属量を持ち年齢は 50 億年程度以下の若い星が多い。一方、種族 II の星は金属量が $[\mathrm{Fe/H}]=-1$ 程度かそれ以下と少なく、年齢も 100 億年前後と古い星が多い。特に $[\mathrm{Fe/H}]=-2$ 以下の星を**金属欠乏星**という。なお 1970 年後半に**種族 III** というもう 1 つの種族が追加された。これは宇宙初期にできたと考えられている、金属量がほぼ 0 の星である。

HR 図上の主系列やそのほかの恒星が存在する領域の本当の意味が理解されるのは、恒星のエネルギー源と内部構造が解明され、恒星の進化が理解されるようになってからのことである。エネルギー源の説明の前に、次節では恒星の内部構造の基礎について触れておこう。

5.2 恒星の構造

恒星や銀河などの天体がその形を保っているのは、自分自身の内向きの重力を何らかの力で支えているからである。このような天体を**重力束縛系**という。もし重力に対抗する力がなければ、次式で与えられる**自由落下時間**で潰れてしまう。

$$t_{\rm ff} \equiv \frac{1}{\sqrt{G\bar{\rho}}} \tag{5.2.1}$$

ここで $\bar{\rho}$ は天体の平均の質量密度である。この時間を太陽で評価してみよう。太陽の平均密度は $1\,{\rm g\,cm^{-3}}$ であるから、重力定数 G の値

$$G = 6.674 \times 10^{-11}\,{\rm m^3\,kg^{-1}\,s^{-2}} \tag{5.2.2}$$

を使うと、自由落下時間は 1 時間弱となる。この時間は恒星の進化の時間に比べて非常に短いが、恒星の形成期や進化の最終段階、ある種の変光星で重要な役割を果たす。

自由落下時間以外にも重力束縛系に特徴的な時間スケールがある。星は中心部で熱源がなくても、静水圧平衡*1 にあれば温度勾配があるので、熱エネルギーが中心から外側に向かって流れることで表面から出て行き、エネルギーを失って徐々に収縮していく。これを**重力収縮**といい、その典型的な時間を**重力収縮時間**という。重力収縮時間は次式で与えられる。

$$t_g \simeq \frac{GM^2}{RL} \tag{5.2.3}$$

ここで M は星の質量、R は星の半径、L は星の光度、すなわち単位時間に放出

*1 流体において重力と圧力勾配が釣り合った状態。

するエネルギーである。分かりにくいので太陽の場合で規格化すると、以下のように評価される。

$$t_g \simeq 2 \times 10^7 \frac{(M/M_\odot)^2}{(L/L_\odot)(R/R_\odot)} \text{年} \tag{5.2.4}$$

ここで添え字に $\odot$ とあるのは太陽における量である。たとえば $L_\odot \simeq 3.85 \times 10^{33}\,\mathrm{erg\,s^{-1}}$ は太陽の光度である。この時間は自由落下時間 t_{ff} に比べて十分長く、星の初期や後期の進化の理解に重要である。

太陽の場合は、中心部の水素の核融合反応によって常に熱エネルギーが供給されるので、一定の半径に保たれているのである。恒星の寿命の大半は中心部で水素の核融合反応が起こりエネルギーを生成している。このような段階の星を**主系列星**という。夜空に輝く星の大半は主系列星である。この章では主系列星の構造について扱う。

恒星の内部構造を決める大きな要因は、中心部から外向きにエネルギーを運ぶメカニズムである。これには**放射**と**対流**の 2 種類がある（白色矮星など電子による熱伝導が重要になる場合もあるがここでは扱わない）。放射とは莫大な数の光子の平均的な一方向への流れのことである。実際には星の中の物質によって光子の放射と吸収が繰り返されているが、高温部分ほど放射密度が高い（温度の 4 乗に比例する）ので、温度の高い方向（星の内側）からやってくる光子を吸収する方が同じ方向へ放射するよりも効率が良く、次々に温度の低い方（星の外側）へと光子が持っているエネルギーが流れていく。これが放射によるエネルギー輸送である。しかし温度の減り方がある程度以上大きくなると放射輸送よりも物質をそのまま輸送する方が効率が良くなる。周りよりも熱い物質の塊が外向きに移動することを考えると、移動した先は圧力が低いので物質の塊は膨張して温度が下がる。このとき周りの温度が塊の温度よりも高いと塊は周りに比べて重いので内向きに沈み元の位置に戻る。しかし周囲の温度が塊の温度より低いと塊は周りより軽くなって上昇する。すなわち物質の移動はより進むことになる。こうして熱い塊は外側へ、冷たい塊は内側へと運ばれ、正味でエネルギーが外へと移動する。これが対流である。

次節で説明するように、太陽程度あるいはそれ以下の質量の主系列星では、主に **pp チェイン**がエネルギー源であり、星の内部ではエネルギーは放射で輸送されるが、質量の小さな星は表面温度が低く、また外側に近くなると重元素による光子の吸収の効果が大きくなるなどで温度勾配が大きくなり、放射よりも対流によるエネルギー輸送が主になる。太陽の場合、中心から半径の約 75 % のところまでにおいては、放射によってエネルギーが運ばれている。外側に行くほど密度が低くなるので、太陽の場合は放射輸送が起こっている領域の質量は全体の 98 % 程度を占めている。一方、太陽より質量の大きな主系列星では**CNO サイクル**によってエネルギーが発生しているが、CNO サイクルの効率は温度変化に敏感なため、エネルギーの発生効率が中心部から外側に向かって急激に減少する。このため温度勾配が大きくなり対流によってエネルギーが運ばれる。その結果、内部で温度がある程度減少し、より外側の温度勾配が小質量星に比べると比較的なだらかになって対流は止まり、放射によってエネルギーが表面まで運ばれる。

このように内部構造は小質量星と大質量星では違いがあるが、どちらの場合もエネルギー放出率は星の質量のおおよそ 3.5 乗に比例する。

$$L \propto M^{3.5}, \quad M \leq 50\,M_\odot \tag{5.2.5}$$

ただし、太陽質量の 50 倍程度を超えるような放射の圧力が重要になる恒星では、エネルギー放出率は質量に比例する。

5.3 恒星のエネルギー源

太陽のエネルギー源の解明は 20 世紀に入って量子力学が確立するまでは手も足も出ない難問だった。それは太陽がどのくらいのエネルギーを毎秒放出しているかを評価してみれば分かる。地球の大気の上端で単位面積あたり単位時間あたりに太陽から受け取るエネルギーを**太陽定数**といい、現在の値は約 $1365\,\mathrm{J\,s^{-1}\,m^{-2}}$ と測定されている。[*2] 太陽定数に太陽から地球までの距離を半径とする球面の面積をかければ、太陽が単位時間に放射するエネルギーが次のように評価できる。

$$L_\odot = 3.839 \times 10^{26}\,\mathrm{J\,s^{-1}} = 3.839 \times 10^{33}\,\mathrm{erg\,s^{-1}} \tag{5.3.1}$$

ただし、この値は太陽から放射されるエネルギーのなかで電磁波だけで放射されるエネルギーである。下で述べるように太陽からはニュートリノという素粒子も放

*2 実際にはこの値は定数ではないが、変化量は 0.1% 程度なので定数として扱われる。ただし 10 億年という時間スケールではかなり変化する。

射されているが、ニュートリノによって放射されるエネルギーは $L_\odot$ の 2 % 程度である。問題は太陽がどのくらいの時間輝き続けているかである。地球上の最古の溶岩は 40 億年以上前と推定されているので、少なくとも 40 億年のあいだ太陽は輝いていることになる。20 世紀の初め頃までの物理学では毎秒 10^{33} erg ものエネルギーを数十億年放出し続けるエネルギー源は知られていなかったのである。

では、我々が知っている燃料で太陽がどのくらいの時間燃えていることができるかを評価してみよう。灯油 1 g を燃やすと 1 秒間に 10 kcal のエネルギーが発生する。太陽は 1 秒間に 9.2×10^{25} kcal のエネルギーを放出しているから、同じエネルギーを出すには灯油 10^{16} t 程度が必要となる。これは 1 日で月の質量の 10 倍に匹敵する量である。太陽の質量は 1.989×10^{33} g だから月の約 26 億倍となり、太陽がすべて灯油からできているとすると数千年で燃え尽きてしまう。化学反応よりもはるかに効率の良いエネルギー源として重力エネルギーがある。高いところから水を落とすと水の持っているエネルギー（重力エネルギー）が運動エネルギーに変わるように、太陽の遠くにある物質が、太陽の重力に引きつけられて大きな運動エネルギーをもって落下し何らかの方法で電磁波のエネルギーに変わって放射したとするのである。しかし、重力エネルギーをもってしても、せいぜい 3000 万年程度輝き続けるにすぎず、太陽のエネルギーとしてはまったく不十分である。

20 世紀に入って物理学は新たなエネルギー源を発見した。それが 1905 年、アルバート・アインシュタイン（1879〜1955）によって提案された特殊相対性理論が予言する質量エネルギーである。特殊相対性理論によれば質量 m は次式で与えられるエネルギーと等価である。

$$E = mc^2 \tag{5.3.2}$$

この式によれば 1 g の質量がすべてエネルギーに変わったとすれば 2.2×10^{10} kcal のエネルギーが生成される。このエネルギーを利用する可能性は原子核の構造が判明したことで初めて理解された。1910 年頃までに原子の中心に原子の大きさの 10 万分の 1 で質量の大半を担う正電荷を持った塊（原子核）があることが分かり、1920 年代後半には原子核が正電荷を持った陽子（p）と電気的に中性の中性子（n）でできていることが判明した。さらに 1930 年代には陽子や軽い原子核を高速に加速して衝突させると融合して新たな原子核ができ、そして大量のエネルギーが放出されることが発見された。この融合前後では質量がわずかに減ることから放出されたエネルギーが、まさにアインシュタインが予言した質量エネルギーである。しかし原子核は正電荷を持っていてお互いに反発するため、それらを衝突させるには温度にして数億 K の非常に高いエネルギーを与えて高速にする必要があることから、すぐには星のエネルギー源としては着目されなかった。

実際にこの核融合反応が恒星の中心部で起こっていることは、1938 年から 1939 年にかけてアメリカの物理学者ハンス・ベーテ（1906〜2005）とドイツの物理学者カール・ワイツゼッカー（1912〜2007）によって示された。恒星の中心部ではその莫大な質量により超高温、超高密度が実現されている。そのような状況では恒星の主成分である水素は完全に電離されて陽子と電子が高速で運動している。ただし、その温度はたとえば太陽では約 1500 万 K 程度で、エネルギーとしては核融合反応を起こすには不十分であるが、核子（陽子と中性子をまとめて核子という）の従う量子力学という法則では、エネルギー的に不可能でもわずかな確率で反応が起こるのである。

また実際に核融合で解放されるエネルギーが恒星のエネルギー源として十分かどうかは次のようにして分かる。陽子の次に簡単な原子核はヘリウムの原子核で陽子 2 個と中性子 2 個からできている。したがって考えるべき核融合反応は陽子 4 個からヘリウム原子核 1 個ができる反応である。具体的な反応の詳細は後回しにして、この反応によってどのくらいのエネルギーが解放されるかを調べてみよう。それには 4 個の陽子を足した質量と 1 個のヘリウム原子核の質量を比べればよい。原子核の質量を測るとき炭素原子を 12 とする単位が用いられるので、それを採用すると陽子の質量は 1.0080 で、ヘリウム原子核の質量は 4.0026 となる。すると $4 \times 1.0080 - 4.0026 = 0.0294$ だけ質量が減ったことになる。これは 1 kg の陽子からヘリウム原子核ができると、約 (0.0294/4) kg の質量が失われるということである。(5.3.2) 式からエネルギーを計算すると、1 kg の陽子の核融合によって 6.6×10^{14} J のエネルギーが放出される。

太陽を例として考えると、太陽の光度は $L_\odot = 3.85 \times 10^{26}\ \mathrm{J\,s^{-1}}$ だから、太陽では 1 秒間に 400 万 t の水素が消えてヘリウムに変わっていることになる。太陽の年齢は約 47 億年なので、誕生から現在まで現在の光度 $L_\odot$ で輝いていたとすれば（実際には誕生直後の太陽の光度は現在の 70 % 程度)、今までに放出されたエネルギーの総量は 5.7×10^{43} J という膨大な量になる。しかし、このエネルギーをつくり出すためには現在の太陽の質量のたった 4 % の水素がヘリウムに変わるだけでよい。こうして水素の核融合反応は太陽のエネルギーを余裕を持って説明できるのである。

具体的な水素の核融合反応は次の pp チェインと CNO サイクルと呼ばれる 2 つの一連の核反応である。

pp チェイン

この反応は、まず 2 つの陽子が衝突し重水素の原子核ができることから始まる。この反応は次の式で書くことができる。

$$p + p \rightarrow {}^{2}\mathrm{H} + e^{+} + \nu_{e} \tag{5.3.3}$$

ここで ^{2}H は陽子 p と中性子 n からできた重水素の原子核、e^{+} は電子の反粒子である陽電子、ν_{e} は電子型ニュートリノである。元素記号の左肩の数値は質量数と呼ばれ陽子と中性子の数の和である。また元素の性質は原子核中の陽子の数で決まり、^{2}H では陽子が 1 個なので水素の仲間（同位体）である。陽電子はすぐに周囲の電子と衝突して 2 つとも消滅し 2 個の光子に変わるが、ニュートリノは非常に相互作用が小さくそのまま太陽を素通りして宇宙空間へと放出される。一方で光子は太陽内部の物質によって繰り返し散乱されるため、表面に達するまでに 10 万年から 100 万年程度を要する。上にも述べたように陽子同士が融合する確率は非常に小さく、さらに陽子 p の 1 つが中性子 n、陽電子 e^{+}、電子型ニュートリノ ν_{e} に変わる確率も非常に小さい。太陽の中心部では陽子は常にほかの陽子と衝突するが、1 個の陽子に対しては平均すると 50 億年に 1 回程度しかこの反応は起こらない。しかし太陽中心部には 10^{56} 個程度の莫大な数の陽子があるため、この反応は毎秒 10^{39} 個も起こっていることになる。

上の (5.3.3) 式の反応でできた重水素はすぐに（平均して 3 秒ほどで）陽子と衝突して、陽子 2 個と中性子 1 個からなるヘリウムの同位体（の原子核）^{3}He ができる。

$$p + {}^{2}\mathrm{H} \rightarrow {}^{3}\mathrm{He} + \gamma \tag{5.3.4}$$

ここで γ は光子である。これ以降の反応は 3 つの可能性があるが、太陽の中で一番重要なものはこのようにしてできた 2 つの ^{3}He 同士が衝突することでヘリウム

(の原子核) ^{4}He ができる反応である。太陽の場合、この反応によるエネルギー放出量は総エネルギー放出量の 8 割以上を占める。

$$^3\mathrm{He} + {}^3\mathrm{He} \to {}^4\mathrm{He} + 2\mathrm{p} \qquad (5.3.5)$$

1 個の ^{3}He はこの反応によって 15 年ほどで ^{4}He に変わる。これら一連の反応で陽子 6 個がヘリウム 1 個と 2 個の陽子に変わったことになり、正味 4 個の陽子から 1 個のヘリウムができるのである。

この反応は 1000 万 K から 1400 万 K 程度で主要な反応であるが、より温度が高くなると ^{3}He がもとから存在していた ^{4}He と衝突融合してベリリウム ^{7}Be をつくり、リチウム ^{7}Li を経由してヘリウムがつくられる。この反応は 1400 万 K 以上で重要になるが、太陽の場合は中心のごく近くでしか起こっておらず、この反応で放出されるエネルギーは太陽の総エネルギーの 2 割に満たない。さらに温度が 2300 万 K を超えるとホウ素 ^{8}B とベリリウム ^{8}Be を経由してヘリウム ^{4}He ができる過程が加わるが、この反応で放射されるエネルギーは全体の 0.02 % にすぎない。

CNO サイクル

星は星間ガスと呼ばれる宇宙空間に漂うガスからつくられるが、重量比でいえばその成分の 70 % 以上は水素であり、次に多いのが約 25 % を占めるヘリウムで、そのほかの元素は全部合わせても 2 % 程度にすぎない。天文学では水素とヘリウム以外の元素をすべて金属という。金属の中でも多いのが炭素 C、酸素 O、そして窒素 N である。したがって星の中にはわずかではあるが炭素などの元素も含まれている。これらの元素を利用して水素の核融合反応が起きる。

この反応では、まず炭素が陽子と衝突して窒素の同位体 ^{13}N をつくる。

$$^{13}\mathrm{C} + \mathrm{p} \to {}^{13}\mathrm{N} + \gamma \qquad (5.3.6)$$

^{13}N は不安定なので、炭素の同位体 ^{13}C に変わる。

$$^{13}\mathrm{N} \to {}^{13}\mathrm{C} + \mathrm{e}^+ + \nu_\mathrm{e} \qquad (5.3.7)$$

さらにこの ^{13}C が陽子と反応して窒素 ^{14}N に変わり、この窒素が陽子と反応し

て酸素の同位体 ^{15}O に変わる。^{15}O は不安定なので、陽電子と電子ニュートリノを放出して窒素の同位体 ^{15}N に変わり、最後に ^{15}N が陽子と反応してヘリウム ^{4}He と炭素 ^{12}C ができる。このような反応経路をたどって最初と同じ ^{12}C が残り、その ^{12}C がまた陽子と反応するという一連の反応が循環して繰り返されることから、これを CNO サイクルという。このサイクルは温度が 2000 万 K を超えると pp チェインよりも効率的にエネルギーを放出する。したがって太陽よりも 10 % 程度重たい星の主なエネルギー源となる。また CNO サイクルが 1 回完結するには約 4 億年かかるが、pp チェインよりも短いためより効率的にエネルギーを放出する。また CNO サイクルのエネルギー生成率は高温になるほど大きくなり、したがって質量の大きな星ほど主系列の寿命が短くなる。

恒星中心部で水素の核融合反応でエネルギーを放出している状態が HR 図の主系列であり、そのような恒星を主系列星と呼ぶ。後で述べるように恒星はその後の寿命のほとんどを主系列星として過ごすので、**表 5.2** に与えた数値は主系列星として経過する時間である。太陽質量の約 8 倍以下と以上で星の進化の最後が決定的に違うので、太陽質量の 8 倍程度以上の質量を持った恒星を、ここでは**大質量星**と呼ぶことにする。大質量星の数は恒星全体の数の約 1 % にすぎないが、非常に明るいため光度としては全体の 90 % を担っている。

表 5.2　主系列星の寿命（R. A. Freedman et al., *Universe*, 2014）

質量($M_{\odot}$)	表面温度(K)	スペクトル型	光度($L_{\odot}$)	寿命
25	35,000	O	80,000	400万年
15	30,000	B	10,000	1,500万年
3	11,000	A	60	8億年
1.5	7,000	F	5	45億年
1.0	6,000	G	1	120億年
0.75	5,000	K	0.5	250億年
0.50	4,000	M	0.03	7,000億年

太陽ニュートリノ問題

主系列星の輝きはその中心部で起こっている水素の核融合反応から放出された光子によるもので、光子は反応で生成されるエネルギーのほとんどを持ち去るが、ごく一部はニュートリノによっても持ち去られる。太陽の場合は反応の 2 % 程度はニュートリノが持ち去る。光子の場合は恒星大気によって散乱を受け表面に達するまでに何十万年という長い時間がかかるが、ニュートリノは他の物質との相互作用がきわめて弱いため発生した直後に表面から宇宙空間へと放射される。したがってこのニュートリノを捉えることができれば、内部の核反応についての情報が得られることになる。

太陽ニュートリノ検出の実験は1960年代後半からアメリカの物理学者レイモンド・デービス（1914～2006）によって始められた。検出器には塩素を含む溶剤で満たしたタンクが用いられ、アメリカのサウスダコタ州ホームステーク鉱山の地下1620 mに設置された。この実験は太陽ニュートリノが塩素の原子核に衝突してアルゴン原子核に変化することを利用し、溶剤からアルゴンを取り出すことで太陽からのニュートリノの検出をするものであった。こうして太陽ニュートリノは検出されたが、アルゴン量から推定されたその数は太陽の内部のモデルから予想される数の3分の1程度であった。この観測と理論の矛盾を**太陽ニュートリノ問題**という。太陽ニュートリノ問題は、その後、**ニュートリノ振動**というメカニズムで解決されたが、これには日本のニュートリノ検出装置が重要な役割を果たした。その詳細はノートで述べる。

NOTE 太陽ニュートリノ問題の解決

本文で述べたように太陽ニュートリノを検出することは、太陽の中心部で起こっている核反応を直接観測することでもある。例えば太陽では核反応としてppチェインが起こっているが、反応の過程でさまざまなエネルギーを持ったニュートリノが放射される。これらの太陽ニュートリノは地球の距離では1秒間に1 cm^3当たり約660億個が通過していく。最も大量に放射されるのが(5.3.3)式の反応で生成されるエネルギーが400 keV[*1]程度の電子ニュートリノで、太陽ニュートリノ全体の約86％を占める。他の反応で生成されるニュートリノはよりエネルギーが高い。

1960年代後半のデービスによる太陽ニュートリノの検出で提起された太陽ニュートリノ問題は長い間、天文学者や物理学者を悩ませた。デービス実験だけの結果では実際に太陽ニュートリノが予想より少ないのかを断定することはできなかったが、1988年、日本のニュートリノ検出装置カミオカンデによってデービスの結果が確認された。カミオカンデは旧神岡鉱山の地下1000 mに設置され

＊1　1 eVとは電子1個を1 V（ボルト）の電位差で加速したときに電子の得るエネルギーで、1.6×10^{-19} Jに相当する。$1\ \mathrm{keV} = 10^3\ \mathrm{eV}$。ちなみに電子の質量は511 keVである。

た超純水を入れたタンクとその内側に張りつけた光電子増倍管からなるニュートリノ検出装置である。ニュートリノが純水中の電子と衝突したときに跳ね飛ばされた電子から出る光を増倍管で捉えることでニュートリノを検出する。このためカミオカンデはデービス実験と違ってニュートリノの飛来方向が分かり、実際に太陽からのニュートリノであることが確認されたが、やはりその反応数は予想の半分程度だったのである。デービスの実験では 0.81 MeV 以上、カミオカンデ実験では 5 MeV 程度以上のニュートリノしか検出できない。これらの高エネルギーのニュートリノは太陽中心近くの高温部分で生成され、核反応が温度に非常に敏感なため太陽の内部のモデルの不定性の影響を強く受ける。(5.3.3) 式の反応で生成された低エネルギーのニュートリノはイタリアなどのガリウムを使った実験で検出され、太陽内部で水素の核融合反応が起こっていることが確認された。ただしこの反応で生成されたニュートリノに対しても予想の半分程度であった。

太陽ニュートリノ問題は、ニュートリノ振動と呼ばれる現象によって解決される。現在の素粒子の標準理論では、ニュートリノには電子型、ミュー型、タウ型の 3 種類が存在するとされ、基本的にはそれぞれ電子、ミューオン、タウオンとペアで生成、消滅する。いずれのニュートリノも標準理論では質量を持たないが、わずかでも質量を持てば 3 種類のニュートリノはお互いに移り変わることが知られている。これをニュートリノ振動という。(5.3.3) 式の反応で分かるように、太陽で生成されるニュートリノはすべて電子ニュートリノである。ホームステークをはじめカミオカンデなどは電子ニュートリノ以外のニュートリノを検出できないか感度が悪く、電子ニュートリノがほかのニュートリノに変わったという情報は得られない。1998 年、カミオカンデの発展形であるスーパーカミオカンデは大気上層で発生したミューニュートリノを観測することでミューニュートリノがタウニュートリノに変わっていることを示し、ニュートリノ振動が実際に起こっていることを確認した。さらに 2001 年、カナダのクレイトン鉱山の地下 2100 m に設置されたニュートリノ検出装置が太陽ニュートリノがミューニュートリノとタウニュートリノに変わっていることを明確に示した。この装置は重水（陽子と中性子からなる重水素 2 個と酸素 1 個からできた分子）を用いることで 3 種類のすべてのニュートリノを検出でき、太陽ニュートリノ問題を解決した。

NOTE 自由落下時間と重力収縮時間

本文で結果だけを引用した自由落下時間 $t_{\rm ff}$ と重力収縮時間 t_g について、その導出を述べる。

半径 R、質量 M の自転していない球を考えて、半径 $r < R$ 内の質量 M_r とすると、重力による加速度は外向きを正とすると、

$$a = -\frac{GM_r}{r^2} \tag{5.3.8}$$

ここで G は重力定数 $G = 6.674 \times 10^{-11}\,\mathrm{m^3kg^{-1}s^{-2}}$ である。もし重力を支える圧力がなければ、重力によって天体はつぶれていく。どのくらいの時間でつぶれるかを大まかに評価してみよう。時間変化のスケールを T とすれば加速度は R/T^2 のオーダーだから上の式でオーダー評価すると

$$\frac{R}{T^2} \sim \frac{GM}{R^2} \tag{5.3.9}$$

だから

$$T \sim \sqrt{\frac{R^3}{GM}} \sim \frac{1}{\sqrt{G\bar{\rho}}} \equiv t_{\rm ff} \tag{5.3.10}$$

ここで $\bar{\rho}$ は平均の質量密度である。この時間 $t_{\rm ff}$ を**自由落下時間**という。

熱源がなく密度勾配（中心から表面に向かって密度が減少している）がある場合は温度も中心から表面に向かって下がっていき、熱エネルギーが表面から逃げていくことで、星は内向きの重力と外向きの圧力が釣り合いながら徐々に収縮していく。星が単位時間に放出するエネルギー（光度）を L とすると

$$L = -\frac{dE_{\rm tot}}{dt} \tag{5.3.11}$$

と書ける。ここで $E_{\rm tot}$ は星の全エネルギーで、重力エネルギー E_g と内部エネルギー E_i の和である。[*2]

$$E_{\rm tot} = E_g + E_i \tag{5.3.12}$$

重力エネルギーとは、星をつくっている物質を、星の重力に逆らって無限遠方に

*2　星をつくっている物質を、星の重力に逆らって無限遠まで移動し静止した状態にするために必要なエネルギーにマイナスを付けた量を、星の重力エネルギーという。マイナスは星が束縛状態であることを表す。

移動するために必要なエネルギーのことで、星の重力ポテンシャルエネルギー $-GM/R$ に星の質量 M をかけたもので評価される。

$$E_g \simeq -\frac{GM^2}{R} \tag{5.3.13}$$

E_i を粒子の運動エネルギーの和とすれば、重力束縛系の場合は重力エネルギーと内部エネルギー（を時間平均した量）の間には次の関係がある（この関係はビリアル定理と呼ばれ、次のノートで証明する）。

$$2E_i + E_g = 0 \tag{5.3.14}$$

すると星の全エネルギーは、$E_{\rm tot} = E_g + E_i = \frac{1}{2}E_g$ となって

$$L = -\frac{dE_{\rm tot}}{dt} = -\frac{1}{2}\frac{dE_g}{dt} \simeq -\frac{1}{2}\frac{GM^2}{R^2}\frac{dR}{dt} \tag{5.3.15}$$

この式は星がエネルギーを失う（$L > 0$）と星は収縮（$dR/dt < 0$）することで内部エネルギーが増加し（$dE_i/dt > 0$）、重力エネルギーは減少し（$dE_g/dt < 0$）、星が収縮することを表している。**重力収縮**の時間スケールは次のように評価される。

$$t_g = \left|\frac{R}{dR/dt}\right| \simeq \frac{GM^2}{RL} \tag{5.3.16}$$

NOTE ビリアル定理

多粒子系がそれらの間に働く力によって平衡状態にあるとき、系の全エネルギーと全ポテンシャルの長時間平均の間に成り立つ関係を、**ビリアル定理**という。

N 個の粒子の位置ベクトルと運動量をそれぞれ $\vec{r}_I, \vec{p}_I\ (I = 1, 2, ..., N)$ として、$C \equiv \sum_{I=1}^{N} \vec{p}_I \cdot \vec{r}_I$ と定義する。この量を時間微分すると

$$\frac{dC}{dt} = \sum_I \left(\vec{p}_I \cdot d\vec{r}_I + \frac{d\vec{p}_I}{dt} \cdot \vec{r}_I \right) \tag{5.3.17}$$

ここで運動量の定義 $\vec{p}_I = m\vec{v}_I$ と運動方程式 $\frac{d\vec{p}_I}{dt} = \vec{F}_I$ を使うと、

$$\frac{dC}{dt} = \sum_I \left(m_I(\vec{v}_I)^2 + \vec{F}_I \cdot \vec{r}_I \right) = 2T + \sum_I \vec{F}_I \cdot \vec{r}_I \tag{5.3.18}$$

となるから、この長時間平均をとると、平衡状態を考えているから左辺は 0 となる。

$\vec{F}$ として重力を考えると、I 番目の粒子に働くのは、それ以外の粒子のつくる重力の和で与えられる。

$$\vec{F}_I = -\sum_{J \neq I} \frac{Gm_I m_J}{|\vec{x}_J - \vec{x}_I|^3} (\vec{x}_I - \vec{x}_J) = -\sum_{J \neq I} \vec{F}_{IJ} \tag{5.3.19}$$

ここで I 番目の粒子が J 番目の粒子から受ける重力を $\vec{F}_{IJ}$ と書いた。すると $\vec{F}_{IJ} = -\vec{F}_{JI}$ であるから

$$\begin{aligned} \sum_I \vec{F}_I \cdot \vec{r}_I &= \sum_{I<J} \vec{F}_{IJ} \cdot (\vec{r}_I - \vec{r}_J) \\ &= -\sum_{I<J} \frac{Gm_I m_J}{|\vec{r}_I - \vec{r}_J|} \end{aligned} \tag{5.3.20}$$

ここで和はすべての粒子間の組み合わせにわたるから、この系の全重力ポテンシャルエネルギー E_g となって以下の関係が成り立つ。

$$2\langle T \rangle + \langle E_g \rangle = 0 \tag{5.3.21}$$

ここで $\langle \quad \rangle$ は長時間平均を表す。

星の場合の内部エネルギーと重力エネルギーの関係は正確には、星を構成している物質による。単原子理想気体の場合は、上の関係と一致するが、次章で述べる赤色巨星のような巨星では放射圧の寄与が物質のガス圧に比べて優勢になる。純粋な光子気体の場合、内部エネルギーと重力エネルギーの間には次の関係が成り立つ。

$$E_i + E_g = 0 \tag{5.3.22}$$

これは全エネルギーが 0 となり重力の束縛がなくなるということである。こうして巨星では重力的束縛が弱くなり表面からガスが吹き出しやすくなる。第 7 章で触れるように赤色巨星から強い恒星風が吹き出すのはこのためである。

恒星の進化

恒星のエネルギー源が核融合反応として理解できたことによって、恒星が生まれてからどのように主系列星になり、その後どのように進化していくかが理解できるようになった。この章では、恒星の形成からその最期までを概観しよう。

6.1 恒星の誕生

銀河内の空間には中性水素雲と呼ばれる電離していない中性の水素を主成分とする希薄なガスが漂っている。その数密度は 10〜100 cm^{-3} で温度は 100 K 程度である。このガス雲は質量比で 70 % 程度を占める水素のほか、質量比で 28 % 程度のヘリウムと、ダスト（塵）と呼ばれる大きさが 1 μm 以下の酸素や炭素、ケイ素や鉄などからなる固体微粒子を 2 % 程度含んでいる。この組成は現在のもので、過去の宇宙では重元素（ヘリウムより重たい元素）はほとんど存在しなかった。下で述べるように、星間雲から星がつくられ、それが進化して周囲に重元素をまき散らして最期を迎えるということが何度も繰り返されて現在の組成に至っている。星間雲の中で重元素が増えていくことを天文学では**汚染**という。この星間雲の中で星は生まれる。

分子雲コアから原始星へ

中性水素雲の中でも密度の高い領域では水素は水素分子として存在するので、分子雲と呼ばれる。分子雲の温度は 10 K 程度、数密度は 100〜1000 cm^{-3} 程度である。たとえば肉眼でも見えるオリオン大星雲は、オリオン座分子雲と呼ばれる大きさが数百光年にわたる巨大分子雲の一部である。この分子雲は地球から 1500 光年という比較的近い距離にあり、また最も活発な星形成領域の1つでもあるので、多くの観測がなされており、この節で触れる原始惑星系円盤も観測されている。

分子雲のなかで数密度が $10^4\ \mathrm{cm}^{-3}$ 以上の特に密度の高い部分を**分子雲コア**という。分子雲コアから原始星への進化を**図 6.1** に示す。分子雲コアの典型的な質量は太陽質量程度であるが、太陽質量の100倍以上の巨大分子雲コアも観測されている。このコアが衝撃波の通過など何かのきっかけで収縮を始めるのが星形成の始まりとなる。分子雲コアの内側ほど密度が高いため、周囲を取り残して中心部だけが急速に収縮する。一般にガスが収縮すると温度が上がり、それに伴って圧力が上がる。したがって収縮が継続するためには温度の上昇を抑える必要があるが、水素分子は熱エネルギーを内部運動（2つの原子の重心周りの回転運動）としてエネルギーを蓄え、それを電磁波として放射することで温度上昇を防ぐ役割をする。これによって温度がほぼ一定のまま収縮する。しかし数密度が $10^{10}\ \mathrm{cm}^{-3}$ 程度になると水素分子同士の衝突によって分子の数が減ってくるのでエネルギーを逃がすことができず、温度が上がってほぼ静水圧平衡の状態となる。これを**第一コア**という。第一コアの密度は $10^{-10}\ \mathrm{g\,cm}^{-3}$（数密度は $10^{12}\ \mathrm{cm}^{-3}$）程度で典型的な質量は $0.1M_\odot$ 程度、大きさは1〜100天文単位程度である。

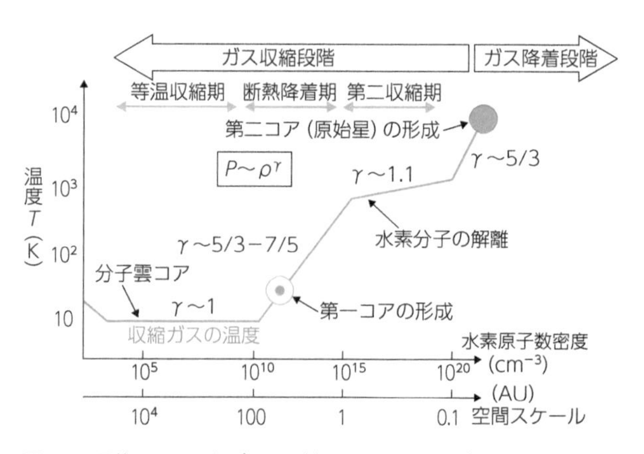

図 6.1　原始星への進化（町田正博 (2012)、天文月報、105、262 による）

この第一コアには周りの分子雲コアから質量が降り積もってくるので、徐々に質量が増えてくる。そのため、中心温度が上がってきて、1000年程度で2000 K となる。すると残りの水素分子が分解され始めるが、この反応は熱を吸収するため第一コアの中心部の圧力が下がってまた中心部だけが急速に収縮を始める。この収縮はすべての水素分子がなくなるまで続き、中心部は再び温度が上がって静水圧平衡が回復される。これが原始星で、その質量は木星程度（$10^{-3}M_{\odot}$）で密度 $10^{-2}\,\mathrm{g\,cm^{-3}}$ 程度（数密度 $10^{20}\,\mathrm{cm^{-3}}$ 程度）である。

原始星から主系列星へ

第一コアの中心部が収縮するといっても原始星をつくるのはその一部で、大部分は原始星の周りで円盤をつくる。この円盤が**原始惑星系円盤**で、そのなかでのちに惑星が形成される。原始星誕生直後は磁場が弱いが、原始星の回転によって磁力線がねじられて磁場が再び増幅する。それによって原始星からガスが高速で回転軸方向に沿って放射される。これは可視光でも観測されるので**光学ジェット**と呼ばれる。したがってこのジェットが原始星誕生の証拠である。一方で第一コアの外側では磁場が散逸していないため磁場が強く、第一コアの回転による遠心力でガスが磁力線に沿って流れ出している。この流れを**分子アウトフロー**という。原始星が誕生初期には円盤の方が質量が多く、また外側の分子雲コアからガスが降り積もってきて分子雲コアのガスがなくなるまで円盤質量が増えていく。原始星の方もこの円盤の内側から徐々にガスが降り積もってきて質量が増えていく。ガスの降り積もる率を降着率というが、太陽質量程度の恒星ができる場合の降着率は 1 年に太陽質量の 100 万分の 1（$10^{-6}M_{\odot}/\mathrm{yr}$）程度である。太陽程度の質量の星では、質量降着が終わった段階での原始星の典型的な大きさは、太陽の 10 倍程度、明るさは太陽の 10 倍程度である、太陽質量の 10 倍程度以上から何百倍という重たい星ができる場合の降着率は、$10^{-4}\sim10^{-3}M_{\odot}/\mathrm{yr}$ である。

太陽質量の 2 倍程度までの星をつくる原始星は平衡状態を保ちながらゆっくりと重力収縮して中心部の温度を上げていくが、表面温度があまり変わらない。そのため温度勾配が大きくなり、星全体が対流状態となっている。このとき HR 図上でほとんど垂直に下がっていく。この HR 図上の経路は日本の天体物理学者の林忠四郎（1920～2010）によって初めて指摘されたので、**林トラック**という。林トラックにある段階の星を **T タウリ星**という。T タウリ星は不規則な変光をすることが知られているが、中心部の激しい対流によってつくられた磁場が表面に運ばれて巨大な黒点をつくり、それが星の自転によって見え隠れすることによると考えられている。原始星の中心温度が高温になって放射でエネルギーが輸送されるようになると、表面温度が上がり光度も若干増えて HR 図上を左上方向に移

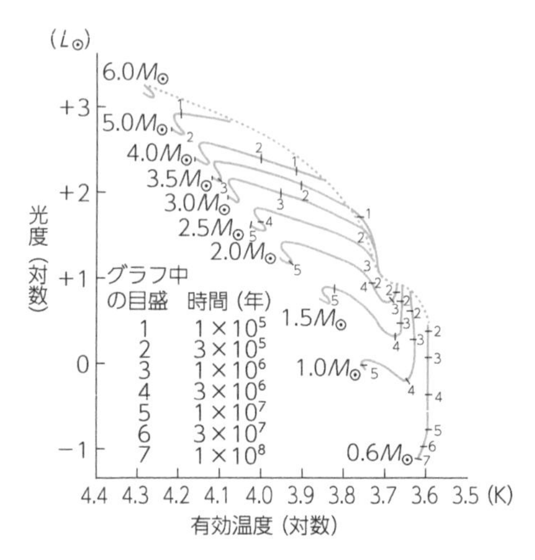

図 6.2　HR 図上の林トラックとヘニエイトラック（天文学辞典（日本天文学会）による）

動していく。この経路を発見者のアメリカの天文学者ルイス・ヘニエイ（1910～1970）の名にちなんで**ヘニエイトラック**という。林トラックとヘニエイトラックを**図 6.2** に示す。そして中心の温度が 1000 万 K 程度になると、水素の核融合反応が始まって重力収縮が止まる。主系列星の誕生である。太陽質量の 2 倍程度以上の星では、林トラックを経ずヘニエイトラックをたどって主系列星となる。

6.2　主系列星から赤色巨星へ

水素の核融合反応によって中心部でヘリウムの原子核が増えていくと、主系列星はわずかに明るく半径が大きくなる（HR 図上でわずかに右上へ移動する）。この理由は以下のとおりである。水素の核融合反応によって 4 個の陽子が 1 個のヘリウム原子核と 2 個の電子になることで、粒子数が減って圧力が減少する。ニュートリノも生成されるが、ニュートリノは物質とほとんど相互作用しないため圧力には寄与しない。圧力が減ると中心部は収縮して密度と温度が上がる。すると水素融合の反応率が上がりエネルギーがより多く放出される。このため星の中心部で水素がヘリウムに変換されるにつれて星は明るくなり、その外側も大きくなっていく。

主系列の段階でヘリウムに変えられる水素の量は全体の 10％ 程度で、星の質量に比例して多くなるが、一方で星から放射されるエネルギーは質量の約3.5乗に比例するから、主系列星の寿命は質量の2乗から3乗に反比例することになる。後でみるように星の寿命の大半は主系列であるから、結局質量大きく明るい星ほど寿命は短いことになる。

星の中心部で水素がほとんどなくなると、星を支える主熱源が失われるので、まず星は全体として重力収縮する。この過程で中心部の水素が完全に失われ、ヘリウムコアができる。これが主系列の終わりである。このコアは重力収縮して温度を上げることでコアのすぐ外側の水素の核融合反応が活発となり、外側の静水圧平衡が回復されて収縮が止まる。ヘリウムコアは重力収縮を続け温度を上げていくので、その周りの水素燃焼がさらに活発化して、外層に蓄えられる以上のエネルギーが流れ、それによって外層が膨張する。そのため表面温度は下がっていく。しかし表面積が大きくなるので、この過程で星の光度はほとんど変化しない(HR図上ではほぼ平行に右側に移動する)。

膨張して表面温度が低くなったある段階で星の外層で対流が発生し、コアのすぐ外側の水素燃焼で発生した熱を効率よく表面に運ぶので星の光度が上がり、HR図上でほぼ真上に移動する。この状態を**赤色巨星**といい、赤色巨星が分布している領域を赤色巨星枝という。主系列の終わりから赤色巨星までの変化は重力収縮によって起こるため、その時間スケールは短く、主系列でいた時間の1%程度にすぎない。

赤色巨星になっても、ヘリウムコアは水素燃焼でできたヘリウムが降り積もって質量が増えていくので、重力収縮によって温度を上げていく。この間、周りの水素燃焼殻のエネルギー発生効率が上がり表面温度が上昇し光度も大きくなり、HR図上では赤色巨星枝を離れ左上に移行する。コアの質量が太陽質量の半分程度になると温度が1億Kを超えヘリウムの核融合反応が始まる。これによって温度が上がり中心部全体が膨張するため周辺部の温度が下がる。すると周りの水素燃焼殻がおだやかになり、表面温度が下がってHR図上では右に移行して赤色巨星枝に戻る。したがって、この過程で星はHR図上赤色巨星枝から始まるループ状の経路をたどることになる。このループは質量の大きな星ほど細長くなり、星全体が膨れたり縮んだりする脈動と呼ばれる現象が起こり、変光星となる。この種の変光星はセファイド変光星と呼ばれるため、このループを**セファイドループ**という(**図6.3**)。

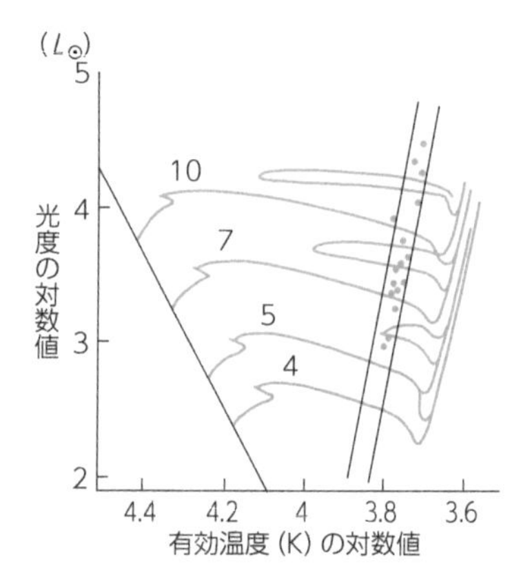

図 6.3　主系列から赤色巨星、セファイドループ（天文学辞典（日本天文学会）による）

6.3 軽い星の最期：白色矮星

星の質量が太陽質量の 2 倍程度以下の場合、ヘリウム燃焼が始まる前にコアで電子が縮退[*1]する。縮退とは量子力学特有の現象で、フェルミオンと呼ばれる粒子（電子や中性子）に対して、2 つ以上の粒子が同じ状態をとりえないという性質がある。このため高密度の電離ガスでは電子は許されるエネルギー状態の低い方から詰まっていって自由に動けず、自由に動ける状態は運動量が大きなものに限られる。このため熱伝導が非常に良いので、縮退している領域は温度一定となり、また圧力は温度に依存しない。したがってヘリウムコアが収縮して温度が上がっても圧力は変わらずコアは膨張しない。すると温度が下がらずヘリウム燃焼が暴走的に起こる。このときの星の光度は太陽の 3000 倍ほどであるが、コアは非常に高温になり数秒で電子の縮退が解けて、コアが膨張し安定したヘリウム燃焼に移行し、周りの水素燃焼殻の温度も下がって光度は急速に減少し、太陽の光度の 50 倍程度に落ち着く。この段階の星は HR 図上で水平の領域に分布するので、**水平分枝星**という。水平分枝星は主系列が終わって安定したヘリウム燃焼段階に移動するまでに太陽質量の 20 % の質量を星風として失う。

コアでヘリウム燃焼が終えた後の星の進化は、質量が太陽質量の 8 倍程度以下

*1　電子はフェルミオンと呼ばれる素粒子の 1 つで、フェルミオンは「同一粒子は同じ状態を占めることはできない」という**パウリの排他原理**に従う。この原理によって有限の領域に閉じ込められた電子の集団は、エネルギーの低い状態から 2 個ずつ徐々に詰まっていく（電子にはある種の向きに対応する属性があり、1 つの状態を占めるときは向きが反対のものは別の粒子と考えるので 2 個となる）。このことを電子が**縮退**するという。

か以上かでまったく変わってくる。太陽質量の8倍以下の星ではヘリウム燃焼後の炭素と酸素のコアではそれ以上の核融合反応は起こらない。コアの周りはヘリウム層、水素燃焼殻、その外側に対流状態の広い外層が取り巻いている。この段階で星は半径が太陽の100倍から1000倍の明るい低温度星となり、**漸近巨星枝星**（**AGB星**、Asymptotic Giant Branch Star）と呼ばれる。AGB星の特徴はヘリウム燃焼殻が不安定で熱パルスと呼ばれる暴走的な燃焼が繰り返し起こることや、長周期で脈動が起こることである。この脈動で起こる変光星を**ミラ型変光星**という。脈動期には表面から1年当たり太陽質量の1万分の1程度（地球の質量の30倍程度）の質量を放出する。この大量に放出されたガスは星を取り囲み、ガスからはダストが形成され星からの可視光は吸収されてしまうが、ダストが赤外線を再放出することで明るい赤外線星として観測される。質量放出が進み内部が現れて表面温度が上昇して漸近巨星枝を離れる。HR図（**図6.4**）上では左側に水平に移行し表面温度が数万Kになると強力な紫外線によってそれまでに放出したガスを電離する。電離されたガスは電子の再結合によって光る惑星状星雲として観測される。その後、星は外層のほとんどを失い電子の縮退圧*2で支えられたコアだけとなる。この状態が白色矮星で、主系列星の約90％が白色矮星となっ

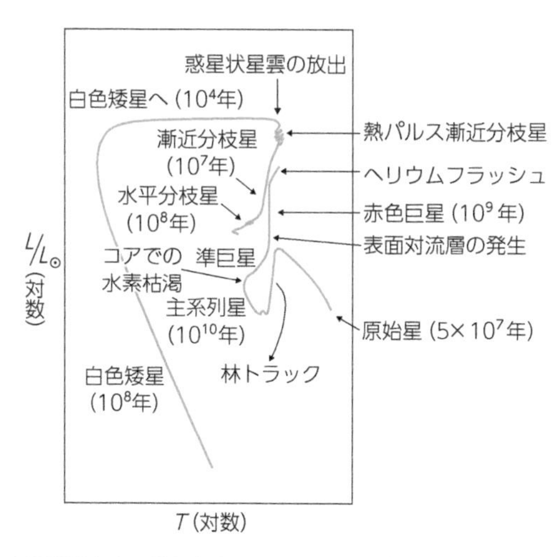

図6.4　HR図での太陽質量程度の質量を持った恒星の進化（天文学辞典（日本天文学会）による）

*2　電子の縮退が起きている領域が小さいほど、縮退した電子のとりうる最大のエネルギー状態は大きくなる。エネルギーの低い状態ほど安定なので、狭い領域に閉じ込められた（正確には密度を高く、あるいは低温の）電子の集団は領域を小さくすることに対して大きな圧力を及ぼす。これを縮退圧という。

てその生涯を終える。図 6.4 にはこの一連の進化経路を示した。

白色矮星の主成分は主系列段階での質量で決まる。主系列段階で質量が $0.46M_{\odot}$ 以下の場合は、質量を減らすことなくヘリウムが主成分の白色矮星となる。主系列段階で $0.46M_{\odot}$ から約 $4M_{\odot}$ までの星は、$0.46M_{\odot}$ から $1.07M_{\odot}$ の質量を持ち炭素と酸素を主成分とする白色矮星となる。主系列段階で約 $4M_{\odot}$ 以上約 $8M_{\odot}$ 以下の星は、$1.07M_{\odot}$ から第 9 章で述べるチャンドラセカール質量 M_{Ch} までの質量を持ち、酸素、ネオン、マグネシウムを主成分とする白色矮星となる。銀河系内では数百個の白色矮星が観測されているが、実際の数は主系列星の数の半分程度存在すると考えられている。その典型的な質量は太陽の 0.6 倍程度、大きさは地球程度である。そのため密度は数百 $\mathrm{kg\,cm^{-3}}$ と非常に高く、表面重力は地球の 10 万倍程度にもなる。表面温度は数千 K から 10 万 K で電磁波やニュートリノを放射しながら 100 億年という時間スケールで冷えていく。またその 1 割程度は 1000 G 以上の強い磁場を持ち、なかには 10 億 G という超強磁場を持つものもある。ちなみに太陽の黒点の磁場は 1000 G 程度である。

6.4 重たい星のその後

一方、太陽質量の 8 倍から 10 倍程度の星は、炭素・酸素のコアの質量が太陽質量の約 1.2 倍となって重力収縮により温度を上げていき、約 6 億 K になると炭素の核融合反応が始まる。炭素が燃え尽きると酸素・ネオン・マグネシウムのコアができ、電子が縮退して漸近巨星枝星となって外層を吹き飛ばし、酸素・ネオン・マグネシウムからなる白色矮星となる。ただし中心密度が $400\,\mathrm{t\,cm^{-3}}$ 程度の高密度になると、電子が完全に縮退し、電子は原子核中の陽子に吸収されて消えていき電子による圧力が急激に減少する。さらにニュートリノがエネルギーを持ち去るため、コアは自分自身を支えることができず、ほぼ自由落下時間で収縮する。このような急激な収縮を重力崩壊という。

さらに重たい星では中心部の温度の上昇とそれによるニュートリノ放射によるエネルギー損失によって重力収縮がさらに進み、よりいっそう中心部の温度が上がって、50 億 K を超えると鉄ができる。鉄のコアの外側には順番にケイ素、硫黄、酸素・ネオン・マグネシウム、炭素、ヘリウムの層が取り巻き、一番外側に水素の層が取り巻く「たまねぎ状の構造」となる。鉄のコアの重さは星の質量にはあまりよらず太陽質量の 1.2 倍から 2 倍程度である。鉄は原子核の中で最もエネルギーが低い結合状態で、それ以上核融合反応は進まない。一方でそのような高温ではニュートリノは絶えず中心部で放出されエネルギーを運び出していく。そのため鉄のコアはさらに収縮せざるをえず、温度を上げる。すると高エネルギーの光子は鉄をヘリウム原子核と中性子へと分解し、さらにヘリウムは陽子と中性子に分解する。これらの反応は 0.1 秒のオーダーで起こる吸熱反応で、コアの熱圧力（高温部から低温部への熱の移動による圧力）は急激に下がり支えを失ったコアは急激な重力崩壊を起こす。その結果、星は超新星爆発を起こし中心に中性子星、あるいはブラックホールを残して一生を終える。超新星爆発の詳細、中性子星、ブラックホールについては、のちの第 9〜10 章で詳しく取り上げる。

NOTE ヘリウムの核融合反応

中心部の重力収縮によって温度が 1 億 K 程度以上になると、2 つのヘリウム原子核が融合してベリリウム原子核ができる。

$$^{4}\mathrm{He} + {}^{4}\mathrm{He} \rightarrow {}^{8}\mathrm{Be} \tag{6.4.1}$$

このベリリウムの同位体は不安定でごく短い時間で 2 つのヘリウム原子核に分裂するが、わずかな確率でヘリウム原子核と融合して炭素の原子核ができる。

$$^{8}\mathrm{Be} + {}^{4}\mathrm{He} \rightarrow {}^{12}\mathrm{C} + \gamma \tag{6.4.2}$$

以上の反応は 4000 兆分の 1 秒という短時間で起こるため実質的には 3 つのヘリウム原子核から 1 つの炭素原子核ができるとみなすことができる。ヘリウム原子核はアルファ粒子と呼ばれることもあるため、この反応をトリプルアルファ反応ともいう。トリプルアルファ反応で発生するエネルギーは水素の核融合反応で発生するエネルギーの 10 分の 1 程度である。

トリプルアルファ反応で炭素ができると、ヘリウム原子核と融合して酸素の原子核ができる。酸素はわずかな確率でヘリウムが融合してネオンの原子核ができる。

$$^{4}\mathrm{He} + {}^{12}\mathrm{C} \rightarrow {}^{16}\mathrm{O} + \gamma \tag{6.4.3}$$

$$^{4}\mathrm{He} + {}^{16}\mathrm{O} \rightarrow {}^{20}\mathrm{Ne} + \gamma \tag{6.4.4}$$

これらの反応はほぼ同時に起こるためトリプルアルファ反応では炭素、酸素とわずかなネオンができる。

高温になると炭素がより多くの酸素に変わる。質量が重い星ほど中心部の温度が高いため、炭素よりも酸素が多くつくられる。太陽系の元素量では酸素が炭素よりも２倍程度多いことが知られており、それは太陽系をつくった星間雲（原始太陽系星雲）の組成を反映している。星間雲中の重元素はのちに述べる超新星爆発によって供給されたものなので、原始太陽系星雲の近くで大質量星の超新星爆発が起こったことを示唆している。

惑星の誕生

1995 年に初めて太陽以外の主系列星に惑星が発見されて以来、系外惑星の発見が続き、惑星系に関する知見が広がった。また電波望遠鏡を用いた観測によって惑星形成期の観測例が集積したことで、太陽系の惑星に基づいた惑星形成理論が見直され、惑星形成が現代天文学の最前線の 1 つとして理論、観測ともに活発な研究対象になっている。この章では、惑星の形成についての現在までの理論と観測について述べる。

7.1 太陽系の惑星

星は分子雲コアの重力収縮によって誕生し、その過程で周りに原始惑星系円盤ができることは前の章で学んだ。惑星はその惑星系円盤の中で誕生する。その形成を理解する最初のステップは我々の太陽系における惑星や小天体の観測である。

太陽系の惑星の性質を**表 7.1** に示す。太陽系の惑星は、太陽に近い順に 3 つのグループに分類される。まず水星、金星、地球、火星の中心に鉄を主成分とする金属コアを持ち、周りを岩石で囲まれた岩石惑星あるいは地球型惑星である。次に木星、土星の水素とヘリウムを主成分とする巨大ガス惑星、最後に天王星、海王星の氷を主成分とする巨大氷惑星である。これらのすべての惑星の楕円軌道は水星を除いて小さな離心率[*1] を持ち（円軌道に近い）、太陽の回転軸にほぼ垂直

＊1　楕円軌道の離心率 e は、楕円の長軸と短軸の長さをそれぞれ a, b とするとき、以下のように定義される。

$$e = \sqrt{\frac{a^2 - b^2}{a^2}}$$

離心率 e が 0 に近いほど円に近く、1 に近いほど扁平な楕円である。太陽系では、水星の離心率は約 0.21、火星の離心率は約 0.0934、地球の離心率は約 0.0167 である。

表 7.1　太陽系の惑星の性質（直径と質量は地球を 1 とする比）

	直径	質量	平均密度 (g/cm³)	平均表面温度 (K)	太陽からの平均距離 (天文単位)	公転周期 (年)
水星	0.38	0.055	5.427	440	0.38	0.24
金星	0.95	0.82	5.20	737	0.723	0.82
地球	1.00	1.00	5.51	288	1.00	1.00
火星	0.53	0.107	3.93	210	1.52	1.88
木星	11.9	318	1.326	170	5.2	11.9
土星	9.4	95.2	0.70	143	9.55	29.5
天王星	4.0	14.5	1.32	68	19.2	84.2
海王星	3.9	17.1	1.638	46.6	30.0	164.8

な平面上にある。地球型惑星と巨大ガス惑星の間は、2 天文単位から 4 天文単位の範囲に広がる小惑星帯で隔てられている。小惑星帯を境に岩石惑星と巨大ガス惑星が分かれているのは、水の**雪線**（**スノーライン**、あるいは氷境界ともいう）が小惑星帯の中にあることから理解される。宇宙のような圧力が無視できる環境では、H_2O は気体から液体（水）を経ず固体（氷）に変わる。これを昇華というが、その温度は約 170 K（約 −103 °C）で、太陽系の場合は太陽から約 2.7 天文単位の位置となる。以下で述べるように、惑星形成の第一歩はダスト（数 μm サイズの塵）の合体・集積である。凍ったダストの方が大きくまた合体しやすいため、小惑星帯以遠に巨大惑星ができる。水に限らずアンモニア、メタンなどの水素化合物が気体から固体になる位置が雪線であり、この位置は惑星形成論に重要な役割を果たす。

同一の重力源の周りを公転している 2 つの天体の公転周期（P_1, P_2）の間に、i, j を整数として

$$\frac{P_1}{P_2} \simeq \frac{i}{j} \tag{7.1.1}$$

の関係があるとき、それらは共鳴関係にあるという（正確には平均運動共鳴という *2）。太陽系の惑星にも共鳴関係にあるものがあり、たとえば海王星と冥王星も軌道周期の比は 2 : 3 に近く、木星と土星の公転周期の比も共鳴関係である 2 : 5 に近い。また小惑星帯の中には小惑星がほとんど存在しない領域がある。これは**カークウッドの空隙**と呼ばれ、木星との共鳴が起こる位置に当たっている。

*2　平均運動とは、1 周期で平均した公転角速度のことである。

海王星は太陽から約 30 天文単位離れているが、それよりも外側約 50 天文単位までに無数の小天体が円盤状に分布していることが知られており、これらは第 4 章 4.7.1 節で触れたように**エッジワース–カイパーベルト天体**と呼ばれる。冥王星もエッジワース–カイパーベルト天体の 1 つである。50 天文単位よりも遠方にも冥王星程度の大きさの準惑星と呼ばれる天体が発見されており、長半径が 500 天文単位を超える細長い楕円軌道を持っている。これらも広義のエッジワース–カイパーベルト天体に分類される。またそれらの軌道の特徴から、長半径が 600 天文程度の細長い楕円軌道を持ち地球の 10 倍程度の質量の惑星が存在する可能性も議論されている。さらに、太陽から 1 万〜10 万天文単位の間の領域を**オールトの雲**と呼ばれる無数の小天体が取り囲んでいるという仮説がある。これは周期が 200 年を超える長周期彗星の軌道の研究から、オランダの天文学者ヤン・オールト（1900〜1992）によってその存在が推定された。太陽系内の天体としては、その他に惑星の衛星や火星と木星の軌道の間に多数の小惑星が存在する小惑星帯がある。小惑星のなかには、少数ではあるが地球軌道付近や木星と同じ軌道にあるものも存在する。

京都モデル

これら太陽系の特徴を再現する試みは、1970 年頃からいくつかのグループで始められた。特に、林忠四郎を中心とする京都大学のグループによって 2000 年頃までに確立した太陽系形成の基本的なシナリオは、**京都モデル**と呼ばれている。京都モデルによると、まず分子雲コアの重力収縮によって原始太陽ができ、その周りに原始惑星系円盤が形成される。この円盤は約 100 天文単位程度まで広がっていて質量は太陽質量の 1 % 程度であったと推定される。その 99 % は水素とヘリウムのガスで、残りの 1 % ほどが固体物質でできた数 μm サイズの塵（ダスト）である。現在の太陽系では全質量の約 99.9 % を太陽が占めているので、太陽質量の 1 % 程度の質量ですべての惑星の質量を説明するには十分な量となる。

ダストは鉄や岩石の微粒子であるが、雪線よりも外側では氷のダストが増えてくる。これらのダストは数十万年という時間をかけて衝突合体を繰り返してだんだん大きくなり、微惑星と呼ばれる数 km サイズの塊へと成長する。衝突はお互いのサイズや質量が大きいほど頻繁に起こるため、いったん微惑星ができると、そのなかで少しでも大きいものがより速く成長する。成長すればするほどより成長の速度が進むことになり、最初に何十億とあった微惑星はこうしてどんどん数を減らして、数百個だけが生き残る。雪線の内側では地球の10分の1程度の質量、雪線の外側では氷のダストも大量に取り込むため地球の10倍程度の質量を持った原始惑星となる。この過程を**寡占成長**と呼ぶ。その後、原始惑星はお互いの重力によって軌道を乱しあって衝突合体を繰り返し、成長していく。原始惑星同士の衝突を「ジャイアントインパクト」といい、地球や金星は10回程度のジャイアントインパクトの結果としてできたと考えられている。また、成長した原始惑星が周りのガスを引きつけて大気をまとうようになる。

一方、雪線より遠くにできた原始惑星はその強い重力で周りのガスを引きつけて分厚い大気をまとい、巨大ガス惑星ができる。原始惑星系円盤の密度は中心星から離れるほど小さくなるので、土星よりも遠い場所にある原始惑星は形成が遅く、地球質量の10倍程度まで成長する頃にはすでに原始惑星系円盤のガスがなくなり、厚い大気をまとうことができず巨大氷惑星となる。

これが京都モデルの基本的なシナリオである。

惑星形成理論の問題点

京都モデルは太陽系の惑星の特徴を定性的に説明することができた。また、1980年代から電波観測によって星形成の現場が観測できるようになり、1990年代には実際に原始惑星系円盤が直接観測されたことなどから、太陽系以外での惑星形成にも京都モデルは妥当であると考えられ、惑星形成の標準理論となった。

しかし、そもそもダストが実際に微惑星まで成長することは容易ではない。実際、ダスト同士の衝突速度が速すぎると合体は起こらない。その速度はシリカのダストでは数 $\mathrm{m\,s^{-1}}$ 程度、氷の微粒子では数十 $\mathrm{m\,s^{-1}}$ 程度である。原始惑星系円盤でのダスト同士の衝突速度は少なくとも $30\,\mathrm{m\,s^{-1}}$ 以上と考えられるため、少なくともシリカのダストに対して成長は難しい。またダストがある程度以上成長するとその速度は円盤のガスよりも遅いため（ガスは中心星の重力以外に密度勾配による外向きの圧力を受けるめ中心向きの力が弱くなり、その結果ケプラー運動[*3]の速度より遅くなる）、ダスト物質にとってガスの流れは向かい風となる。その結果、ダスト物質は中心に落下する。例えば中心星から1天文単位の位置にあるダスト物質は100年程度で中心星に落下してしまう。したがって、それより短い時間でダスト粒子は成長しなければならない。近年、ダスト粒子が合体すると

*3　ケプラー運動とは、厳密には2つの質点の万有引力の法則に従う運動であるが、ここでは中心天体とダストの質量が極端に違うため、中心天体の重力によるダストの軌道運動のことである。

空隙を多く含む $10^{-4}\,\mathrm{g\,cm^{-3}}$ 程度の低密度のクラスターができ、衝突後もばらばらにならないことが示されている。そのようなダスト粒子の形態を考慮したときの微惑星の形成理論に大きな進展が得られているが、まだ微惑星の成長については完全には解決されていない。また原始惑星系円盤のガスが消える時期を適当に仮定していることや水星の内側に惑星が存在しないことが説明できないこと、そして次節で述べるようなさまざまな系外惑星が説明できないなど、京都モデルに基づいた惑星形成の標準理論には多くの理論的困難が含まれていることが徐々に明らかになってきた。

7.2 系外惑星の発見と原始惑星系円盤の観測

惑星形成の研究は、1995 年の太陽以外の主系列星での惑星の発見と、それに引き続く多数の系外惑星の発見によって大きく進展した。

系外惑星の発見

最初に発見された系外惑星であるペガサス座 51 番星（第 1 章 1.8 節で触れた）は、木星の半分ほどの質量を持ち主星から 0.05 天文単位の距離を周期 4.2 日で公転しているという、従来の標準惑星形成理論では説明がつかないものであった。主星は太陽と同じ程度の質量を持った主系列星で、水星の公転軌道の平均距離が太陽から 0.387 天文単位であることを考えると、いかにこの惑星が主星から近くにあるかが分かる。その後、このような主星から近い木星サイズの惑星がいくつも発見された。このように主星から近い惑星では、主星の潮汐力によって自転周期と公転周期が等しくなる**潮汐ロック**という現象が起きて、常に同じ面を主星に向ける。このため惑星の表面温度は 1000 K を超えている。このような惑星を**ホットジュピター**という。その後の観測によって軌道離心率の大きく細長い軌道を持った惑星が発見された。太陽系の惑星の場合、水星を除いてその離心率は 0.1 以下、多くは 0.05 程度以下であるが、これまで発見されている系外惑星の 70 % 近くが 0.2 以上の離心率を持っている。系外惑星の観測法はいくつかあるが、ドップラー法またはトランジット法が主流である。ドップラー法は主星のスペクトル観測から惑星の影響による動径方向の周期的な運動を検出する方法であり、トランジット法は惑星が主星表面を横断する際の主星の減光を検出する方法である。いずれの方法もホットジュピターのような惑星は検出しやすいため観測の初期にはホットジュピターが多く発見されたが、検出技術の進歩などによって質量がより小さな惑星や、主星からより離れた惑星も検出できるようになり、系外惑星の数は数千個のオーダーに増えた。この結果、ホットジュピターは例外的な惑星であることが明らかになったが、それでも従来の京都モデルではその存在は説明できない。

2023 年 2 月現在で確認されている系外惑星の数は 5000 個を超えている（**図 7.1**）。これまで発見されている系外惑星から、太陽系が惑星系の典型的な例ではないことが分かってきた。太陽系では地球サイズの岩石惑星と氷惑星の質量にはかなりの隔たりがあるが、これまで発見されている系外惑星では岩石惑星としては地球の数倍の質量を持ったもの（スーパーアース）が多く、またスーパーアースと地球の十数倍程度の天王星のような氷惑星の質量はほぼ連続的に分布してい

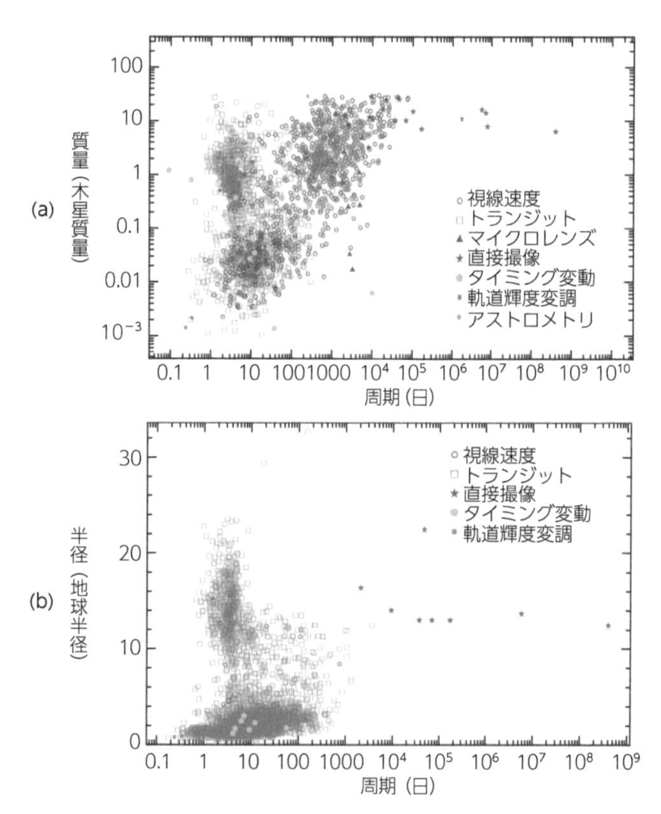

図 7.1　2023 年 2 月現在までに確認されている系外惑星の質量（木星質量単位）と公転軌道半径（日単位）の関係 (a) と半径（地球半径単位）と公転軌道周期（日単位）の関係 (b)。NASA Exoplanet Archive による

る。太陽系の岩石惑星の質量は例外的に小さいのである。さらに主星から 0.2 天文単位以内の惑星が多数見つかっているが、太陽系では水星（平均軌道半径 0.38 天文単位）より内側に惑星が存在しない。また主星から 50 天文単位以上の惑星もいくつか発見されているが、太陽系では（今後発見される可能性はあるものの）まだ準惑星しか発見されていない。

原始惑星系円盤の直接観測

誕生直後の星の周りに円盤（原始惑星系円盤）があり、極方向に物質の放射や空間的に広がった赤外線が出ていることは、1980 年代初め頃から予想されていた。中心星からの紫外線、可視光放射を受けて温まった円盤中のダストが赤外線、電波を再放出するのである。その予想は、1983 年、NASA と NIVR（オランダ航空宇宙計画局）と SERC（イギリス科学工学研究評議会）が共同で打ち上げた赤外線観測衛星 IRAS が行った赤外線の全天サーベイで、若い星自体から予想以上の赤外線（赤外超過）を検出したことで確認された。また 1994 年、ハッブル宇宙望遠鏡はオリオン座の星形成領域で背景の明るい星雲の中に明瞭な原始惑星系円盤のシルエットを直接撮像することで、理論的な予想を裏づけた。その後、さまざまな赤外線宇宙望遠鏡、すばる望遠鏡のような光赤外望遠鏡によって観測され、誕生直後の若い星団中の星の 8 割以上では赤外超過が観測された。この結果、年齢が 200 万年程度の星団中ではその数は半分程度になり、年齢 1000 万年程度の星団中では数％以下になることが示され、原始惑星系円盤の寿命が 100 万年から 1000 万年程度であることが分かってきた。

原始惑星系円盤は上に述べたように赤外線や電波によって観測されるが、その詳細な構造を観測することができるようになったのは、2010 年代の ALMA 望遠鏡の完成以降である。この望遠鏡はサブミリ帯で 0.01 秒角という驚異的な空間分解能を持っている。太陽系に最も近い原始惑星系円盤を持つうみへび座 TW 星（TW Hya）までの距離は約 60 pc であるが、銀河系内の星形成領域の平均間隔は 140 pc 程度である。原始惑星系円盤の典型的な大きさは 100 天文単位ほどであるから、原始惑星系円盤の構造を観測するには、140 pc にある少なくとも 10 天文単位程度の構造を見分ける必要がある。これは空間分解能 0.07 秒角に対応し、ALMA 望遠鏡で十分観測可能である。また円盤は分子コアに隠されているが、ALMA の観測波長帯であるミリ波は分子コアを見通すことができるので、円盤の撮像観測が可能である。

2014 年、地球から約 140 pc の距離にある年齢 100 万年程度のおうし座 HL 星（HL Tau）の周りの原始惑星系円盤の ALMA による画像が公開され、その威力が明らかになった（**図 7.2**）。従来、このような若い星の周りの原始惑星系円盤にはまだ構造ができていないと思われていたが、同心円状に多数のリングが観測されたのである。その成因は惑星の形成に直接関わっていると考えられる。実際、PDS 70 というケンタウルス座方向にある地球から約 370 光年かなたの年齢数百万年の原始星周りの円盤中の隙間に、ESO（ヨーロッパ南天天文台）が南米チリに持つ口径 8.2 m 望遠鏡（VLT）に取り付けられた惑星検出装置[*4] によって、PDS 70 b[*5] という系外惑星が直接撮像によって観測されている。2019 年には、ALMA 望遠鏡のサブミリ波の観測によって、この惑星自体がその周りに独自に形成された円盤を持っていることが観測され、さらにもう 1 つの木星クラスの惑星（PDS 70 c）が中心星から 35.5 天文単位の距離に発見されている。

図 7.2　おうし座 HL 星周りの原始惑星系円盤の ALMA 画像（ALMA (ESO/NAOJ/NRAO)）

同様の観測はうみへび座 TW 星を取り巻く円盤に対しても行われ（**図 7.3**）、中心星から 1 天文単位、22 天文単位と 37 天文単位付近に 3 本の隙間が観測されて

*4　この装置は Spectro-Polarimetric High-contrast Exoplanet REsearch（通称 SPHERE）と呼ばれ、中心星からの光をスクリーンで遮断し、さらに大気の揺らぎによる星像のぼやけを補正する補償光学系によって高い分解能を持ち、中心星に照らされて反射した光が偏光するという性質を利用して偏光した光を観測することで原始星周りに形成された惑星を見つけるために開発された。

*5　系外惑星の命名には以下の慣例がある。惑星が周回する中心星の名称（ここでは「PDS 70」）に、発見された順番を示す英字の小文字が割り当てられる。ただし「a」は用いない。例えば、ある星の周りで最初に発見された惑星は b、2 番目に発見された惑星は c と名づけられ、以下 d, e, . . . と同様に続く。「PDS 70 b」と「PDS 70 c」はそれぞれ、PDS 70 という中心星を周回する最初に発見された惑星と 2 番目に発見された惑星である。

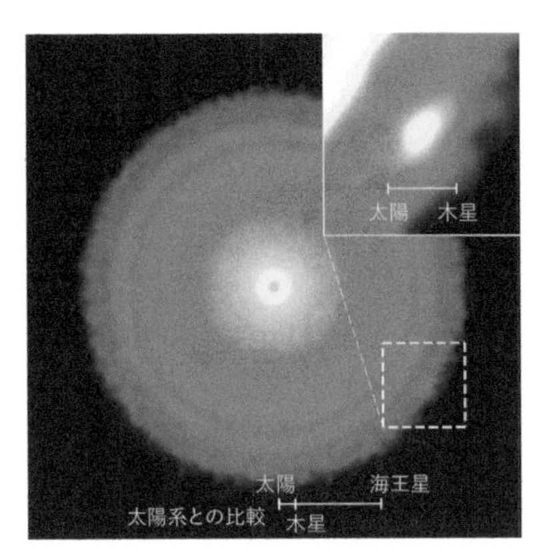

図 7.3　うみへび座 TW 星で形成されている惑星周りの円盤の ALMA 画像（ALMA (ESO/NAOJ/NRAO), Tsukagoshi et al.）

いる。この隙間は太陽系ではそれぞれ地球、天王星、冥王星の軌道に対応する。この円盤に対しては、2016 年の観測ではさらに数本のリング状構造が見つかっている。また 2012 年の ALMA 望遠鏡の観測で、この円盤での一酸化炭素の雪線を中心星から約 30 天文単位の距離に始めて観測した。円盤中央面では温度がさらに低いため雪線は 20 天文単位付近で形成されていると推定されている。

水の雪線が惑星形成に重要な役割を果たすことを説明したが、水ばかりでなく他の物質にもそれが固体化する境界があり、それぞれに雪線があってダストの成長を促進する。原始惑星系円盤では内側から水、二酸化炭素、メタン、一酸化炭素の雪線がある。ただし雪線は原始惑星系円盤の表面が中心星によって照らされて凍りついていないため、円盤の中央面付近で現れる雪線を隠し、直接観測することは難しい。一酸化炭素の雪線は N_2H^+ という分子が出すミリ波を検出することで同定された。この分子は気体の一酸化炭素中では存在せず固体の一酸化炭素表面にしか存在できないことから一酸化炭素の雪線の証拠となる。固体の一酸化炭素は有機分子の材料であるメタノールの生成に不可欠で、この雪線が中心星から約 30 天文単位にあるということは、太陽系でいえばエッジワース–カイパーベルト天体の付近の小天体で有機物が生成されて、それが彗星として地球にやってきたという可能性も出てくる。水の雪線の検出は ALMA でも困難であるが、太陽程度の中心星の場合、数天文単位の距離でできると考えられていて、中心星の光度が大きい場合はより遠距離に現れる。地球から約 1350 光年にあるオリオン座

V883 星と呼ばれる原始星は年齢約 50 万年で太陽の 1.3 倍程度の質量であるが、その光度は約 400 倍もある。2015 年、ALMA 望遠鏡はオリオン座 V883 星の原始惑星系円盤を波長 1.3 mm のミリ波で空間分解能 0.03 秒角（この星の位置で 12 天文単位の距離に相当）で観測し、中心星から 42 天文単位の位置で円盤光度が大きく減少し、そこでの温度が 105 K であることを確認した。水の昇華温度は圧力によるがこの付近の圧力では 100 K 程度であることから水の雪線であり、この外側でダストの数密度が理論の予想通り減少していること（雪をまとうため合体しやすくなって数が減る）などを発見した。原始星は円盤からの物質降着率の増加によってしばしば増光することがあり、オリオン座 V883 星もそのような星であると考えられている。太陽程度の恒星となる原始星の周りの円盤での雪線の位置は、中心星から 5 天文単位程度の距離から始まるが、光度が減少するため誕生から 200 万〜300 万年後には 1 天文単位まで移動してくると考えられている。しかし、上でも述べたように原始星の活動を考慮すると雪線の位置はより複雑に変化する可能性があり、惑星形成にも大きく影響する可能性がある。

ここで挙げた観測例は代表的なもので、これまでいくつもの原始惑星系円盤が観測されていて円盤にリング状のギャップやダストの非対称な分布、渦巻き構造などが観測されている。これらの構造はいずれも惑星形成に関連しており、詳細な関連について観測が続いている。

京都モデルに始まる従来の惑星形成理論は、惑星が原始星周りの原始惑星系円盤におけるダストの成長、微惑星の成長から形成されたという枠組みを与え、その大枠は近年の電波観測によって確認された。しかし同時に、多数の惑星形成現場の直接観測が可能になるに従って、惑星形成がより複雑で多様性に富んでいることや、惑星形成が原始星誕生から数百万年程度という短時間で終了したことが分かってきた。これらの観測は従来の理論では説明が難しい。またこれらの観測によって現在の太陽系が決して惑星系の一般的な形ではないことも分かった。その結果、太陽系の歴史に惑星移動を組み込むという大きな変更をもたらすモデルが提案されている。このモデルでは木星や土星の巨大ガス惑星は誕生から数億年の間に大きく軌道を変え、それによって後期重爆撃期をもたらし、土星と海王星の接近によってもともと天王星の内側にあった海王星がより遠方に移動すると同時にエッジワース–カイパーベルトを誕生させたと説明する。惑星形成は理論と観測が急速に進みつつある現代天文学の最前線の 1 つである。

系外惑星の発見方法

系外惑星はさまざまな方法で観測されている。ここではその代表として系外惑星を最初に発見した方法であるドップラー法と、現在最も多くの系外惑星を発見しているトランジット法について紹介する。

ドップラー法（視線速度法）

天文学で長い歴史を持ち最初に系外惑星を発見した方法である**ドップラー法（視線速度法）**は、光源の視線方向の運動によって受け取る光の波長が変化するドップラー効果を利用したものである。

いま、主星の質量を M_* とし惑星の質量を M_P として、簡単のため各々が共通重心の周りを円軌道を描いているとする。主星の軌道半径を a_*、惑星の軌道半径を a_P として重心の位置を原点とすると、それらの間には次の関係がある。

$$M_* a_* = M_P a_P \tag{7.2.1}$$

これは重心が原点にあるという定義にほかならない。いま問題にしているのは主星の速度変化によるドップラー効果であるから、主星の速度 v_* を求めると、軌道周期を P とすれば、

$$v_* = \frac{2\pi a_*}{P} \tag{7.2.2}$$

を得る。一方、ケプラーの第 3 法則から軌道周期は以下で与えられる。

$$P = 2\pi\sqrt{\frac{a_P^3}{GM_{\rm tot}}} \tag{7.2.3}$$

ここで $M_{\rm tot} = M_* + M_P$ は全質量である。以上から主星の速度として以下の式を得る。

$$v_* = \frac{M_P}{M_*} a_P \sqrt{\frac{GM_{\rm tot}}{a_P^3}} \simeq \frac{M_P}{M_*}\sqrt{\frac{GM_*}{a_P}} \tag{7.2.4}$$

ここで $M_* \gg M_P$ として近似した。この式から、惑星の質量が大きく軌道半径が小さいほど速度が大きく観測しやすいことが分かる。たとえば太陽と木星を考えると、木星によって太陽は約 $13\,{\rm m\,s^{-1}}$ という軌道速度を持つ。もし木星が太陽から 0.05 天文単位にあると、速度は約 $130\,{\rm m\,s^{-1}}$ となる。ちなみに地球によ

る太陽の速度は約 $0.1\,\mathrm{m\,s^{-1}}$ である。一般には惑星の軌道面は視線方向と一致しないため、上の値は速度の上限である。

実際の観測では、視線方向の速度変化による波長の変化 $\Delta\lambda$

$$\frac{\Delta\lambda}{\lambda} \simeq \frac{v_*}{c} \tag{7.2.5}$$

を測定する。したがって、波長が既知の主星のスペクトル中の吸収線の位置の変化を正確に測定する必要がある。そこで使われているのは**ヨードセル法**である。これは主星の光を分光する前にヨウ素のガスを満たした箱に通して、ヨウ素による吸収線をスペクトル中に刻み込ませる方法である。ヨウ素は可視光領域に 1000 本近くの吸収線を持っているため、それとの比較で正確に主星の吸収線の波長が測定できるのである。この方法は 1988 年に提案され、測定精度は数 m 以下となり、それ以前の 10 分の 1 に改良した。これによって系外惑星の検出は可能になると考えられたが、1995 年まで発見が遅れたのは周期が数日というきわめて短い周期を持った惑星の存在を想定しておらず、観測データ中のそのような短周期の変化を見落としていたからである。現在では比較用の光源を用いることで、より精度の良い測定法が開発されており、その精度は $0.2\,\mathrm{m}$ 程度が達成されている。ただし、ドップラー法は分光観測を行うため、遠方の暗い恒星の惑星探査には不向きである。

トランジット法

現在観測されている系外惑星の多くは、系外惑星探査を目的に NASA が 2009 年に打ち上げた**ケプラー衛星**が発見したものである。ケプラー衛星には有効口径 $0.9\,\mathrm{m}$ の望遠鏡が搭載され、2018 年に運用を終えるまではくちょう座方向などの 50 万個以上の恒星の明るさを連続的にモニターして、惑星が恒星の前を横切るときの減光を観測した。この方法は**トランジット法**と呼ばれ、その原理はきわめて単純である。惑星のトランジットによる減光は、視線方向が惑星の公転面内にあるときには主星と惑星の面積の比で簡単に評価することができる。

$$\frac{\Delta L}{L} \simeq \left(\frac{R_P}{R_*}\right)^2 \simeq 0.01 \left(\frac{R_P}{R_J}\right)^2 \left(\frac{R_*}{R_\odot}\right)^{-2} \tag{7.2.6}$$

これから減光は 1％程度か、それ以下であることが分かる。地球程度の惑星ではさらに小さく、0.01％程度となり、きわめて高精度の測光観測が必要である。また主星から遠い場合には公転面が視線方向とわずかに傾いていても地球からは食が起こらない。このようにトランジットが起こる確率は非常に低く、この方法で惑星を発見するには多数の星の長時間のモニターが必要となる。そのためトランジット法はすでにドップラー法でホットジュピターの存在が分かっている恒星に対して 1999 年に確認され、2002 年に初めて実際にトランジット法によって惑星が発見された。また、恒星の光度変化は恒星自体の変光や二重星であることによる可能性などがあり、多くの場合には追観測を行う必要がある。一方で、トランジット法は惑星の大きさに関する情報を持っており、ドップラー法で追観測することで惑星の質量が推定でき、惑星の平均密度についての情報も得ることができるなど利点も多い。

ケプラー衛星は、測光観測の妨げとなる大気の吸収や揺らぎの影響を受けず、0.002％程度という測光精度を達成し、さらに地球を追いかけるような太陽周回軌道にあるため 24 時間連続して長時間観測でき、100 平方度という広い視野を持つため一度に多数の恒星をモニターすることができる。このため地上からのドップラー法では難しかった遠方の暗い恒星や地球サイズの惑星も検出でき、系外惑星の候補数が飛躍的に増大した。

ケプラー衛星の後継機として NASA は 2018 年、トランジット系外惑星探査衛星（TESS）を打ち上げた。この衛星は全天の約 85％で地球に近い見かけの等級が 12 等級より明るく太陽程度以上に寿命の長い G 型、K 型、M 型の主系列星約 50 万個をモニターして惑星のトランジットを検出するのが目的である。これによって 1 万個を超える系外惑星が検出され、そのうち 1000 個程度は地球サイズの惑星を含むと考えられている。TESS によって発見された地球サイズの惑星に対してジェームス・ウェッブ宇宙望遠鏡や 30 m 望遠鏡などでの追観測が計画されている。

宇宙生物学

宇宙には地球以外に生命はいるのだろうか？ また我々と同じように宇宙に関心を持ち宇宙を観測しているような高等文明は存在するのだろうか？ 誰しも考えるこの疑問は一般の人々ばかりでなく天文学者にとっても非常に興味深い疑問である。実際、1960 年、アメリカ国立電波天文台の電波望遠鏡で、くじら座 τ 星とエリダヌス座 ϵ 星からの中性水素の 21 cm 線を観測し、地球外知的生命体の信号を受け取るプロジェクトが行われた。4 ヵ月間行われたこの観測では有意な信号は得られなかった。その後も 1973 年から 4 年間、断続的に近傍の数百個の恒星に対して同様の観測が行われたが、やはり高等文明の兆候は得られなかった。

一方で太陽系内の生命探査は 1960 年代から火星をターゲットに行われてきたが、1990 年代後半から木星、土星の衛星に生命の可能性が議論されるようになった。さらに 1995 年、系外惑星が発見されたことで地球外生命探査はより現実味を帯び、観測機器の進歩と相まって急速に天文学の最前線となった。

地球外生命の探査とその研究は天文学だけでは不十分で、生物学はもちろん化学、気象学などさまざまな学問が融合して初めて可能になる。こうしてできる新しい学問分野は**宇宙生物学**（**アストロバイオロジー**）と呼ばれる。この章では主に天文学の側面から宇宙生物学、特に地球外生命体探査について述べる。

8.1 地球の生命とその誕生

我々は地球上の生命しか知らないので、その知識に基づいて宇宙における生命の誕生と進化を見てみよう。

8.1.1 地球の生命の痕跡

現在一般に知られている最古の生命の化石は、グリーンランドで1983年に発見された34億6500万年前のストロマトライトの化石である。ストロマトライトは光合成をするある種のバクテリアと堆積物が何層にも積み重なったもので、現在でもオーストラリアの西海岸のシャーク湾などで見ることができる。ただし化石のストロマトライトをつくった微生物が現在の光合成をするバクテリアであるシアノバクテリアと同じものかには異論がある。より以前のストロマトライトの化石の報告もあるが、確定的ではないようである。ストロマトライトは最初に地上に上がった生命と考えられていて、発見者のカリフォルニア大学のウィリアム・ショップによれば細胞分裂を行って成長し、光合成でできた同位体を持っているという。もし36億6500万年前の化石が実際に生命存在の証拠であるとするなら、そのときまでに生命は光合成を行うほどに進化していたことを示している。*1

また2017年には、カナダ北東部のラブラドル地域から約39億5000万年前のグラファイト（炭素質の微粒子）を含む堆積岩が小宮剛らのグループ（東京大学）によって確認され、炭素の同位体の比の測定*2 からそれが生物起源であるとされている。

地球は46億年前に誕生したとされるが、約44億年前の古い岩石が発見されていることから地球はそれまでにはいったん冷えて最初の海が存在していたと考えられている。その後、後期重爆撃期と呼ばれる激しい小天体との衝突で蒸発と形成を繰り返し、最終的に安定した海ができたのは今から38億年前とされている。

従来、生命は地球が落ち着いた環境になった後期重爆撃期以降に誕生したと考えられていたが、最初に海ができた44億年から数億年までに生まれて、後期重爆撃期を生き延びたのかもしれない。

8.1.2 生命はどこから来たのか

現在の地球上の生命は遺伝子レベルでは1種類である。生物の遺伝情報は、DNAが司っているが、DNAは2本のひも状の物質が4種類の物質（塩基と呼ばれるアデニン、グアニン、シトシン、チミンの配列）ではしご状につながり、それをひ

---

*1 J. ウィリアム・ショップ著、阿部勝巳訳、松井孝典監修『失われた化石記録』（講談社現代新書、1998）。

*2 炭素には質量数が12と13の安定な同位体が天然の状態では99：1の割合で存在するが、生命の代謝によってより軽い炭素12が消費されるため、生物起源の炭素では天然の状態比より炭素12の割合が少なくなる。

ねったような構造（二重らせん構造と呼ばれる）の高分子が持っている。これらの塩基配列が遺伝情報であり、塩基3つのセットに1つのアミノ酸が対応する。DNAの2本のひもは同じ情報を持っていて、mRNA（伝令RNA）がDNAの片方のひもと接合することで遺伝情報をコピーして、タンパク質製造工場であるリボソームに移動する。その情報に基づいて、tRNA（転移RNA）が必要なアミノ酸を一つ一つ運んできて、設計図通りにつなぎ合わせてタンパク質をつくる。この一連の遺伝情報を変換する仕組みを**セントラルドグマ**と呼び、これが地球上のあらゆる生命の中で行われている。

したがって2つの生物のDNA情報（塩基配列の差）に共通な部分があれば、それらは共通の祖先から分化したものと考えることができる。またDNAの塩基配列の変化の速さに適当な仮定を置くことで、生物種の分化のタイムテーブルをつくることができる。時間を遡って過去にたどっていくと、地球上のあらゆる生命は40億年以上前のたった1つの生命体に帰着するという。この生命体は**LUCA**（Last Universal Common Ancestor）と呼ばれる単細胞有機体である。これ以外の遺伝機構を持った生命は存在したのかもしれないが、現在までには絶滅して残っていない。

生命の誕生の場所として有力な説は、深海の**熱水噴出孔**である。プレートテクトニクスの検証のため海嶺（海底火山）の探査をしていた潜水艇によって、1977年、ガラパゴス諸島の沖2000 mを超える深海で数百 °Cの熱水が噴出している孔が発見された。従来、生命の誕生は太陽からのエネルギーが直接関連していると考えられていて、このような深海は生命誕生の場所とは考えられていなかった。ところが驚くべきことに、太陽のエネルギーが届かない深海の熱水孔周りに陸地とまったく異なる生態系が発見されたのである。この生態系のエネルギー源と必要な物質の供給源は、熱水である。熱水に含まれている硫化水素を利用する微生物（硫黄酸化細菌）が化学反応によって有機物をつくり、それを餌とする生物、さらにそれを捕食する生物によって立派な生態系がつくられていた。これまでに発見されている生命の兆候の化石がかつて深海の地層だったことからも、生命の熱水孔発生説を示唆している。

これとはまったく異なり、生命は火星から隕石に閉じ込められて飛来したという説がある。火星に限らず生命は宇宙のほかの天体で発生し、それが地球に飛来したという説を**パンスペルミア説**という。実際に地球上で発見される隕石にはアミノ酸や糖などの生命の材料となる有機物が含まれている。また同じアミノ酸でも分子配列はL型（左巻き）とD型（右巻き）があり、お互いに鏡像関係（お互いに鏡に映した関係）にあり**鏡像異性体**と呼ばれている。地球上の生物のアミノ酸はほとんどすべてがL型であることが分かっている。地球誕生当時アミノ酸は溶岩に溶けていて、それが冷えたときに、L型だけができる理由はない。すなわち生命が地球で誕生したとすると、その体をつくっているアミノ酸がL型だけになることは考えにくいのである。一方、星形成領域と呼ばれる大質量星が活発にできている星雲中では、形成される大質量星の周りで光が円偏光していることが観測されている。*3 また円偏光の向きによってL型、あるいはD型の鏡像異性体が破壊されることが分かっている。さらに、太陽系形成以前に太陽系の近くで超新星爆発が起こっていたことが隕石などの研究から示唆されていて、このことは大質量星の形成領域近くで太陽系が形成されたことを示している。したがって太陽系をつくった物質は円偏光した光を浴びたことになり、そのためD型の鏡像異性体が破壊されたと考えることができる。もしこの説が正しければ、太陽系全体でアミノ酸がL型がD型よりも多いことになる。隕石で発見されたアミノ酸にはL型が多いことが分かっていて、この説を裏づけている。また電波望遠鏡の観測で原始惑星系にメタノールやアセトアルデヒドなど数多くの有機分子が検出されていることなどから、地球上の生命の起源が太陽系のほかの天体であるという説も有力である。

以上のように生命は地球誕生から数億年程度で誕生し、幾多の絶滅の危機を乗り越え、40億年の歳月をかけた進化の結果、人類が出現した。そして人類は数百万年かけて天文学を発展させ宇宙を観測するまでに至った。地球上で生命が発生し進化できたのは、偶然ではない。地球がハビタブルゾーンで誕生したからである。

8.2 ハビタブルゾーン

生命誕生の場所はまだ確定しているわけではないが、海の存在は必要不可欠であると考えられている。それは化学反応の大部分は溶液反応といって、化学物質が溶液中に溶けている状態で起こるからである。水は宇宙で最も多い水素と3番目に多い酸素がつくる最もありふれた分子であり、液体の状態では多くの物質にとって良好な溶媒となる。

*3 光はその進行方向に垂直な面内で電場と磁場が振動しながら進行する現象である。その振動方向がある特定の方向に向いている場合を直線偏光といい、振動面が進行と共に回転する場合を円偏光という。

もし地球が現在の位置より太陽に近ければ、大気の気温が上昇し、水が蒸発してしまうだろう。水蒸気は地表面から放射される熱を蓄える温室効果物質であり、したがって表面温度はさらに上昇し、水が蒸発する。こうして地球は現在の金星のような灼熱地獄の惑星となり、生命は誕生しなかっただろう。逆にもし地球が現在の位置より太陽から遠ければ水は氷として存在する。いったん氷が表面を覆い始めると、太陽光に対する反射率が上がるため太陽からのエネルギー吸収が減り、その結果気温が下がり海は完全に凍ってしまっただろう。特に、今から 40 億年前の太陽は現在よりも暗く、現在放射しているエネルギーの 70 % 程度のエネルギーしか放出していなかったため、この条件はより厳しくなる。このように大気を持った惑星表面上に液体の水が安定に存在できる範囲はかなり限られている。この範囲を**ハビタブルゾーン**、あるいは**生命居住可能領域**という。ハビタブルゾーンは、中心の恒星の質量や惑星の質量、大気の量や組成、自転軸の傾きなどによって違う（**図 8.1**）が、太陽系におけるハビタブルゾーンは、太陽では 0.97 〜1.39 天文単位程度とかなり狭い範囲とされている。この範囲は惑星の太陽光に対する反射率に依存しているため、1 つの例として受け取るべきである。さらに太陽のような主系列（第 5〜6 章参照）の段階にある恒星は年齢が経つほどエネルギーを多く放射する。そのためハビタブルゾーンもだんだんと恒星から遠くなってくる。たとえば地球はあと 15 億年程度でハビタブルゾーンから外れてしまう。

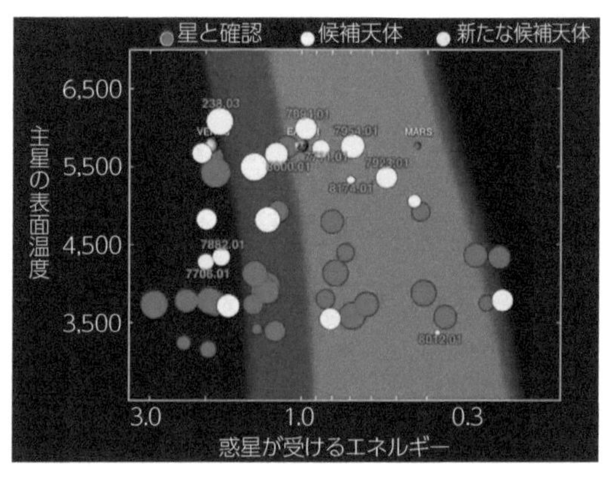

図 8.1　ハビタブルゾーンとケプラー衛星が発見したハビタブルゾーン付近に位置する系外惑星（NASA/Ames Research Center/Wendy Stenzel により作成）

このハビタブルゾーンの定義は惑星表面に限定しているが、木星や土星の衛星に存在する内部海の場合には当てはまらない。これらの衛星の表面温度は −100 °C 以下であるが、内部に熱源を持つためその表面の厚い氷の中に液体の海が存在し、地球で発見されたような熱水噴出孔が存在すると考えられていて、生命が存在する可能性がある。したがって上の定義は単に生命の誕生に適するだけでなく、その後の進化が起こるのに適した領域と考える方が適切である。また地球では生命誕生から生命が宇宙を観測するまでに進化するのに 40 億年かかったことを考えると、高等生命にまで進化するにはある程度安定した環境が数十億年続く必要がある。恒星の寿命はその質量によって大きく変わり、太陽では 100 億年程度であるが、太陽の半分の質量の恒星では 1700 億年、太陽の 2 倍の質量をもった恒星では 13 億年程度となるように、質量の大きな恒星ほどその寿命は短い。したがって数十億年にわたって継続的に惑星がハビタブルゾーンに存在するためには、恒星は太陽程度以下の質量を持つ必要がある。一方、質量が小さな恒星は表面活動が非常に活発で、生命に有害な巨大フレアが頻繁に発生する。質量が太陽質量の 0.08 倍から 0.6 倍程度の主系列星を赤色矮星というが、銀河系の約 80 % の星は赤色矮星である。赤色矮星は最大でも 4000 K 程度なので、ハビタブルゾーンは恒星のごく近くになる。その場合、恒星の重力の影響で月が常に同じ面を地球に向けるような自転周期と公転周期が一致する**潮汐ロック**という現象が起きる場合がある。潮汐ロックされた惑星の恒星に向いている面は常に恒星からの放射を受け、反対側はまったく放射を受けない。したがって、もしその惑星が薄い大気しか持たなければ、たとえ海があったとしても最終的には干上がってしまうだろう。しかし十分に厚い大気と深い海を持てば、大気循環で少なくとも惑星の一部では生命の居住に適した環境となるかもしれない。

またハビタブルゾーンに惑星があったとしても、その惑星の質量が地球程度以上でなければ生命の進化は難しいだろう。火星程度の質量の惑星は形成時には金属のコアが融けて磁場をつくるが、その後は冷えてコアが固まり磁場が消えてしまう。磁場が消えると中心の恒星表面から噴き出す生命にとって有害な荷電粒子の流れ（恒星風）が直接惑星表面にまで届いてしまう。また恒星風は大気を吹き飛ばす働きもする。磁場の継続的な存在は惑星大気、生命の存在にとってきわめて重要である。また内部の熱源による火山活動やプレートテクトニクスは、惑星大気中に二酸化炭素を放出し、それが海に溶けてプレートの運動によってマントル内に取り込まれ、そして再び火山噴火によって大気に放出されるという循環によって大気中の二酸化炭素量を適度な値に保つ働きをしている。これによって地球の大気は適度な温度に保たれている。現在の火星に生命の兆候が見られないのは、早期に内部が冷えて磁場が消滅し、プレートが固定され二酸化炭素の循環が止まったことが大きな原因であると考えられている。

8.3 太陽系内宇宙生命の可能性

太陽系内で地球以外に生命の存在が議論されたのはもっぱら火星であった。すでに 18 世紀にはウィリアム・ハーシェルは極冠の大きさが変化することで火星に四季があることを発見している。また第 1 章の 1.5 節で触れたように、19 世紀末には火星表面に直線状の模様を観測したとする発表があり、知的生命体がつくったという説を唱える者まで現れた。しかし直線的な模様と見えたのは目の錯覚で、火星表面は酸化鉄を多く含んだ砂や岩石のため全体的に赤く見え、岩石の違いや地形によって所々が黒く見えるにすぎないことは、探査機が直接火星表面に降り立つ以前に分かっている。それでも、大気があることや極に水や二酸化炭素の氷が存在することなどから、微生物が生存する可能性があるとされ、第 4 章で述べたような探査計画が行われた。これらの探査では現在までのところ生命現象は発見されていないが、誕生から数億年後の火星は現在の地球のように温暖で大量の水が存在していたことが確からしくなった。そしてその時期に火星に生命が誕生し、その生命の兆候、あるいは何らかの形で現在まで生命が存在している兆候を検出する探査が現在進行形で続いている。

長い間、地球以外の太陽系における生命は存在したとしても火星以外には考えられていなかった。この状況は、1977 年の深海における熱水噴出孔の発見と、太陽系内の惑星探査によって一変した。それまで生命とは無関係の氷の世界と思われていた木星や土星の衛星のいくつかに生命が存在する可能性があることが分かったのである。ここでは木星のエウロパと土星の衛星エンケラドゥスとタイタンを取り上げる。

エウロパはガリレオが見つけた木星の 4 大衛星の 1 つで、月よりもわずかに小さくその直径は約 3100 km で、木星から公転半径は約 67 万 km、周期は 3 日と 13 時間である。平均の表面温度は −170 °C で、非常に薄い酸素を主成分とする大気を持っている。エウロパ表面は厚い氷に覆われているが、その厚さは 100 km 程度と推定されている。表面にプレートテクトニクスのような運動も見られることから、もっと薄いと考えている研究者もいる。その表面には、複雑に絡まった筋状の模様や長さ数百 km に達する 2 つの平行に走る稜線などの模様が存在する。このような二重稜線はグリーンランドでも発見されていて、地下に溜まった水が表面を押し上げてできると考えられている。1990 年代の木星探査衛星ガリレオによる磁場の観測からその内部に塩のような電気伝導率に高い物質を含んだ液体の層があることが示唆されていた。上に挙げた表面の地形や、ハッブル宇宙望遠鏡や木星探査衛星ガリレオによる観測から、氷の割れ目から水蒸気が噴出していることが観測され、内部海があることは確実である。また 2019 年のハッブル宇宙望遠鏡の可視の分光観測では塩化ナトリウム（NaCl）の存在が確認され、これは地下海に由来すると考えられている。

表面の平均温度が −170 °C 程度であるのに内部に海が存在するのは、エウロパ内部に熱源があるからである。その理由は木星による潮汐力である。潮汐力によってエウロパ中心部の岩石コアが常に変形を受けていて、摩擦によって加熱されている。これを**潮汐加熱**という。ちなみにエウロパよりもさらに木星に近い衛星イオはさらに強い潮汐加熱が働き中心の岩石コアが融け、400 個以上の火山の活動が観測されている。この潮汐加熱によってエウロパの海底には地球の深海で見られるような熱水噴出孔も存在すると考えられており、地球の熱水噴出孔の周りで発見されているような生態系、あるいはさらに魚類のような生命体が存在する可能性が議論されている。NASA は 2020 年代の中頃にエウロパ探査の探査機を打ち上げる予定で、近い将来、生命の兆候が発見されるかもしれない。

土星には 80 個を超える衛星が見つかっているが、その中で生命の存在の可能性が議論されているのは、エンケラドゥスとタイタンである。

エンケラドゥスは土星の第 2 衛星で直径 500 km 程度の小さな衛星であるが、すでに 1789 年にウィリアム・ハーシェルによって発見されている。その公転半径は 28 万 8000 km 程度、公転周期は 33 時間程度である。その表面には反射率がきわめて高いという特徴があり、真っ白く見える。土星探査機カッシーニの観測でエンケラドゥス表面での比較的新しいひび割れが発見され、ひび割れから絶えず新しい氷が噴出して、表面が塗り替えられていくと考えられている。同じくカッシーニによるエンケラドゥスの重力の観測から、氷の地殻全体が内部の岩石コアとは分離していることが示唆された。これは氷の地殻と内部コアの間に液体の海が広がっていることを意味しており、海の深さは 26〜31 km とされている。エンケラドゥスの南極付近にタイガーストライプと呼ばれる深さ 500 m、幅約 1.7 km

図 8.2　エンケラドゥス表面の氷の噴出（NASA/JPL-Caltech/Space Science Institute）

の深い溝があり、その両側はそれぞれ 100 m ほど隆起している。2009 年、カッシーニはそのひび割れから水蒸気が噴出していることを観測し（**図 8.2**）、その水蒸気中には塩化ナトリウムや炭酸塩が検出されている。さらに 2015 年にはカッシーニ探査機が検出した微粒子中に、ナノシリカが検出された。ナノシリカは岩石と熱水が反応してできる鉱物の微粒子であることから、エンケラドゥスの海底に熱水噴出孔があると考えられる。

内部海をつくる熱源としては、エウロパ同様の土星の潮汐力による潮汐摩擦が考えられているが、エンケラドゥスが小質量のため、摩擦熱も十分ではなく 3000 万年程度で全休が凍りついてしまう。そのため内部のコアが硬いものではなく多孔質で水が染み込み、潮汐摩擦で水を直接温めるなどいくつかのメカニズムが提案されているが、まだよく分かっていない。いずれにせよ、エンケラドゥスの内部海の海底には熱水噴出孔があると考えられていて、生命が誕生している可能性がある。

土星の第 6 衛星タイタンは、直径が 5150 km 程度で太陽系で木星の衛星ガニメデに次いで 2 番目に大きく、月の約 1.5 倍ほどの直径をもつ衛星である。その公転半径は土星半径の約 20 倍の 122 万 km 程度で、公転周期は約 16 日であるが、潮汐ロックがかかっていて自転周期はほぼ公転周期と同じである。その一番の特徴は太陽系で唯一厚い大気を持っている衛星である。表面の気圧は地球の約 1.6 倍にもなる。この大気に阻まれて、2004 年にカッシーニが着陸機ホイヘンスを着陸させるまではタイタン表面の様子は分からなかった。ホイヘンスによって、地球と同じような河川地形など流体の浸食作用によって形成された地形や、液体をたたえた湖が存在することが明らかになった。ただしタイタンの表面温度は −180 °C

程度で、液体は水ではなくメタンである。現在ではカッシーニによる赤外線観測でタイタンの表面全体の地図がつくられている。

タイタンの大気の主成分は窒素で約 97 % を占め、残りのほとんどはメタンである。タイタンではメタンの雨が降り、メタンの川や湖、海ができ、蒸発してメタンの雨になるという、地球における水の役割を果たしている。タイタンにはその大気上層部での光化学反応によって多数の有機化合物が生成され、それらは生命の材料になりうる。液体メタンの中で生命が生まれるのかは分からないが、もし発見されることがあれば生命概念の大きな拡張になるだろう。一方、カッシーニの観測からタイタンの氷の地殻の下に液体の水の存在が示唆されている。生命は地下の海で発生しているのかもしれない。

NASA は、タイタンにおけるメタンの循環や生命に関する探査などを行う目的で、探査機ドラゴンフライを 2020 年代後半に打ち上げ、2030 年代中頃にタイタンに到着させる予定である。

8.4 宇宙に高等生命はいるのか：ドレイクの式

アメリカの電波天文学者フランク・ドレイク（1930～2022）は 1961 年に、銀河系のなかに存在する高等文明の数 N を推定する次のような式を提案した。

$$N = R_* \, f_p \, n_e \, f_\ell \, f_i \, f_e \, L \tag{8.4.1}$$

この式を**ドレイクの式**という。ここで、R_* は銀河系の中で 1 年間に生まれる恒星の数、f_p は 1 つの恒星が惑星を持つ確率、n_e は 1 つの恒星系の中でハビタブルゾーンにある惑星の数、f_ℓ はハビタブルゾーンにある惑星の中で生命が実際に発生する確率、f_i は発生した生命が知的生命に進化する確率、f_e は知的生命が星間通信を行えるほど文明を発展させる確率、そし最後で最も推定の困難な L は高等文明が存続する期間である。提案時のドレイク自身の推定値は以下のようなものであった。

$$N = 10 \times 0.5 \times 2 \times 1 \times 0.01 \times 0.01 \times 10{,}000 = 10 \tag{8.4.2}$$

これらのパラメータの多くは現在でもその値が確定しておらず、この数の評価には研究者の間でも大きな隔たりがある。地球の生命は地球誕生から5億年程度で発生し、その後の多くの危機を乗り越えて進化してきたことを考えると、f_iとf_eはもっと大きな数値であるかのかもしれない。するとこの数は容易に100倍から1万倍になり、銀河系の中には数多くの生命が存在するのかもしれない。

またこれまで見てきたように生命の誕生、進化に影響を与えるのは、ドレイクの式に現れるパラメータだけではなく、またパラメータの単純な掛け算で評価されるものでもない。しかし、この式の単純さと0でない結果を与えることは、一般の人々ばかりか天文学者にも大きな影響を与え、地球外生命探査の動機の1つとなったという意味で重要な式である。

8.5 系外惑星における生命探査

太陽系内にも生命が存在する可能性があるが、地球上のような大きな進化はしていないことはほぼ確実である。したがって知的生命を探すには太陽系外の惑星で探すしかない。

系外惑星は2022年3月の時点で5000個を超えている。この中でハビタブルゾーンにある地球サイズの惑星は20数個である。2018年4月、NASAは数千個の系外惑星の候補を発見したケプラー衛星の後継機TESS（トランジット系外惑星探査衛星）を打ち上げた。この衛星は比較的太陽近傍の明るい星の周りの軽い惑星をトランジット法で探すことを主要な目的としている。天球上でケプラー衛星の400倍の面積を探査し、最終的に1万を超える系外惑星を発見し、その中で生命が存在する可能性の高い系外惑星を絞り込み、さらに、それらに対して生命の兆候を検出するため、ジェームス・ウェッブ宇宙望遠鏡や近い将来実現される30 m級の超大望遠鏡によって追観測が行われる予定である。

バイオシグナチャー

植物が緑に見えるのは、植物の葉緑素が赤色光や青色光を吸収して光合成をするからであり、したがって相対的に緑色の光を強く反射するためである。さらに波長700 nm以上の近赤外線はより強く反射される。その結果、植物のスペクトルは700 nm付近以下の波長で急激にその強度が小さくなる。このスペクトルの特徴を**レッドエッジ**という。人間の目には近赤外線は見えないので、植物は緑に見えるのである。したがって、系外惑星大気の分光観測でスペクトルをとったとき、レッドエッジが現れていれば、それはその惑星に葉緑素を持った植物が存在する証拠となる。このような生命の存在の直接的な印となる観測量を、**バイオシグナチャー**という。また非生物起源の酸素は酸化反応によってだんだんと減っていくため、水と酸素が同時に存在すれば光合成起源と考えることができるのでバイオシグナチャーとなる。またメタンの季節変化は非生物起源では考えにくいので、これもバイオシグナチャーととなる。もちろん複雑な電波信号もバイオシグナチャーであるが、より高度な文明における技術の存在証拠であるので**テクノシグナチャー**と呼ばれる。

2021 年 12 月に打ち上げられたジェームス・ウェッブ宇宙望遠鏡による太陽系近傍の系外惑星の分光観測に、バイオシグナチャーの発見の期待が寄せられている。

NOTE 潮汐力とロッシュ限界

太陽系の場合のように圧倒的に大きな質量 M の天体の周りを小さな質量 M の天体が公転運動している場合を考える。天体の大きさを無視すると天体は質点と近似できて、運動方程式は以下のように書ける。

$$m\frac{d^2x^i}{dt^2} = -m\frac{\partial\phi(x)}{\partial x^i} \tag{8.5.1}$$

ここで $\vec{r} = (x^i)$ は、中心天体の重心を原点とする小天体の位置ベクトルである。ϕ は中心天体の重力ポテンシャルであり、

$$\phi = -\frac{GM}{r} \tag{8.5.2}$$

と書ける。ここで G は重力定数、M は中心天体の質量、$r = |\vec{r}|$ は中心星の重心から質点までの距離である。

周回天体の大きさが無視できないとき、その天体内の 2 点 A, B に働く重力の差を考える。中心から A 点までの距離を r とおけば、A 点の運動方程式は (8.5.1) 式で与えられる。B 点の中心星からの距離を $r + \delta r$ ($\delta r \ll r$)、その座標を $(x^i + \delta x^i)$ とすると、B 点の運動方程式は

$$m\frac{d^2(x^i + \delta x^i)}{dt^2} = -m\frac{\partial\phi(x + \delta x)}{\partial x^i} \tag{8.5.3}$$

となる。(8.5.3) 式から (8.5.1) 式を引くと、A 点から B 点へのベクトル $\vec{\delta r} = (\delta x^i)$ の従う方程式が得られる。

$$\frac{d^2\delta x^i}{dt^2} = -m\frac{\partial^2\phi(x)}{\partial x^i\partial x^j}\delta x^j \tag{8.5.4}$$

この式の右辺は j について 1 から 3 まで和をとっている。また $\frac{\delta x^i}{r}$ は微小量であるから、ポテンシャルを x^i の周りでテイラー展開して 1 次の項までとった。この右辺が潮汐力 $\vec{F}_{\rm tidal}$ である。潮汐力の成分は、

$$\frac{\partial}{\partial x^i}\frac{1}{r} = -\frac{1}{r^2}\frac{x^i}{r} \tag{8.5.5}$$

などと計算すると

$$F^i_{\rm tidal} = \frac{3GMm}{r^3}\left(\frac{x^ix^j}{r^2} - \frac{1}{3}\delta^{ij}\right)\delta x^j = \frac{3GMm}{r^3}\left(\frac{(\vec{r}\cdot\vec{\delta r})}{r}\frac{x^i}{r} - \frac{1}{3}\delta x^i\right) \tag{8.5.6}$$

となる。潮汐力は小天体内部の 2 点間に働く力であるから、小天体を変形するように働く。たとえば小天体の内部の 2 点が中心天体方向に沿っていると、2 点間の距離を Δ とすると $\vec{\delta x} = \Delta\frac{\vec{r}}{r}$ と書けるから、それらの間に働く潮汐力は

$$\vec{F}_{\rm tidal} = \frac{2GMm}{r^3}\vec{\delta r} \tag{8.5.7}$$

となって、2 点を引き伸ばすように働く。一方、内部の 2 点 A, B を結ぶ線分が中心天体の方向と直交していると、$\vec{r}\cdot\vec{\delta r} = 0$ であるから

$$\vec{F}_{\rm tidal} = -\frac{GMm}{r^3}\vec{\delta r} \tag{8.5.8}$$

となって、2 点間を押しつぶすように働く。ここでは簡単のため中心星の質量は小天体よりも圧倒的に大きいとしたが、潮汐力は重力場が非一様で離れた 2 点間で働く重力の方向が違うことから生じる力で、質量の大小にかかわらず現れる力である。月の潮汐力によって地球の潮の満ち引きが起こることはよく知られている。

小天体が中心天体に近づきすぎると、自分自身の重力よりも中心天体からの潮汐力が強くなり、その形を保てなくなって破壊される。このときの中心天体からの距離を**ロッシュ限界**という。小天体の半径を r_M として、その表面に働く自己重力と潮汐力が等しくなる距離 R_c を求めてみよう。簡単のため小天体の中心から考える表面の点への方向の延長上に中心天体があるとする。このとき表面に置いた質点が小天体から受ける重力と、表面と質点の間に働く潮汐力が等しいとお

くと、

$$\frac{Gm^2}{r_M^2} = \frac{2GMmr_M}{R_c^3} \tag{8.5.9}$$

となるから、

$$R_c = \left(\frac{2M}{m}\right)^{1/3} r_M \tag{8.5.10}$$

を得る。ロッシュ限界はしばしば2つの天体の密度の比の関数として表される。いま、中心天体（たとえば惑星）の密度を ρ_p、小天体（たとえば衛星）の密度を ρ_M とすると、$M = (4\pi r_p^3/3)\rho_p$ などから

$$R_c = \left(\frac{2\rho_p}{\rho_M}\right)^{1/3} r_p \sim 1.16 \left(\frac{\rho_p}{\rho_M}\right)^{1/3} r_p \tag{8.5.11}$$

となる。上の式は小天体が自己重力だけでその形を保っているとした場合であるが、重力以外の化学結合などの影響が強い場合は、ロッシュ限界は変わってくる。たとえば、流体の場合では近似的に次式で与えられる。

$$R_c = 2.456 \left(\frac{\rho_p}{\rho_M}\right)^{1/3} r_p \tag{8.5.12}$$

一例として、この式を土星に当てはめてみよう。土星の半径と密度は以下で与えられる。

$$r_p \simeq 6 \times 10^7 \,\mathrm{m}, \quad \rho_p \simeq 7 \times 10^5 \,\mathrm{g\,m^{-3}} \tag{8.5.13}$$

一方、小天体が水の氷でできているとすると、密度は $\sim 9 \times 10^5 \,\mathrm{g\,m^{-3}}$ だから、ロッシュ限界は

$$R_c \simeq 2.8 \times r_p \simeq 1.7 \times 10^5 \,\mathrm{km} \tag{8.5.14}$$

となる。実際の土星のリングはメインリングと呼ばれるものが土星中心から約13万7000 km程度まで広がっていて、さらに遠方には薄いリングが20万km程度まで広がっている。

中性子星とブラックホール

前章までで見たように、電波による観測は惑星系の形成の理解に大きな進展をもたらした。そのほかにも銀河の観測や宇宙初期の観測など電波によって多くの情報がもたらされている。電波は可視光よりも波長の長い電磁波であるが、反対に可視光よりも波長が短い、すなわちエネルギーが高い電磁波を観測することで、宇宙の中で起こっている激しい爆発のような高エネルギー現象を研究する**高エネルギー天文学**も 20 世紀後半から本格的に始まった。そして高エネルギー天文学の主役は、中性子星、ブラックホールである。これらは太陽質量の 8 倍程度以上の重たい星の最後の大爆発（超新星）ののちに残される天体である。超新星については次章で述べることにして、この章では中性子星とブラックホールを取り上げる。

9.1 縮退圧とチャンドラセカール限界質量

中性子星とブラックホールを理解するために、まずこれらの天体の重力がどのくらい強いかを見てみよう。天体の重力の強さは、脱出速度で評価することができる。脱出速度とは、その速度で真上に投げれば天体の重力を振り切って無限のかなたに飛び出していく速度である。重力は、天体の大きさが小さく、質量が大きいほど強くなる。地球の脱出速度は 11.2 $\mathrm{km\,s^{-1}}$ である。太陽の脱出速度は秒速約 617.5 $\mathrm{km\,s^{-1}}$ である。太陽の質量程度で地球程度の大きさである白色矮星となると、その脱出速度は 7000 $\mathrm{km\,s^{-1}}$ を超える。宇宙にはもっと強い重力を持った天体がある。それが中性子星とブラックホールである。中性子星は質量が太陽質量程度で、その大きさは半径 10 km 程度にすぎない。その脱出速度は 10

万 $\mathrm{km\,s^{-1}}$ 程度であり、光速度の 3 分の 1 を超える。そしてブラックホールの脱出速度は 30 万 $\mathrm{km\,s^{-1}}$、すなわち光速度となる。ブラックホールの表面からは光ですら逃げ出せない。

中性子星やブラックホールにはこのような強い重力が常に内向きに働いている。そんな強い重力を支える外向きの力がなければ、天体は自由落下時間（第 5 章 5.2 節参照）で潰れてしまう。中性子星の自由落下時間は 1000 分の 1 秒程度である。したがって中性子星が存在するには、重力に対抗できる強い圧力が必要であることが分かる。

白色矮星は中性子星ほどではないが同様に重力が強い。そしてその重力を支えているのは、第 6 章 6.3 節で触れた電子の縮退圧であった。中性子星も同様に縮退圧で支えられているが、中性子星はほぼ中性子だけからできているので、電子は存在しない。中性子星においては縮退しているのは中性子である。中性子は電子より約 2000 倍も重く、しかも電子と違って電荷を持っていないので、まったく性質が違っているが、1 つ共通の性質がある。それはスピンの大きさが同じということである。スピンというのは電子や中性子、光子などのミクロな粒子に固有の性質で、あえていえば粒子の自転に対応する。ただしミクロな粒子の場合は自転の速さ（スピンの大きさ）は適当な単位で、$0, 1, 2, \ldots$ の整数値か、$1/2, 3/2, 5/2, \ldots$ の半整数値しかとることができない。前者を**ボソン**、後者を**フェルミオン**という。電子も中性子もフェルミオンなのである。そしてフェルミオンはパウリの排他原理に従う。このため同一のフェルミオンの集団を小さな領域に閉じ込めると、縮退が起こる。すなわち、ある決まったエネルギーの状態になるフェルミオンは 2 つだけしか許されなくなり、フェルミオンはエネルギーの低い状態から粒子数で決まる最大エネルギー状態までをとる。このときの最大エネルギーをフェルミエネルギーという。フェルミエネルギーを持ったフェルミオンは熱運動よりも激しい運動をするので大きな圧力を及ぼす。これが縮退圧である。

1926 年頃には白色矮星が電子の縮退圧で支えられていることが知られていたが、インドの天体物理学者スブラマニアン・チャンドラセカール（1910〜1995）は 1930 年頃に、相対性理論を適用すると電子の運動の速度が光速度を超えないため縮退圧で支えられる質量に限界があることを示した。この質量を、**チャンドラセカール限界質量**という。その値は縮退しているフェルミオンの種類にはよらず、電子であっても中性子であっても同程度で、回転していない場合は太陽質量の約 1.4 倍となる。実際の星は自転しているため遠心力があり、また星の中は純粋に 1 つの種類のフェルミオンだけでは限界質量の値は太陽質量の数倍程度である。チャンドラセカール限界質量以上の質量を持った中性子星を支えるすべはなく、自由落下時間で潰れてしまう。潰れた結果できるのがブラックホールである。

9.2 パルサーと中性子星

陽子とほぼ同じ質量を持ち電荷を持たない中性子は、1932 年にイギリスの物理学者ジェームス・チャドウィック（1891～1974）によって発見され、その直後に原子核が陽子と中性子からできているというモデルが提案された。さらにその翌年にはスイスの天文学者フリッツ・ツビッキー（1898～1974）とドイツの天文学者ウォルター・バーデ（1893～1963）が、中性子だけからできた星である**中性子星**が超新星爆発によってできると予言した。驚くべきことに中性子が発見される少し前にソビエト連邦の物理学者レフ・ランダウ（1908～1968）が巨大な原子核として中性子星の可能性について論じていたことが知られている。チャドウィックの発見以前に、陽子と同じ質量を持った中性子の粒子が存在することは 1929 年頃には議論されていたのである。

理論的な予想であった中性子星が実際に宇宙に存在することが分かったのは、偶然の発見であった。1967 年、イギリスのアントニー・ヒューイッシュ（1924～2021）は当時大学院生だったジョスリン・ベルと共に、電波観測において太陽風（第 3 章 3.3.2 節を参照）が宇宙電波に与える影響を調べていた。その過程でベルは、正確に 1.337 秒ごとの周期を持った電波を受信した。当初、そのような規則正しい短周期の電波源は知られておらず、そのため発見当初は宇宙文明からの信号の可能性さえ検討された。しかし、すぐに 2 番目の同じような短周期の規則正しい電波が観測され、その後も同様な発見が続いたため自然現象であることが明らかになり、**パルサー**と呼ばれるようになった。

パルサーの周期は 1 秒程度と短いことから、非常に小さな天体の回転に付随する現象であることが推測できる。これは次のように考えると納得できる。回転による遠心力と質量による重力が釣り合っている半径 R、質量 M の球状の天体を考える。

$$\frac{v^2}{R} = \frac{GM}{R^2} \tag{9.2.1}$$

ただし、この天体の表面の回転速度を V とした。一方で回転の周期は $T = 2\pi RV$ と書けるから、次式が得られる。

$$T = 2\pi\sqrt{\frac{R^3}{GM}} \tag{9.2.2}$$

この式が与える具体的な数値を見やすくするために、質量を太陽質量で、半径を 1000 km で次のように規格化する。

$$T \simeq 0.26\left(\frac{M}{M_\odot}\right)^{-1/2}\left(\frac{R}{1000\ \mathrm{km}}\right)^{3/2} \text{秒} \tag{9.2.3}$$

上の式は、太陽質量と同じ質量を持ち、半径が 1000 km の天体の自転周期は、0.26 秒であることを表している。白色矮星の典型的な値である $M = 0.6M_\odot$, $R = 8000\ \mathrm{km}$ を代入すると $T \simeq 9$ 秒となって、観測されているパルサーの周期よりも長くなってしまう。したがってパルサーは白色矮星ではありえない。より短い周期を得るには星の半径を小さくすればよいことが上の式から分かる。

また星が収縮する場合、角運動量の保存から回転が速くなるように磁場も強くなる（正確には磁束の保存）。太陽は 10^3 G 程度の磁場を持っているので、単純に考えると大きさが 1000 分の 1 になると 10^6 G、中性子星の大きさまで収縮すると 10^9 G 程度となるが、磁場を持った天体が回転するとさらに磁場が強くなるため、中性子星は 10^{12} G 程度の磁場を持っている。こうして中性子星は高速で回転する強い磁場を持った天体となる。このことから、パルサーのメカニズムとして次のような描像が考えられている。

中性子星の周りには電子や陽子のような荷電粒子の集団（プラズマ）が取り巻いていて、中性子星の回転によって磁力線がプラズマを横切ることで大きな起電力が発生し、荷電粒子は光速度に近い速度まで加速される。荷電粒子は磁力線に沿って運動しながら磁力線方向にガンマ線を放射する。このガンマ線は周りの光子や磁場と衝突することで電子–陽電子対をつくり、さらにそれらが強い磁場の影響を受けてガンマ線を出し、そのガンマ線がまた電子–陽電子対をつくる。このようにして電子と陽電子がなだれ的に増殖し、その一部はパルサー風と呼ばれるプラズマの流れとして周囲に吹き出している。また大量の電子、あるいは陽電子（磁極が N 極か S 極によって違う）が磁極方向に流れ込むことで、極の上空で電磁波が発生し、ビーム状に極軸方向に放射される。磁極軸（N 極と S 極を結ぶ軸）

は自転軸と一致しないので、この電磁波ビームは星の自転と共に灯台のように宇宙空間をはく。このビームが地球方向に向くたびに電波パルスとして観測される。これがパルサーである。

9.2.1 ミリ秒パルサー

パルサーの中には 10 ms（ミリ秒）以下の周期を持ったものが多数観測されていて、**ミリ秒パルサー**と呼ばれる。その多くは白色矮星か中性子星の連星である。またミリ秒パルサーの磁場は周期 1 秒程度のパルサーに比べて磁場の強さが 3～4 桁弱いことが観測されている。さらにミリ秒パルサーは球状星団中に多い。球状星団は 100 億年以上の古い天体である。これらのことからミリ秒パルサーは古い中性子星であると考えられている。パルサーの周期、すなわち中性子星の自転周期はパルサー風などの影響によって徐々に遅くなるため、古い中性子星の自転周期は長くなるはずである。

一見、矛盾するミリ秒パルサーの古い中性子星説は、次のように考えられている。自転速度が遅くなった中性子星は電子–陽電子対をつくらなくなり、いったんパルサーではなくなる。しかしその頃までには連星系の相手の星までの距離が近づいていて、強い潮汐力によって相手の星からガスが中性子星に流れ込む。この過程で中性子星の回転を加速する。ミリ秒パルサーで観測されている典型的な磁場の値を仮定すると、1 年間に太陽質量の 1 億分の 1 程度の質量が落ち込むことでミリ秒程度の自転速度まで加速されることが示されている。

9.2.2 マグネター

中性子星の典型的な磁場の強さは 10^{12} G 程度であるが、それより 2～3 桁も強い磁場を持った中性子星がある。このような中性子星は**マグネター**と呼ばれ、X 線やガンマ線を繰り返し爆発的に放射する**軟ガンマ線リピーター**と呼ばれる天体現象を引き起こしている。またマグネターは、X 線のパルスを放出する天体である X 線パルサーとしても観測されている。マグネターの自転周期は 10 秒前後と遅く、そのため通常のパルサーとは違うメカニズムで電磁波放射をする。

超新星爆発直前の星が高速回転、強磁場の場合、重力収縮にできた高速回転している原始中性子性内部全体で対流運動が起こり、そのため磁場がより増幅されてマグネターになると考えられている。またマグネターの電磁波放射メカニズムとして、磁気リコネクションが考えられている。磁気リコネクションは太陽表面の爆発現象であるフレアの原因でもある。お互いに反対方向の磁力線（N 極から S 極に向かう磁場の方向を示す曲線）が出会うと、その出会った部分が消滅して残った磁力線同士がつながり、新たな磁力線ができる。これを磁力線のつなぎ変え（磁気リコネクション）といい、磁力線が消滅したところで磁場のエネルギーが解放されて大きなエネルギーが発生する。マグネターの磁場は太陽表面の磁場に比べて桁違いに大きく、そのため磁気リコネクションによる大規模な爆発現象が起こると考えられている。

9.2.3 中性子星の構造

中性子星は中性子の塊ではあるが、その構造はそれほど単純ではなく、またまだよく分かっていないことも多い。9.1 節で述べたように、中性子星にはチャンドラセカール限界質量で決まる最大質量がある。その具体的な値は、自転の効果や中性子内部での核力の影響など未解決の問題があり、よく分かっていない。

中性子の構造は外側から表面層、クラストそしてコアに分かれる。一番外の表面層は縮退した電子ガスの中に鉄とニッケルの原子核が格子状に並んだ固体になっている。クラストは 2 つに分かれ、外部クラストは原子核中の陽子の一部が電子を吸収して中性子に変わった中性子過剰核が主になり、内部クラストでは原子核からこぼれ落ちてできた中性子の海に原子核が格子状に並んで浮かんでいるが、このとき中性子だけからなる「中性子物質」と陽子・中性子からなる「原子核物質」とが、ひも状や板状に分かれた状態になっていると考えられている。この状態は**原子核パスタ**と呼ばれている。さらに内側のコアも内部コアと外部コアに分かれている。外部コアはほとんどの原子核が溶けて中性子になった中性子物質である。そして 2 つの中性子がペアをつくってボソン的に振る舞うことで、超流動状態（摩擦がない状態）になっている。さらに内側は密度が原子核の 2〜3 倍となり、まったく未知の状態が出現していると考えられている。実はこの内部コアの状態はよく分かっていない。中性子はダウンクォーク 2 つとアップクォーク 1 つからでてきているが、このような高密度ではクォーク–反クォーク対ができたり、パイ中間子ができたり、ストレンジクォークと呼ばれるもう 1 種類のクォークが現れ、それを含んだ新たな原子核であるハイパー核ができたり、クォークが単独で存在するなどさまざまな可能性が指摘されている。

9.3 ブラックホール

次章で詳しく説明するが、太陽質量の 30 倍程度以上の星が最後に超新星爆発を起こすと、その中心部が重力崩壊して、中心にできる原始中性子星の質量はチャンドラセカール限界質量を超える。そのため重力崩壊は止まることがなく完全につぶれてしまう。その結果、できるのが**ブラックホール**である。

ブラックホールの表面では脱出速度が光の速度となるということは、ブラックホール表面から外向きに出した光がそこで止まっているということである。これは外向きの光がブラックホールの重力によって内向きに引きずられる結果と考えることができる。あるいは、空間自体が内向きにブラックホールに落下していると考えることもできる。光はあくまでも空間に対して光速度で進んでいるが、空間自体がブラックホールへ落下しているため、内向きに落下している空間で外向きに光を出すため、ブラックホールの遠くにいる人から見ると、ブラックホールの近くでは外向きに出した光の速度が遅くなり、ブラックホールの表面では外向きに出した光がそこで止まっているように見えるのである。「見える」と書いたが、「見る」とは外部の観測者がそこから出た光を受け取ることである。したがって、光が受け取られない以上、観測者はブラックホールの表面を決して見ることはできない。ブラックホール（黒い穴）という名前は光が受け取られないことを「黒い」という言葉で表している。

ブラックホールの内側では、外向きに出した光すら内向きに進んでしまう。どんな運動も光速度を超えることはできないので、いったんブラックホールに飲み込まれると際限なく内向きに落下する。したがってブラックホールの中に物質が詰まっているということはなく、空っぽの空間である。ブラックホールの表面は、内側への一方通行の面であり、内側からは何の情報も出てくることはできず決して観測できないことから、**事象の地平面**とも呼ばれる。「事象」とは、出来事という意味である。

ブラックホールを正しく理解するためには、一般相対性理論が必要であるが、回転していない球対称のブラックホールの場合、その表面の半径はニュートン重力によって次のような考察から正しく計算される。質量 M の天体へ無限遠方から質量 m の質点がまっすぐに落下するとしよう。この粒子は運動エネルギーと重力による位置エネルギーを持っている。全エネルギー E はそれらの和であり、次のように書くことができる。全エネルギー E は保存する。

$$E = \frac{1}{2}mv^2 - \frac{GMm}{r} \tag{9.3.1}$$

右辺の第1項は運動エネルギー、第2項は位置エネルギーである。ここでvは質点が天体から距離rにあるときの速度である。Gは重力定数で、

$$G = 6.6743 \times 10^{-11}\,\mathrm{m^3\,kg^{-1}\,s^{-2}} \tag{9.3.2}$$

である。無限遠方（$r = \infty$）では粒子は静止しているとすると、そこで右辺の2つの項はそれぞれ0であるから、全エネルギーも0となる。全エネルギーEが保存するので、この量は常に0となる。上の(9.3.1)式で$E = 0$とすると、原点からの距離rでの落下速度が次のように得られる。

$$v = \sqrt{\frac{2GM}{r}} \tag{9.3.3}$$

この落下速度が光速度cになる距離r_Gは、$v = c$とおくことによって次のように得られる。

$$r_G = \frac{2GM}{c^2} \simeq 3\left(\frac{M}{M_\odot}\right)\,\mathrm{km} \tag{9.3.4}$$

$M_\odot = 2 \times 10^{30}\,\mathrm{kg}$は太陽の質量である。したがって太陽質量と同じ質量のブラックホールの半径は3 kmとなる。また第11章11.3.1節で述べるように、我々の銀河系の中心には太陽質量の約400万倍という大質量のブラックホールが存在する。このブラックホールに上の公式を当てはめれば、その半径は約1200万kmとなる。太陽に最も近い水星の公転軌道半径が約5800万kmであることを考えると、質量に比べていかに小さな天体であるかが分かる。

以上のように求めた半径は、一般相対性理論を用いて導いた球対称ブラックホールの半径に等しく、**重力半径**、あるいは**シュワルツシルド半径**と呼ばれる。この名称は、一般相対性理論の基礎方程式であるアインシュタイン方程式を解いて球対称ブラックホール時空を表す解を求めた天文学者カール・シュワルツシルド（1873〜1916）に由来する。

最小安定円軌道と不安定最小円軌道

ブラックホールの表面の半径はニュートン重力で正しく導かれるが、ニュート

ン重力ではまったく理解できないこともある。その1つの例としてブラックホール周りの安定な円軌道がある。安定な円軌道というのは、重力と遠心力が釣り合うことで、加速することなく回り続けられる円軌道のことである。ニュートンの重力理論では、天体からどんな距離でも安定な円軌道が存在する。天体との距離が短いほど天体からの重力は強くなるが、ニュートン理論ではいくらでも速い速度で回転することができるため遠心力と釣り合うことができるのである。一方、相対性理論では速度は光の速度を超えないことと事象の地平面の存在のため、安定な円軌道には最小の半径があり、それより小さな安定な円軌道は存在しない。シュワルツシルドブラックホールの場合、**最小安定円軌道**の半径はブラックホールの表面の半径の3倍となる。したがって、たとえば太陽質量のブラックホールの場合、表面の半径は3 km となるので、ブラックホールから9 km 以内に安定な円軌道は存在しない。9.4節で述べる回転しているブラックホールの場合、周りを回転する粒子がブラックホールの回転方向と同じ方向か逆方向かで最小安定軌道半径は異なっており、同方向の場合には半径は表面半径の3倍より小さく、逆方向なら3倍より大きくなる。

最小安定軌道の存在から、ブラックホールの周りにできる円盤（次章で述べる降着円盤）には内縁があり、その半径が最小安定軌道半径であることが分かる。

ブラックホールの周りの光の運動ではそもそも安定な円軌道は存在しない。ただし不安定な円軌道は存在し、そのブラックホール半径の1.5倍である。光は一瞬この半径の円軌道を描くが、ブラックホールに落下するか、無限遠方に飛び去って行く。したがって、この半径以内に飛び込んだ光はブラックホールに吸い込まれ、この半径以上の距離をかすめて飛ぶ光は曲がって無限のかなたに飛び去って行く。明るい背景の前にブラックホールがあると、ブラックホールはこの不安定円軌道の半径の黒い穴として観測される。これはブラックホールシャドウと呼ばれており、実際にM87銀河中心に存在する太陽質量の65億倍のブラックホールや、我々の銀河系中心にある太陽質量の400万倍のブラックホールに対してブラックホールシャドウが観測されている（**図9.1**）。

参考として、質量 M の天体を最接近距離 R で通過する光の曲がりの角度 α は以下で与えられる（ただし、曲がりの角度 α がごく小さい場合）。

$$\alpha = \frac{4GM}{c^2R} \simeq \frac{6\,\mathrm{km}}{R\,(\mathrm{km})}\left(\frac{M}{M_\odot}\right) \simeq 1.74\left(\frac{R_\odot}{R}\right)\left(\frac{M}{M_\odot}\right) \text{秒角} \qquad (9.3.5)$$

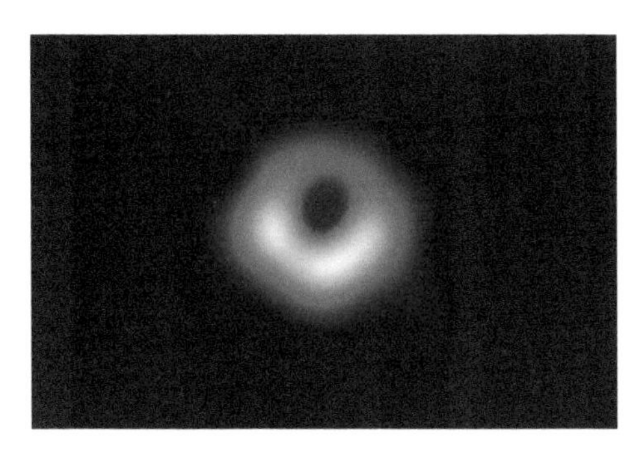

図 9.1　M87 のブラックホールシャドウ（EHT Collaboration）

重力が光を曲げる効果を**重力レンズ**といい、ニュートン重力で計算すると曲がりの角度はちょうどこの半分となる。この差は一般相対性理論では重力による空間の曲がりという効果があるためである。

9.3.1 ブラックホール表面付近での時間の流れ

ブラックホールの周りで時間は不思議なふるまいをする。そのことを理解するために、ブラックホールの遠くにある母船から、探査機を静かに切り離し、ブラックホールの中心に向かって一直線に落下させたとしよう。探査機は母船に向かって、ある一定の振動数の電磁波で信号を 1 時間ごとに送るようにプログラムされているとする。*1

最初のうち、母船は探査機から送られてきた電磁波を 1 時間ごとに受け取る。探査機がだんだんブラックホールに近づくと、母船に乗っている宇宙飛行士は不思議なことに気がつく。探査機は 1 時間ごとに信号を送るようにプログラムされているのに、受け取る間隔が 1 時間以上になっているのである。探査機がブラックホールに近づけば近づくほどその受け取る信号の間隔は長くなり、探査機での 1 時間の間隔がどんどん長くなり、それと同時に受け取る波長もどんどん伸びていく。こうして探査機がブラックホールに近づく速度がどんどん遅くなり、さらに探査機がどんどん暗くなって見える。母船にいる宇宙飛行士にとって探査機はいつまで待ってもブラックホールの表面にはたどり着くことはない。ところが探査機はあっという間にブラックホールの事象の地平面を通り抜けている。探査機

*1　ここでは探査機が信号を送るときには一瞬静止すると仮定する。これは、動いている探査機が電磁波を出すとするとその影響がドップラー効果として現れるので、話が面倒になるのを防ぐためである。

にとっての一瞬が母船にとっては無限の時間に対応する。

このことは、ブラックホールの近くでは外向きに出した光の速度が遅くなること、表面では止まってしまうことから理解できるので、考えてみてほしい。詳しい計算は省くが、ブラックホールの近くでの時間間隔 $\Delta\tau$ とブラックホールから遠く離れた観測者の時間間隔 Δt の間には次の関係がある。

$$\Delta t = \frac{\Delta\tau}{\sqrt{1-\frac{2GM}{c^2 r}}} \simeq \frac{\Delta\tau}{\sqrt{1-\left(\frac{3\,\mathrm{km}}{r}\right)\left(\frac{M}{M_\odot}\right)}} \tag{9.3.6}$$

M はブラックホールの質量、r はブラックホールからの距離である。したがって、たとえば太陽質量と同じ質量のブラックホールから 30 km 離れた位置での 1 時間は、無限遠方では 1 時間 3 分ほどに対応するが、4 km まで近づくと 2 時間に伸び、3.5 km だと 2 時間 39 分、3.1 km だと 5 時間半というように時間の差は長くなり、3 km でその差は無限大となる。

9.3.2 ブラックホールの中は？

ブラックホールに落下した物体はどうなってしまうのだろう。ここまで考えている球対称ブラックホールの場合は、中心の 1 点に向かって際限なく落下していく。落下するにつれて落下物体の先頭部分に働く重力が後方部分に働く重力よりも強くなるので、物体はどんどん細長く引き伸ばされる。このような場所によって重力の強さや方向が違うことが原因の力を潮汐力という。中心に近づけば近づくほど潮汐力が大きくなって物体は引き伸ばされ、最後にはばらばらにちぎれてしまう。物質は素粒子のレベルにまで分解されてしまうだろう。それでも中心への落下は止まることなく無限に小さく潰れてしまう。このような状況を**特異点**が発生するという。特異点では物質ばかりでなく時間も空間も無限に押しつぶされ、現在の物理学では扱うことができない状況となる。

このような特異点の発生は球対称の重力崩壊ばかりでなく、次節で触れる回転のある場合にも、いったん外向きに出した光が内向きに進むような状況となった場合は物質のエネルギーが正であるなどというもっともらしい条件の下では必ず起こることが知られている。これは**特異点定理**と呼ばれており、1960 年代前半にイギリスの数学者ロジャー・ペンローズによって証明された。ペンローズはこの業績により 2020 年ノーベル物理学賞を受賞している。

9.4 回転しているブラックホール

ブラックホールは大質量星の重力崩壊によって形成されるが、星は自転しているので、できたブラックホールも当然自転している。回転しているブラックホールを表すアインシュタイン方程式の解は、1963年にニュージーランドの数学者ロイ・カーによって発見されたので、カーブラックホールと呼ばれる。カーブラックホールの特徴は、事象の地平面の外側に**静止限界面**があることである。これはブラックホールの回転に空間が引きずられてブラックホールの回転と同じ方向に回ることから現れる。この現象は**慣性系の引きずり**と呼ばれ、ニュートン重力にはない一般相対性理論の特徴である。

慣性系の引きずりによって、遠くからブラックホールに向かってまっすぐに物体を落下させたとしても、ブラックホールに近づくにつれて物体の速度にブラックホールの回転方向の速度成分が出てくる。このため次式*2で定義される面の内側では、無限遠方から観測する人に対して静止している状態が存在しなくなる。

$$r_S = M + \sqrt{M^2 - a^2 \cos^2 \theta} \tag{9.4.1}$$

ここでθは赤道面を90度としてブラックホールの回転軸から測った角度である。またaはブラックホールの回転を表すパラメータ（正確には単位質量当たりの角運動量）であり、$a = 0$の場合が球対称シュワルツシルドブラックホールとなる。ルートの中が負にならないために、このパラメータには$a \leq M$という制限がある。地平面は次の式で表される。

$$r_H = M + \sqrt{M^2 - a^2} \tag{9.4.2}$$

地平面と静止限界面で囲まれた領域をエルゴ領域という。

9.4.1 ペンローズ過程

ブラックホールに落下した物体はどんなものであれ二度と外に戻ることはできない。したがってブラックホールの中からエネルギーを取り出すこともできない。

*2 (9.4.1), (9.4.2) 式では長さ r と質量 M が等号で結ばれており、一見奇妙に見えるかもしれないが、これは $c = 1, G = 1$ とおく幾何単位系のためである。この記法は相対性理論の理論的な記述でよく採用される。詳細な議論は本書のレベルを超えるため、相対性理論の教科書を参照してほしい。

しかしカーブラックホールの場合、エルゴ領域の存在のため、ブラックホールの回転エネルギーを外に取り出すことができる。

その具体的な方法はペンローズによって考案された。物体をブラックホールに落下させるときにエルゴ領域内で分裂させ、一方を適切に地平面内に落下させると、他方が入射した以上のエネルギーを持って飛び出してくることが示される。これをペンローズ過程という。

ペンローズ過程は回転エネルギーを取り出す1つの方法であるが、一般にカーブラックホールでは最大でその静止質量の 30％ のエネルギーを取り出すことができることが示される。

高エネルギー天文学

1950年代以降の電波天文学の発展によって、可視光とはまったく違った宇宙が現れた。さらに1970年代、X線天文学の登場によって人類は想像を絶する宇宙の新たな姿を目の当たりにすることになり、高エネルギー天文学という新たな分野が生まれた。

X線は可視光よりも数千分の1以上短い波長（波長の範囲0.001〜10 nm）を持った電磁波で、仮に黒体放射とすると、3000万K以上もの温度を持つ黒体からしか放射されない。最も高温の恒星の表面温度でも10万K程度であり、1960年代まで宇宙にはX線を放射するような高温の天体が存在するとは考えられていなかった。そのような状況で、第1章1.6.3節で触れたように、イタリアの天体物理学者ブルーノ・ロッシは「自然は人間の想像を超えている」として宇宙からのX線検出を目的に小さなガイガー計数管を載せたロケットを大気圏外に打ち上げ、強いX線源を発見し、X線天文学の扉を開いた。その後の観測で、無数といってよいほど多くのX線天体、さらにエネルギーの高いガンマ線天体が発見されている。宇宙には想像を絶する高エネルギーを放出している天体が存在し、激しい天体現象が起こっていることが明らかになったのである。

10.1 Ia型超新星

前章9.1節で述べたように、白色矮星は質量が増えチャンドラセカール限界質量に近づくと、重力が強くなって半径が小さくなる。その結果、密度が非常に大きくなるため、温度がそれほど高くなくてもさまざまな核融合反応が起こる。特に$0.46M_{\odot}$から$1.07M_{\odot}$の質量の白色矮星の場合、連星系での相棒の星からの質量降着などで密度が 10^{10} g cm^{-3} を超えると炭素原子核同士の核融合反応が暴走し、数秒で数十億 K という温度に達し星全体を吹き飛ばす爆発となる。これを **Ia 型超新星**という。超新星の種類については 10.2 節で後述するが、最大光度の付近のスペクトルに水素線（輝線や吸収線）が観測されないものを I 型、水素の吸収線が観測されるものを II 型という。I 型の中で特に最大光度付近でのスペクトルに青方偏移（近づく光源からの光が短波長側にずれて観測されること）したケイ素の吸収線（静止系での波長 635.5 nm）が見られるものを Ia 型という。一方で $1.07M_\odot$ 以上の白色矮星は密度が上がると電子のフェルミエネルギーが大きくなり、陽子に吸収されて陽子が中性子にどんどん変わっている。そのため圧力の原因である電子が減るので重力収縮が進み、白色矮星はつぶれて中性子星になる。

Ia 型超新星に至るプロセスには 2 つのシナリオが考えられている。いずれももともとの状態は低・中質量の星の連星系である。1 つは連星系の 1 つが白色矮星となった状態で、もう一方の星の外層からガスが白色矮星に流れ込み、白色矮星の質量がチャンドラセカール限界質量程度まで増えて爆発が起こる。もう 1 つは連星の 2 つともが白色矮星となり、重力波を放射しながらだんだん距離を縮め、最後に激しく合体して爆発が起こる。この場合の爆発時の質量はチャンドラセカール限界質量以下と考えられている。いずれも中心部の炭素の暴走的核融合で鉄が合成され、核融合が急速に外側へと伝播していく。外側に行くほど温度が下がるので、星の中間部分ではケイ素までしか合成されない。こうしてスペクトルにケイ素の吸収線が現れる。スペクトル線の青方偏移の測定によると、爆発で放出された物質の速度は 5000 km s^{-1} 程度で、2 万 km s^{-1} を超えるものも観測されている。最大光度後に観測される光度変化は ^{56}Ni から ^{56}Co、そして ^{56}Fe への崩壊で放出される電磁放射によって良く説明される。また宇宙に存在する鉄は Ia 型超新星の結果である。1 つの Ia 型超新星によって太陽質量程度の鉄が宇宙空間にばらまかれる。そしてこの鉄は惑星の材料であり、また酸素と結びついてヘモグロビンとして生体内に酸素を運ぶことでエネルギー源となって生命を飛躍的に進化させ、そして鉄製の農具によって文明の発展が促されたのである。我々が今こうしていられるのは、宇宙の中でさまざまな要因が複雑に絡み合った結果であるが、その中でも Ia 型超新星が重要な役割を果たしている。

天文学において Ia 型超新星が重要な理由の 1 つは、それが標準光源だからである。標準光源とは絶対的な明るさが分かっている天体で、その見かけの明るさとの差から距離が推定できるものである（第 13 章 13.1 節参照）。Ia 型超新星は爆発後 20 日程度で明るさが絶対等級 –19.3 等程度（太陽の約 50 億倍）に達し、1 ヵ月前後で 3 等ほど減光し、その後は 100 日当たり 1 等ほどのペースで減光していく。この最大の絶対等級やスペクトルの超新星ごとのばらつきが非常に少ないため、標準光源として宇宙の距離測定に利用されている。

10.2 重たい星の最後と超新星爆発

太陽質量よりも 8 倍程度以上重たい星の最後は、中心部が重力崩壊を起こして超新星爆発に至る。質量が $10M_\odot$ 程度以下の星は中心部で酸素、ネオン、マグネシウムをつくった段階で核融合反応が終わり、縮退したそれらの原子核のコアができる。その質量は周りの反応によって増加し、チャンドラセカール限界質量近くまで増えていく。すると電子のフェルミエネルギーが大きくなることにより、陽子が電子を吸い込んで中性子とニュートリノに変わる。以下、ニュートリノは電子ニュートリノのことである。したがって、たとえば

$$^{24}\mathrm{Mg} + \mathrm{e}^- \rightarrow {}^{24}\mathrm{Na} + \nu_\mathrm{e} \tag{10.2.1}$$

などの反応が起こり、圧力の原因であった電子が減って、中心部のコアは自分自身の重さを支えることができず、またニュートリノ ν_e がエネルギーを持ち出すことで重力崩壊を起こす。

一方、質量が $10M_\odot$ 以上の星では核反応は最も安定な鉄の原子核をつくるまで進み、質量が $1 \sim 2M_\odot$ 程度の電子の縮退圧と熱圧力で支えられた鉄のコアができる。高温の鉄のコアからはさまざまな反応で生成されたニュートリノがエネルギーを持ち去るため、鉄のコアは重力収縮して高温になる。すると大きなエネルギーを持った光子が 0.1 秒程度の短時間でコア中心部の鉄の原子核をヘリウム原子核と中性子に分解する、鉄の**光分解**と呼ばれる反応が起こる。さらに収縮が進むとヘリウム原子核は核子（陽子と中性子）に分解され、最終的に中心部には自由な核子だけとなる。この分解には莫大なエネルギーが使われるので鉄のコアは冷えて圧力を失い、急激に収縮する。中心部の陽子は次の反応で電子を吸収して中性子とニュートリノに変わる。

$$\mathrm{p} + \mathrm{e}^- \rightarrow \mathrm{n} + \nu_\mathrm{e} \tag{10.2.2}$$

これを逆ベータ崩壊、あるいは陽子の電子捕獲という。こうして縮退圧の担い手であった電子も減っていくことも重力収縮に拍車をかけ、鉄のコアの中心部は重力収縮すると同時に中性子化する。

中心部の重力崩壊が進み密度が $10^{11}\,\mathrm{g\,cm^{-1}}$ を超えると、相互作用が弱いニュートリノさえも核子と頻繁に衝突するようになり、ある半径の領域からわずかしか漏れ出さなくなる。この現象をニュートリノトラッピングといい、この領域は半径 10 km 程度でその表面を**ニュートリノ球**という。このときニュートリノ球のさらに内側ではニュートリノの縮退によって陽子の電子捕獲によるニュートリノ放出が抑制され、また次のような電子捕獲の逆反応も起こる。

$$\mathrm{n} + \nu_{\mathrm{e}} \to \mathrm{p} + \mathrm{e}^{-} \tag{10.2.3}$$

こうして、それまで 9 割程度を占めていた中心部の中性子は 7 割程度まで減って、(10.2.2) 式の反応と (10.2.3) 式の反応が平衡に達し、コア中心部は収縮にブレーキがかかる。そして中心部の密度が原子核密度（$\sim 10^{14}\,\mathrm{g\,cm^{-3}}$）程度になると中性子同士の核力で強い反発力が働き、コア中心部は急激に収縮を止める。一方、鉄の原子核でできたコアの外側は収縮を続け、中心にできた原始中性子星表面と激しく衝突し衝撃波が発生する。衝撃波はニュートリノ球の内側で形成され、10 ns 程度でニュートリノ球に達する。すると閉じ込められていたニュートリノが一挙に放出される**ニュートリノバースト**という現象が起こる。この現象は陽子の電子捕獲による中性化を伴うので**中性化バースト**とも呼ばれる。

衝撃波がコアを通過すると物質は圧縮されて加熱されることにより、鉄を光分解してエネルギーを失うため、衝撃波は中心から 100〜200 km で失速する。衝撃波が通過してきたコアの外部は中心部に降り積もり、ほぼニュートリノ球の大きさを持った星が誕生する。これを**原始中性子星**という。コア中心部は半径 1000 km 程度から 10 km 程度まで収縮することで 10^{53} erg 程度の重力エネルギーを得るが、衝撃波はそのうちの 5×10^{51} erg 程度のエネルギーを持ち、残りは原始中性子星の内部エネルギーとなる。この内部エネルギーは 10 秒程度で内部のニュートリノが抜けていくことで減っていき、同時に陽子の電子捕獲が進み、中性子が全体の 90 % を占め、その縮退圧で支えられた中性子星ができる。1978 年、日本のニュートリノ観測装置カミオカンデは大マゼラン雲に出現した超新星でできた原始中性子星からのニュートリノ（正確には電子型反ニュートリノ）11 個を約 12

秒間にわたって検出し、このシナリオが正しいことを確認した。

衝撃波はコアを抜け出す前に失速するが、近年のスーパーコンピュータによるシミュレーションによると、状況によっては原始中性子星から放出されたニュートリノのごく一部が衝撃波直後の物質に吸収され加熱することで、衝撃波を生き返らせ、その衝撃波がコアを抜け出して星の外層を吹き飛ばすことが示されている。この星の中心部のコアの重力崩壊によって引き起こされる超新星を**重力崩壊型超新星**、あるいは**II 型超新星**という。原始中性子星がチャンドラセカール限界質量以下の場合は、超新星の後に中性子星が残される。チャンドラセカール限界質量以上の場合は、中性子の縮退圧でも自分自身を支えることができず原始中性子星は再度重力崩壊を起こしブラックホールとなる。

超新星の分類には Ia 型、II 型のほかに Ib 型、Ic 型がある。上にも述べたように Ib 型、Ic 型は共にそのスペクトルに水素の兆候が見られないが、ヘリウムの吸収線が見えるものを Ib 型、ヘリウムの吸収線が見えないものを Ic 型という。これらは共に重力崩壊型であるが、Ib 型は超新星前段階で星風によって一番外側の水素の外層が吹き飛ばされたもの、Ic 型はさらにヘリウムの層も吹き飛ばされたものと考えられている。

10.3 コンパクト天体の周りの高エネルギー現象

宇宙で起きている高エネルギー現象のほとんどに、白色矮星、中性子星、ブラックホールといったコンパクト天体が関係している。そして、そのエネルギーはコンパクト天体の周りに形成される降着円盤と呼ばれる構造から放出される。たとえばコンパクト天体と通常の恒星が連星系で、それらの距離が非常に近い場合（**近接連星系**という）は、コンパクト天体の強い重力によって相手の星の外層のガスを剥ぎ取る。剥ぎ取られたガスの速度はコンパクト天体に対して回転成分を持っているため、まっすぐに落下することはなくコンパクト天体の赤道面付近を周回して円盤状に分布する。この円盤を**降着円盤**と呼ぶ。

降着円盤は内側ほど速く回転するため、動径方向に速度差ができて摩擦によって熱くなる。こうして内側ほど熱く外側に向かってだんだん温度が下がっていく円盤ができ、X 線から電波にわたって広い波長で電磁波を放射する。また摩擦によってガス粒子の回転速度が徐々に遅くなってコンパクト星方向に落下し、最終的に円盤の最内側からコンパクト星に落下する。一般に天体は磁場を持っているので降着円盤の構造や放射のメカニズムにも磁場が重要な影響を与える。特に降着円盤中心部分から円盤面の垂直方向にガスが高速でビーム状に噴き出すジェットの形成には磁場が重要な役割を果たしているが、磁場の構造は複雑なので、ここでは取り上げない。

降着円盤が重力エネルギーを黒体放射として解放すると仮定すると、中心から距離 r での円盤表面の温度は以下で与えられる。

$$T(r) = \left(\frac{GM\dot{m}}{8\pi\sigma}\right)^{1/4} r^{-3/4}$$
$$\simeq 10^7\,\mathrm{K}\left(\frac{\dot{m}}{0.01M_\odot/\mathrm{yr}}\right)^{1/4}\left(\frac{10M_\odot}{M}\right)^{1/2}\left(\frac{r}{3r_g}\right)^{-3/4} \qquad (10.3.1)$$

ここで M はコンパクト星の質量、$\dot{m}$ は降着率、$r_g = 2GM/c^2 = 3\,\mathrm{km}\,(M/M_\odot)$ は重力半径である。$3r_g$ で距離を規格化したのは、球対称ブラックホールの場合にはこの半径が最小安定円軌道（第 9 章 9.3 節参照）であり、降着円盤の内端の半径となるからである。こうして太陽質量程度の中性子星やブラックホールの周りの降着円盤の内側の温度は、X 線を放射するほど十分に熱くなる。銀河系内で観測される強い X 線源の多くは、中性子星やブラックホール周りの降着円盤からの放射である。このような定常的な X 源のほかにも、ある時間の間だけバースト的に高エネルギー電磁波を放射する現象も多く起こっている。この節では以下、その一部を取り上げる。

10.3.1 新星

白色矮星と普通の星の近接連星系で起こる数秒から数年の時間で明るさが激しく変動する天体を**新星**という。多くの場合、コンパクト星の相手が太陽よりも質量の小さな主系列星で、その間隔は 1000〜1 万 km 程度、軌道周期は 1〜9 時間程度である。ガスが落下して白色矮星表面に降り積もると高温、高密度となり核反応が暴走することで、急激に明るさが増加する。その増光率は降り積もるガス量や白色矮星の大きさにもよるが、最大では 1 億倍（等級にして 20 等級）にも明るくなるものもある。

核暴走は繰り返し起こるが、その周期は表面に十分な量が溜まるまでの期間であり、数千〜1 万年程度と考えられている。したがって多くの場合、同じ位置では一度しか観測されていないが、2 回目の新星爆発が観測されているものもある。

これを再帰新星というが、再帰新星の相手の星は赤色巨星である。赤色巨星は、その表面の重力的な束縛が弱く白色矮星への降着率が大きいため、比較的短時間で核暴走に必要な水素が白色矮星に溜まるので、新星爆発の間隔が短くなるのである。

10.3.2 X線バースト

数時間から1日程度の間隔で数秒から数十秒の間、X線で爆発的に輝く天体現象を**X線バースト**という。爆発時の温度は2000万〜3000万K、1回のバーストで放出されるエネルギーは10^{39} erg程度となる。太陽の光度は1秒間に3.85×10^{33} ergであるから、バースト中では太陽の数万倍程度のエネルギーをX線で放射することになる。

中性子星周りの降着円盤では、中性子星表面のすぐ近くまで円盤が存在するが、そこでの温度は1000万K程度にまで熱くなり、対応する温度の黒体放射を放射する。さらに中性子星表面に落下したガスは積み重なり、圧縮されて高温になり暴走的に核融合反応を起こす。これがX線バーストとして観測される。中性子星は白色矮星よりも数百分の1と小さくそれだけ重力が強く温度が高くなり、X線が放射される。核融合反応では水素1 kg当たり10^{21} ergのエネルギーが解放される。したがって1回のX線バーストで10^{18} kg程度の降着物質が消費されたことになる。

10.3.3 ガンマ線バースト

ガンマ線バーストとは、数秒〜数時間のスケールでガンマ線の急激な増光が起こる突発現象である。1967年、アメリカの核実験監視衛星が原因不明の突発的なガンマ線放射を観測した。この衛星は軍事衛星であったので、この発見が公にされたのは1973年のことであった。このとき検出されたガンマ線は数秒で最大の光度になり、その後数十秒で消えていったが、その光度変化が核実験で発生するガンマ線とはまったく違っていたため、宇宙からやってきたものであるとされた。現在、このガンマ線バーストは、「GRB 670702」と呼ばれる。このようにガンマ線バーストには発生した日付で名前が付けられている。

1991年、アメリカがガンマ線バースト（以下、GRBと書く）の観測のためガンマ線衛星を打ち上げた。その結果、GRBが毎日2〜3回起こっていることや、その天球上での分布がランダムであること、さらにバーストの継続時間には、2 秒よりも長いもの（**ロング GRB**）と短いもの（**ショート GRB**）の 2 種類あることが判明した。数としてはロング GRB の方が総数の 70 % を占めている。天球上の分布からガンマ線バーストは銀河系外の遠方宇宙で起こっている現象と考えられたが、それが確定したのは 1997 年に検出された「GRB 970228」に「X 線残光」と呼ばれる現象が発見されたことによる。この残光は X 線で始まり、紫外線、可視光、赤外線、電波と移行して暗くなっていった。残光により長時間の観測が可能になり、ハッブル宇宙望遠鏡の観測でその位置に淡い銀河が発見された。また同年に発生した「GRB 970508」ではその正確な発生位置とスペクトルが測られ、口径 10 m のケック望遠鏡によって対応天体が赤方偏移 0.835（約 60 億光年）にある銀河であることが分かったのである。このことから GRB がすべての方向に等方的に放射されたとすると、放射されるエネルギーは通常の超新星の数百倍にもなり、太陽質量程度の質量がすべてエネルギーにガンマ線に変わったことになる。そのようなメカニズムは知られていないので、ガンマ線は細いビーム状に特定の方向に放射されたものと考えられている。

ロング GRB は若い活発な銀河で起こっていることが多く、また残光のスペクトルはある種の超新星と似ていること、さらに 1998 年に観測された「GRB 980425」の位置に超新星が現れたこと、さらにその超新星が通常のものより 10 倍程度エネルギーが大きい爆発であることや、その後の同様なロング GRB と超新星の関係などから、その正体が超新星であると判明した。ロング GRB は、ブラックホールを形成するような超新星爆発の際に発生する非常に高速なジェットを、それが噴き出す方向から見ているものであると考えられている。

一方でショート GRB は、残光が短く暗いこと以外にも、そのエネルギーがロング GRB に比べて 1 桁程度小さい、発生源の銀河までの距離が比較的近い、さらに古い星が多い楕円銀河などでも観測されているなど、ロング GRB と同じ超新星起源とは考えられていない。実際、残光のスペクトルが超新星とは違っている。ショート GRB の発生源と考えられているのは、中性子星同士、あるいは中性子星とブラックホールの連星系の合体・衝突に付随する爆発現象である。10.4 節で述べるように、2017 年には中性子連星系の合体に伴って放出された重力波が検出され、その 1.7 秒後にショート GRB「GRB 170817」が観測され、ショート GRB の中性子合体説は確からしくなっている。

10.3.4 活動銀河核

ほとんどの銀河の中心には太陽質量の数百万倍から数十億倍の質量を持った巨大ブラックホールが存在する。そのような巨大質量のブラックホールに大量の物質が落下すると、桁違いの高エネルギー現象が起こる。このような高エネルギー現象を起こしている銀河中心部を活動銀河核という。活動銀河核については次章の 11.4 節で詳しく述べる。

10.4 重力波天文学

天文学の歴史を見ると、新たな観測手段が現れるたびに新たな天体や天体現象が発見され、天文学が大きく発展したという流れがある。近年ではニュートリノを観測することで超新星爆発の理解が大きく進んだ。21 世紀に入ると、人類は新たな観測手段を手に入れた。それが重力波である。重力波によって宇宙には想像以上に多くのブラックホールが存在することが分かり、宇宙の始まりを直接観測する道も開かれた。

10.4.1 重力波とは

重力波の存在はアインシュタインの一般相対性理論によって予言された。**重力波**とは、質量を持つ物体が激しく運動することで周囲の空間が振動し、その振動が波となって空間を伝わる現象である。ここでの振動とは、波の進行方向に垂直な面の空間を伸ばしたり縮めたりすることである。したがって重力波が通過すると、2 点間の距離が伸びたり縮んだりを繰り返す（**図 10.1**）。

重力波が重要なのは、物質との相互作用がきわめて弱いからである。そのためたとえば超新星爆発では相互作用の弱いニュートリノでさえ、半径 10 km 程度のニュートリノ球内は超高温、超高密度のためほかの物質と頻繁に衝突を繰り返す。ニュートリノはニュートリノ球を出るまでには内部の情報をほぼ完全に失ってしまう。したがってニュートリノ球内の情報はニュートリノからは得られない。それに対して重力波はどんなに高密度、高温度でも発生した場所からたちどころに飛び出してくるので、重力波を検出することで発生した場所の状況を直接知ることができるのである。したがって超新星爆発の中心部、ブラックホール、宇宙の始まりなどの極限状況は重力波がほぼ唯一の観測手段となる。さらにブラックホー

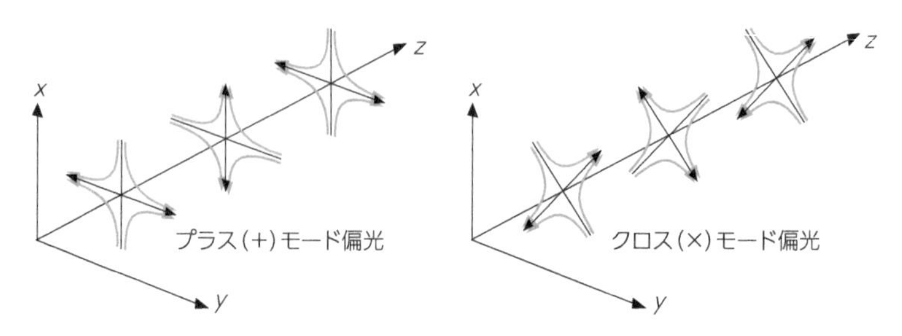

図 10.1　重力波による時空の振動。z 方向に進行する重力波は直交する xy 平面の振動を引き起こす。振動には 2 つの独立なモードがある（E. E. Flanagan and S. A. Hughes, *New Journal of Physics*, 7. 204 (2005)）

ルの合体のような電磁波を放射しない天体現象は重力波でしか観測することができない。重力波は天体の運動を直接反映しているため、重力波の詳細な波形から天体の正体とその運動が分かる。2 つの中性子星の合体のような重力波と電磁波を同時に放射する現象では、それらを共に観測することで総合的に天体現象を理解することができる。このように重力波を直接検出することは天文学にとって非常に重要である。

しかし重力波と物質との相互作用が弱いということは、同時に、重力波を検出することがきわめて難しいということでもある。どのくらい難しいかは次のように理解することができる。重力波は空間の伸び縮みなので、重力波が通過すると 2 点間の距離 L がわずかに変化する。その変化を δL とすると、δL は次のように評価される。

$$\frac{\delta L}{L} \sim 10^{-21} \left(\frac{10\,\mathrm{kpc}}{r}\right) \left(\frac{\delta}{0.1}\right) \left(\frac{M}{1.4 M_\odot}\right) \left(\frac{R}{20\,\mathrm{km}}\right)^2 \left(\frac{f}{1\,\mathrm{kHz}}\right)^2 \tag{10.4.1}$$

ここでは太陽系からの距離 r で爆発した質量 M、半径 R の超新星から放出された振動数 f の重力波を考えている。δ は爆発の際の球対称からのずれの程度を表すパラメータである。半径 1 の球の半径が、ある方向に $1+\delta$、それと直交する方向に $1-\delta$ だけ変化すると思えばよい。$\delta = 0$、すなわち運動が球対称のままの振動や、爆発が球対称なら、どんなに激しい運動でも周りの空間に何の影響も与えず、重力波は放出されない。

(10.4.1) 式は、長さ L のものが、$10^{-21}L$ だけ変化したことを検出できれば、重力波を検出できることを表している。この変化は、太陽と地球の距離に対して原子 1 個分程度を変化させるにすぎない。このように重力波による影響は非常に小さいため、アインシュタインですら観測することは不可能と考えていた。その困難さにもかかわらず、重力波検出の実験は 1960 年代初頭から始まった。実際に重力波の直接検出に成功したのは 2015 年になってからであったが、それ以前に重力波の存在の証拠は間接的に確認されていた。

10.4.2 連星パルサー PSR 1913+16

1974 年、中性子星の連星の一方がパルサーとなっている天体（連星パルサー）がアメリカの天文学者ラッセル・ハルスとジョセフ・テイラーによって発見された。この連星パルサー PSR 1913+16 は、地球から約 2.1 万光年の距離にあり、連星の一方をなしているパルサーは 1 秒間に 17 回の自転をしている中性子星で、59 ms 間隔のパルスを出している。発見後すぐにパルス周期が時間変動することから、このパルサーには相棒の星がいて連星系をつくっていることが分かり、その観測から公転軌道が離心率 $e = 0.6171334$、周期が 27906.98161 秒（7.75 時間）の楕円軌道であることが分かった。パルサーのパルス周期が正確な時計の役割を果たすため、軌道運動を正確に測定することができたのである。もしこれらの中性子星の軌道運動がニュートンの重力の法則に従うなら、完全な楕円軌道になるはずであるが、そうではなかった。完全な楕円軌道ならたとえばお互いの距離が一番近くになる軌道上の点（近星点）は何周しても同じになるはずであるが、実際には近星点の位置が一周するごとに軌道上の前の方向に 100 年当たり 4 度ずつずれていくことが観測された。これを**近星点移動**という。

太陽系の惑星の運動でも近星点移動（この場合は太陽に最も近い位置ということで「近日点移動」という）が観測されており、一番大きく有名なものが水星の近日点移動である。水星の太陽周りの軌道運動では、100 年当たり 0.16 度ほど近日点が前方向に移動する。この移動のほとんどは木星などのほかの惑星の影響としてニュートン重力で説明できるが、1 分角弱（正確には 43 秒角）はニュートン重力では説明できず、一般相対性理論の効果として説明される。

PSR 1913+16 の場合、2 つの中性子星だけなので、観測された 100 年当たり 4 度の近星点移動は純粋に一般相対論的効果である。太陽系に比べて圧倒的に大きな一般相対論的重力が働いていることが分かる。またパルサーの質量が $1.44M_{\odot}$、相棒の星が $1.39M_{\odot}$ であることも分かった。そして数年の間、軌道運動を正確に測定することで、軌道周期が徐々に短くなっていることが確認された。

軌道周期が短くなるということはお互いの距離が近づいているということである。観測は一周するごとにお互いの距離が約 3 mm ずつ近づき、3 億年後には衝突するというものだった。連星は軌道運動のエネルギーを失うと、お互いの距離が短くなり周期が短くなる。このことは、連星の軌道運動が周囲の空間を振動させ、重力波を放射したことで軌道運動のエネルギーが失われた結果と解釈され、重力波の存在の証拠が初めて得られたのであった。

具体的に PSR 1913+16 の数値を代入すると、一般相対性理論の予言として軌道周期の減少率が次のように計算される。

$$\dot{P} = -(2.40263 \pm 0.00005) \times 10^{-12} \tag{10.4.2}$$

一方、2016 年時点での観測による周期の減少率は、

$$\dot{P} = -(2.398 \pm 0.04) \times 10^{-12} \tag{10.4.3}$$

と観測されていて、観測と理論との一致の精度は、0.2 % に達している（**図 10.2**）。

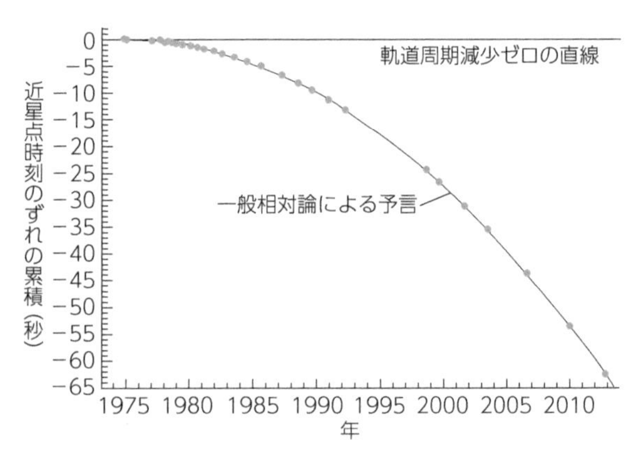

図 10.2　連星パルサー PSR 1913+16 で観測された軌道周期の減少と一般相対性理論による予言（J. M. Weisberg and Y. Huang, *Astrophysical Journal*, 829, 55 (2016) による）

10.4.3 GW150914

重力波の存在は連星パルサー PSR 1916+13 で確認されたが、上にも述べたように重力波を直接観測することでさまざまな知見が得られるため、1960 年代から重力波検出の試みが始まった。重力波を検出するため、当初は円筒状の金属の棒が用いられた。これは重力波が通過すると円筒を振動させ、その振動を電子信号として取り出すことで重力波を検出するものであるが、現在はこれに代わって、巨大なレーザー干渉計が用いられている。レーザー干渉計とは、レーザー光を半透明鏡で 2 つに分けて、それぞれの光がある距離のところに置いた鏡で反射されて戻ってきたものを再び合成させる装置で、2 つに分けた光が往復する経路を干渉計の腕という。腕の長さを正確に同じにしておくと、2 つの光は戻ってきたとき同じ位相（波の山と谷の位置）になるため、合成すると元と同じ波形のレーザー光が得られる。重力波がレーザー干渉計を通過すると、干渉計の 2 つの腕の長さにわずかな差ができるため、2 つの光が戻ってきたときには位相がずれて、合成したとき元のレーザー光とは違った波形の光となる。この波形の変化を観測することで、重力波がやってきたことを検出する（**図 10.3**）。

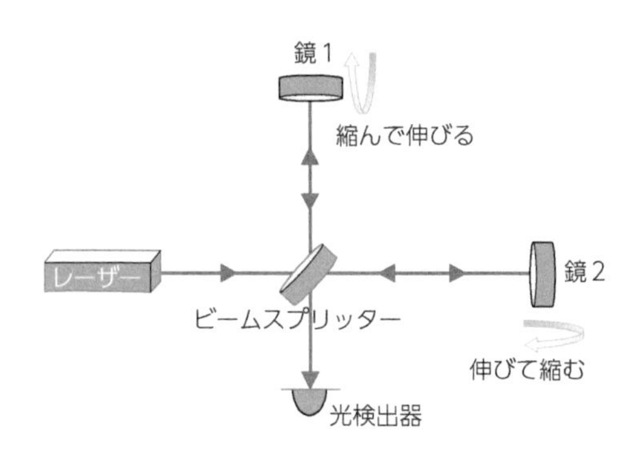

図 10.3　レーザー干渉計の原理

しかしレーザー干渉計を重力波検出に応用するには、重力波の波長が非常に長く、またその振幅も非常に小さいため多くの技術的困難がある。干渉計の 2 つに分けた光の経路の長さを基線長というが、干渉計の感度は基線長程度の波長を持った波に対して一番大きい。重力波の波長は短いものでも何百 km となるため、長い基線長の干渉計が必要だが地上に設置する干渉計の場合その長さはせいぜい数

km 程度で重力波検出にはまったく不十分である。そのためレーザー光を 2 つに分けた後、それぞれの経路を何百往復もさせて実質的な基線長を長くする。また重力波による基線長の伸び縮みが原子 1 個分よりも短いため、熱運動などほかの原因の振動を極限にまで除かなければならない。さらに検出された振動が重力波であることを確実にするため干渉計は少なくとも 2 台遠くに離して設置する必要がある。重力波は光速で進むため、2 台がほぼ同じ瞬間に同じ振動を検知すれば重力波の信号である可能性が大きくなるからである。

1997 年にアメリカで基線長 4 km の同じ大型重力波干渉計 **LIGO**（Laser Interferometer Gravitational-Wave Observatory の略）が、3000 km 離れたルイジアナ州リビングストンとワシントン州ハンフォードに設置され、その後地道な精度改良が行われて徐々に感度を上げ、2015 年に感度 10^{-23} が達成された。これは 1 m の長さが、10^{-23} m 変化したことを検出できることを意味し、重力波の直接検出には十分の感度である。

そしてついに 2015 年 9 月 14 日、LIGO が天体からの重力波検出に成功した。この重力波源は検出された日時から GW150914 と命名された。協定世界時 9 時 50 分 45 秒、リビングストンの装置が重力波を検出し、その 6.9 ms 後にハンフォードの装置が同じ信号を検出した。重力波が光速度で伝わることと、リビングストンとハンフォードの位置関係から重力波が南半球の方向からやってきたことが分かる。観測された波形の解析から、約 13 億光年かなたで太陽質量の約 36 倍と約 29 倍の質量のブラックホールが衝突・合体して太陽質量の約 62 倍のブラックホールができる過程で放出された重力波であることが分かった。重力波が検出され始めたのはお互いの距離が数百 km 程度で相対速度が光速度の 30 % 程度である。この連星は 100 億年程度の間重力波を放出し続けて徐々に軌道を小さくしていき、その最後の 0.2 秒を LIGO が観測したことになる。共にブラックホールなので、衝突・合体という大事件が起きても重力波以外には何も放出されない。しかし放出されるエネルギーが莫大であることが次の簡単な計算で分かる。

太陽質量の 36 倍前後と 29 倍前後の 2 つのブラックホールが衝突・合体した結果、できたブラックホールの質量は太陽質量の 62 倍程度であるので、太陽質量の 3 倍の質量が消えたことになる。つまり衝突・合体の 0.2 秒の間に太陽質量の 3 倍の質量に対応するエネルギーを重力波が持ち去ったということである。このエネルギーは同じ時間の間（0.2 秒）に観測できる限りの宇宙にある天体が放出している電磁波のエネルギーの 40 倍程度にもなるほど莫大である。このエネルギーは電磁波では決して観測することはできない。宇宙は重力波のエネルギーで満ち溢れていたのである。

10.4.4 GW170817

2017年には中性子星の連星系の衝突・合体からの重力波がGW170817としてLIGOとヨーロッパの重力波望遠鏡VIRGOによって検出された。この合体現象は電磁波も放出したため、まず重力波検出の1.7秒後にショートGRBが観測され、その後世界中のさまざまな波長の望遠鏡で追観測が行われた。その結果、重力波検出から約11時間後、対応天体が1億3000万光年の距離にある銀河NGC 499内の新星と同定された。その後さまざまな波長での減光の様子から、この新星が従来その存在が予想されていた**キロノバ**の正体であることが分かった。キロノバとは、中性子星同士、または中性子星とブラックホールの衝突によって起こる爆発現象で、周囲に光速度の20％程度の高速度で飛び散った大量の質量（太陽質量の1％前後）が大量の中性子を浴びて中性子過剰核となり、それが次々に崩壊することで半日から10日にわたって輝き続ける現象である。キロノバは宇宙における金や白金（プラチナ）など非常に重たい元素が生成される現場であると考えられていた。キロノバらしい天体は2013年にガンマ線バーストとしてガンマ線監視衛星やハッブル宇宙望遠鏡によって発見されていたが、電磁波による観測ではその正体は不明であった。GW170817の観測から、キロノバの正体が中性子星の衝突・合体に伴う現象であることが確定した。また10.3.3節に述べたように、ショートGRBの正体も明らかになった。

GW170817は重力波とさまざまな波長の電磁波の観測を組み合わせることで、それまで謎であったキロノバやショートGRBという天体現象を解明したのである。このようなさまざまな観測手段による総合的な観測を、**マルチメッセンジャー天文学**という。

天の川銀河

我々の太陽系は2000億個程度の恒星の集団に属していること、そして同じような莫大な恒星の集団が宇宙には無数にあることは現在ではよく知られている。このような恒星の大集団を銀河という。特に我々の銀河を**銀河系**、あるいは**天の川銀河**という。銀河の形はさまざまで、その大きさも大小さまざまである。銀河の一般的な分類は次章に譲り、まず天の川銀河について現在分かっていることを述べていこう。

11.1 銀河系研究の歴史

第1章1.4節で述べたように、太陽が宇宙に無数にある星の1つにすぎず、さらに星の大集団に属していることはすでに18世紀に分かっていた。しかし、その集団の大きさを知るには天体までの距離を正確に測る必要があり、その方法がリービットによるセファイド変光星の周期光度関係の発見であった。そのことには1.5.2節で少し触れたが、この発見は重要なので、ここで少し詳しく見ておこう。

11.1.1 セファイド変光星のメカニズムと周期光度関係

セファイド変光星とは、2〜50日程度の周期で膨張収縮を繰り返す脈動変光星の一種である。その変光幅は0.05〜2等、スペクトル型はF〜Kの巨星である。セファイドは星の種族によってI型とII型に分類される。I型は**古典的セファイド**とも呼ばれる。II型セファイドはI型に比べると同じ周期で1.6等ほど暗い。ハッブルがアンドロメダ銀河にセファイドを発見したとき、この違いは認識されておらず、その結果、11.1.2節で述べるようにシャプレーは銀河系の大きさを過大評価し、ハッブルはアンドロメダ銀河までの距離を過小評価した。振動のメカニズムは同じであるので、ここでは古典セファイドを念頭に置いて説明する。

セファイド変光星は、太陽の4〜10倍程度の質量と太陽の数十〜数百倍程度の大きさを持つ巨星で、中心でヘリウム燃焼しており、星全体が**脈動**と呼ばれる膨張収縮を繰り返している。脈動のメカニズムを知るために、まず太陽のような普通の星がどのようにその形を保っているかを説明しよう。星が少し収縮すると温度が上がり、その分熱エネルギーの放射量が増え熱圧力が大きくなって膨張することで温度を下げる。逆に膨張すれば放射量が減り熱圧力が減少して収縮し温度を上げる。これによって星の振動はすぐに減衰してしまう。星が変光星になるためには、このような減衰が十分に起こらず大きな振幅で膨張収縮を繰り返さなければならない（ここでは膨張収縮によって明るさが変わる脈動変光星だけを考える)。

星の中の特定の層に水素やヘリウムがあると、収縮して温度が上がった段階でそれらの電離（原子から電子が引き離されること）が起こる。電離によってエネルギーが費やされるので温度の上昇が抑えられる。さらに電離が起こると放射が吸収されやすくなる（これを不透明になる、あるいは放射の吸収係数が大きくなるという)。このため熱エネルギーがこの層（電離層という）に溜まり圧力が大きくなり膨張が促進される。逆に膨張すると温度が下がって再結合が起こり、エネルギーが解放されて冷却が大きく進む。さらに透明度が高くなる（吸収係数が小さくなる）ため熱エネルギーが流れやすくなり、冷却が進んで圧力が減少し、収縮が促進される。こうして膨張収縮の振動が継続する。とはいってもこのようなメカニズムが働くのは星の中の電離層だけで、大半の領域では振動は減衰する。このため星全体が膨張収縮するかどうかは、特にヘリウムの電離がどこで起こるかによっている。ヘリウムの電離は5000 K程度で起こるが、星内部でその温度が実現されるのは水素が燃え尽きて星が巨星に膨らみ表面温度が下がった場合で、また電離層が表面に近すぎても深すぎてもその影響は小さい。内部の特定の深さのところで起こった場合にだけ変光星となる。これが特定の範囲の質量の恒星がセファイド変光星となる理由である。

セファイド変光星には、周期が長いほどその平均光度が大きくなるという関係がある。この関係が最初、リービットによって小マゼラン雲の少数のセファイドに対して得られた。マゼラン雲までの距離は当時知られていなかったので、実際には見かけの明るさと周期の関係であるが、それらは同じマゼラン雲内で地球からほぼ同じ距離にあることから絶対的な明るさと周期の関係と考えられる。星の光度は等級で測られるので、この関係は次のように書ける。

$$M = a\log_{10} P + b \tag{11.1.1}$$

ここで係数 a は観測量であるが、当時はマゼラン雲までの距離が分かっていなかったので定数 b は未定であった。したがってこの関係を実際に適用するには、この定数 b を決める必要がある。そのためには、何らかの方法で距離が測定できるセファイドがあればよい。そのような周期 P を持ったセファイドに対しては、絶対等級 M と見かけの等級の差 m が絶対等級の定義

$$m - M = 5\log_{10}\left(\frac{d}{10\ \mathrm{pc}}\right) \tag{11.1.2}$$

を使って分かる。この見かけの等級と絶対等級との差を μ と書き、**距離指数**という。

$$\mu \equiv m - M \tag{11.1.3}$$

したがって距離指数が分かると、見かけの等級は観測量であるから上の関係を観測量だけから書くことができる。

$$b = m + \mu - a\log_{10} P \tag{11.1.4}$$

ただし周期光度関係は観測する波長帯に依存し、定数 a, b は波長帯によって異なる。現在までに銀河系の中には 800 個程度、大小マゼラン雲には数千個のセファイド変光星が観測されている。太陽系近傍の 8 個のセファイド（最も遠いものは約 1 万 2000 光年）に対してハッブル宇宙望遠鏡により三角測量で距離が正確に測定されて以下の関係が得られている。

$$M_H = -3.26\,(\log_{10} P - 1) - 5.93 \tag{11.1.5}$$

ここで M_H は H バンドの絶対等級、H バンドとは波長が 1.63 μm 程度の近赤外線である。P は周期（単位は日）である。絶対等級が分かると、見かけの等級

m_V との差からそのセファイドまでの距離 d が分かる。

11.1.2 銀河系研究の歴史

1918年、アメリカの天文学者ハーロー・シャプレー（1885〜1972）は球状星団内のセファイド変光星の周期光度関係から銀河系の大きさを測った。球状星団というのは100万個程度の古い恒星が球状に集まった星団である。このときシャプレーは球状星団は銀河系を取り巻いて分布しているという仮定をした。実際にこの仮定は正しかったが、当時、セファイドに11.1.1節で述べた2種類があることは知られておらず、球状星団中の星は種族IIという古い星からできていて、セファイドもII型セファイドであった。そのため同じ周期でも古典セファイドよりも暗く、そのため銀河系の大きさを直径約30万光年と過大評価した。

シャプレーに先駆けて、1904年、当時は宇宙そのものと考えられていた銀河系の大きさと形を決めるために、オランダの天文学者ヤコブス・カプタイン（1851〜1922）は、天球の各々約1平方度（満月の約4倍）の約250個の領域内のある明るさより明るいすべての星の等級、スペクトル型、天球上の運動などを観測するプロジェクトを立ち上げ、それに基づいて後年、カプタインの宇宙モデルと呼ばれる銀河系のモデルをつくった。このモデルは、太陽を中心として、数百億個の星が直径16 kpc（約5万1000光年）、厚さがその5分の1程度の円盤状（より正確には回転楕円体状）に分布したものであった。このモデルは1910年代の後半には広く知られていたが、詳細は1922年に発表された。

当時は星の分布に加えて、アンドロメダ銀河のような渦巻き構造が見える星雲が、銀河系の中の小さな天体なのか、それとも銀河系と同等の大きさを持ったはるかかなたの天体なのかについても論争があった。1910年代の後半は、銀河系の大きさや渦巻き銀河までの距離について混沌とした状態だったのである。この状況を打破するため、シャプレーは1920年、アメリカの天文学者ヒーバー・カーチス（1872〜1942）と「宇宙の大きさ」と題する公開討論を行った。シャプレーは自分の大きな銀河モデルと渦巻き星雲が銀河系内の天体であることを主張した。一方、カーチスは銀河系に対してはカプタインのモデルを支持し、また渦巻き星雲に現れる新星が非常に暗いことから渦巻き星雲の正体は非常に遠く銀河系の外の天体であると主張した。後年、これは**大論争**と呼ばれるようになった。

渦巻き星雲に関する論争は、1924年、ハッブルがアンドロメダ銀河を含む3つの渦巻き銀河にセファイド変光星を見つけることで、それらの距離がシャプレーの銀河系のさらに外側であることを確認して決着をみた。銀河系の大きさに関しては、シャプレーのモデルにはセファイドに基づいた距離測定に問題があり、カプタインのモデルについては星間吸収の問題があった。リービットがマゼラン雲に見つけたセファイドは変光周期が数日程度であったのに対して球状星団中のセファイドの周期は数時間で、当時からシャプレーの用いた変光星が、リービットが発見したものと同様の周期光度関係を持つかは疑問があった。

この問題が最終的に解決したのは1940年代中頃のことである。11.1.1節で述べたように、シャプレーの用いたセファイドは、リービットの発見したセファイドとは違った周期光度関係を持つII型セファイドであることが判明し、銀河系の大きさが10万光年程度であることが分かった。一方、カプタイン自身も星間吸収の重要性に気づいていたが、当時はその影響を評価する方法が知られていなかった。銀河には星間ガスが漂っているため、通過する電磁波を吸収、散乱する。それにより天体から我々に到達する電磁波のエネルギーは減少し、天体は暗く見える。この減光に最も影響を与えるのは星間ダストと呼ばれる数μm以下のサイズを持った固体微粒子であり、可視光の領域では波長の短い光ほど散乱や吸収の影響が大きいため、減光の効果はより短い（より青い）波長帯ほど大きく、本来の天体の色よりも赤い色で観測される。ダストそれ自体やその銀河系内での分布はモデル化が難しく、したがって星間吸収を理論的に厳密に求めることは困難であった。減光はダストの分布、したがって天体までの距離と方向にもよる。銀河系中心方向が最も減光が大きく、30等にも及ぶ。等級の定義からも分かるように、これは受け取るエネルギーが1兆分の1に小さくなったことに相当する。これがカプタインのモデルで太陽が中心とされた理由である。

11.2 銀河系の構造

銀河系の全体像の観測は太陽系が内部にあることから難しく、むしろアンドロメダ銀河などの近傍の銀河の観測によるほかの渦巻き銀河の類推から得られる情報の方が多かった。そして1940年代には、恒星は金属量の多く若い種族Iと、金属量が少なく比較的古い種族IIとに分類されることが分かった。これらのうち種族Iの恒星は水素を主成分とするガスと（水素と比較すると）微量のダストからなる星間物質と共に半径数万光年の円盤を形成しており、一方、種族IIの恒星はバルジと呼ばれる円盤中心部の膨らみと円盤を大きく取り囲む球状星団に多く含まれていると予想された。これらの予想が確認され、さらに詳しい銀河系の構造が明らかになったのは、電波天文学、赤外線天文学、X 線天文学など 1950 年以降の新たな観測手段の登場によることである。

銀河系の渦巻き構造、バルジ、ハロー星の発見

1933 年にジャンスキーによって始まった電波天文学は、第二次世界大戦後の 1940 年代後半から急速に発展した。銀河系の全体的な構造に関しては特に水素原子の波長 21 cm（周波数 1420 MHz）の超微細構造線による観測が重要であった。水素原子の基底状態では陽子と電子のスピンが反平行になっているが、それよりわずかにエネルギーが高い陽子と電子のスピンが平行な状態が存在する。これを**超微細構造**というが、星間雲中の水素原子は光子の衝突などによりある確率でこのわずかにエネルギーの高い状態にある。この状態は平均して約 1000 万年という寿命（平均して 1 個の水素が 1000 万年に 1 回電磁波を出す）で基底状態に戻り、その際そのエネルギーの差（6.88×10^{-6} eV）に対応する波長 21 cm の電波を放射する。この寿命は非常に長いが、莫大な数の水素原子のため観測できる強度の電波を放射する。たとえば太陽質量には 10^{56} 個程度の水素原子があるため、1 秒に 10^{36} 個程度の水素が電波を放出する。この電波はスペクトルの輝線として観測される。一般にスペクトル線の輝線や吸収線には固有の幅があり、その幅は放出確率が小さい（寿命が長い）ほど狭い。したがってこの 21 cm 線のスペクトル幅は非常に狭く、そのためドップラー効果が正確に測定できて、水素原子の地球に対する相対速度の正確な情報が得られるのである。こうして、1958 年には銀河円盤全体の回転と渦巻き構造が確認された。

1960 年代には赤外線による観測が進展し、赤外線は可視光よりも星間物質による吸収・散乱が少ないため赤外線による銀河系中心の観測が始まった。1966 年には銀河系中心付近の恒星からの近赤外線を初めて観測した。また、1977 年に日本の赤外線グループにより初めて銀河系のバルジの存在が確認された。

また以上の恒星集団がつくる円盤やそれを取り巻く球状星団のほかに、数密度は非常に小さいが種族 II の古い恒星が、円盤の外に存在する。これらをハロー星という。ハロー星の存在は高速度星として 1922 年には認識されていた。7.1 節で述べたオールトの雲でも知られるオールトは、太陽系近傍の星の運動を詳しく調べ、太陽との相対速度が 65 $\mathrm{km\,s^{-1}}$ 以下の星は太陽とほぼ同じように銀河系中

心の周りを回転しているが、それ以上の相対速度を持った恒星は太陽と反対方向や銀河面に対して垂直方向に運動していることを見つけていた。その後、高速度星には金属量が少ないことが観測され、1962 年、多数の高速度星の観測から金属量の少ない星ほど細長い楕円を持ち、その軌道が円盤の外側にまで大きく広がっていることが観測された。こうして銀河円盤を大きく取り囲む古い星の存在が明らかになった。これを**恒星系ハロー**という。球状星団も恒星系ハローに存在している。

以上述べたように銀河系は、大きく分けて円盤部分、バルジ、ハローからなる。現在の観測に基づいて分かっているそれぞれの構造についてまとめておこう。

恒星円盤

円盤、あるいは恒星円盤は半径約 15 kpc で、星の分布の様子の違いから厚さ方向に 2 つの成分があり、それぞれ薄い円盤、厚い円盤と呼ばれる。薄い円盤の厚みは 300〜400 pc、それに対して厚い円盤は 1〜1.5 kpc まで広がっている。円盤内の星の大部分は薄い円盤の中にある。薄い円盤と厚い円盤にある星とでは、含まれている金属量に違いがある。厚い円盤の星は金属量が $[\mathrm{Fe/H}] = -0.4$ より小さく、また年齢も 100 億年を超えている種族 II の星が多い。一方、薄い円盤には太陽程度の金属量を持ち、年齢も 100 億年以下の種族 I の星が多い。

銀河系外から観測したとき可視光で見える部分はほぼ薄い円盤で、その総質量は $10^{11} M_\odot$ 程度である。この薄い円盤には渦状腕と呼ばれる渦巻き構造がある。水素原子や水素分子の出す電波の観測から、銀河系には内側から「じょうぎ座腕」、「ペルセウス座腕」、「たて–みなみじゅうじ座腕」、「いて–りゅうこつ座腕」、「オリオン座腕」、「外縁部腕」の 6 本が確認されている（**図 11.1**）。太陽系は「オリオン座腕」にあり、銀河系中心から約 8 kpc 離れている。円盤は銀河系中心の周りを回転していて、太陽付近では 220 $\mathrm{km\,s^{-1}}$ 程度の速度で、約 2 億 5000 万年で一周する。

円盤には恒星ばかりでなく星間物質も存在する。そのほとんどは水素であるが、温度や密度によって中性水素、電離水素、水素分子の 3 つの形態に分かれる。中性水素が主成分のガスを **HI ガス**、電離水素が主成分のガスを **HII ガス**、水素分子が主成分のガスを**分子ガス**という。HI ガスはさらに「冷たい成分」と「温かい成分」に分かれ、それぞれ HI 雲、星間雲と呼ばれる。HI 雲の典型的な数密度は 35 $\mathrm{cm^{-3}}$、温度は 130 K 程度である。星間雲は数密度 0.36 $\mathrm{cm^{-3}}$、温度 4500 K

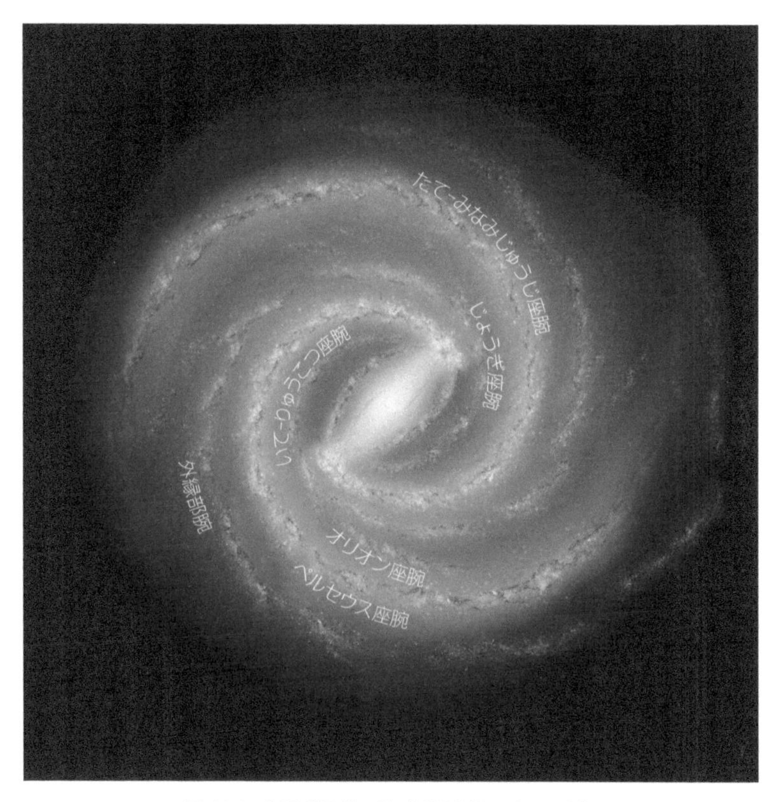

図 11.1　銀河系円盤の腕（NASA/JPL-Caltech）

程度である。第 6 章で述べたように、HI ガスの密度が高いところでは水素分子が形成され、星が形成される。誕生した若い O 型星や B 型星のような高温の大質量星の周りの水素原子が電離されて HII ガスとなるが、そのような領域を **HII 領域**という。その典型的な数密度は $10^3 \sim 10^4\ \mathrm{cm}^{-3}$ で温度は 6000 K 程度である。HII 領域では、水素が電離したり、陽子が電子を捕獲して中性原子に戻ったりすることが繰り返されるが、その際に波長 656 nm の Hα 線が放射される。たとえばオリオン大星雲は HII 領域で、少し大きな望遠鏡で見ると赤っぽく見えるのは Hα 線の影響である。分子雲の典型的な数密度は $3 \times 10^3\ \mathrm{cm}^{-3}$ 程度で温度は数十 K であるが、分子雲コアと呼ばれるさらに高密度のところで星が形成される。低温であるため水素分子からの放射は電波領域にはなく、そのため比較的多量に存在する一酸化炭素（CO）の波長 3 mm の電波輝線で観測される。分子雲のサイズは数 pc から数十 pc、質量は $10^3 \sim 10^6 M_\odot$ 程度である。

バルジ

バルジとは、銀河系の中心部にある直径 4 kpc、中央の厚さ約 3 kpc の 3 軸不等の楕円体状の種族 II の星の分布である。星の総数は 100 億個程度で、その半数程度は円盤と同方向に回転しているが、残りはランダムな運動をしてその形を保っている。バルジには種族 II の星が多いが、金属量 [Fe/H] は、-1.29 から $+0.51$ までに分布し、種族 I の星も有意に存在する。上でも述べたように銀河系中心方向はダストによる星間吸収が激しく赤外線による観測が有効である。バルジ内の赤外線源の分布の観測からバルジの星の分布が太陽系から銀河系中心を結ぶ直線に対して非対称であることが分かっている。このことはバルジが細長い棒状の構造をしていることと解釈されている。中心部にこのような棒状の構造を持つ渦巻き銀河を棒渦巻き銀河という。したがって我々の銀河系は、棒渦巻き銀河に分類される。

恒星系ハロー

銀河円盤はハローと呼ばれる広大な領域の中心に位置していることが知られている。ハローには希薄な密度で古い星や球状星団が存在する**恒星系ハロー**とさらにその外側を囲む暗黒物質からなる**暗黒物質ハロー**がある。恒星系ハローの半径は 200 kpc 程度まで、暗黒物質ハローはよく分かっていないが、300 kpc 程度まで広がっていると考えられている。

恒星系ハローにおける星の数密度はそもそも非常に低く、太陽近傍での値（1 pc^3 当たり 1 個）の 1000 分の 1 以下である。その観測は非常に困難であったが、近年、ハッブル宇宙望遠鏡やすばる望遠鏡などの大望遠鏡の観測から多くのことが分かってきた。恒星系ハローの観測には青色水平分枝星が使われる。この種類の星は太陽よりも質量が小さく古い星で、その中心部でヘリウムの核融合反応が起こって明るく輝いているため、ハッブル宇宙望遠鏡やすばる望遠鏡などの大望遠鏡では 100 万光年よりも遠くでも観測することができる。その観測の結果、恒星系ハローの星の数は半径 160 kpc あたりから急激に減少し、200 kpc（約 65 万 2000 光年）でほぼなくなっていることが分かった。恒星系ハローには、星の数密度が外側に行くにつれて下がっていることのほかに、星の運動や金属量が内側と外側でまったく違っているという特徴がある。内側の半径 10 kpc 程度までに分布している星は円盤と同方向に $20\,\mathrm{km\,s^{-1}}$ 程度で回転し、金属量が $[\mathrm{Fe/H}] \sim -1.6$ 前後であるのに対して、外側の半径 20 kpc 以上の星は平均すると円盤と逆方向に $50\,\mathrm{km\,s^{-1}}$ 程度で回転していて、金属量も $[\mathrm{Fe/H}] \sim -2.2$ とさらに少なくなっている。内側と外側のハローの間に速度が急激に変わる領域がある。

以上のことは銀河系の過去の形成についての重要な情報になる。またハロー内には恒星ストリームと呼ばれる帯のような恒星の集団も観測されていて、後述するように過去の近傍銀河との遭遇や合体などによって形成されたと考えられている。このように銀河ハローの恒星の分布、運動、金属量は、銀河系の過去の情報を保存していて、銀河系の過去の遺跡ともいえる。2000 年代から始まったハロー星の組織的な観測から銀河系の過去を研究する分野を、**銀河考古学**という。

暗黒物質ハロー

恒星系ハローをさらに囲むように暗黒物質が分布している。暗黒物質は宇宙全体としてはバリオン物質（水素やヘリウムなど通常の物質）の数倍程度存在する。銀河は**暗黒物質ハロー**と呼ばれるこの暗黒物質の大きな塊の中心に存在している。塊といっても密度は非常に低く、$10^{-24}\,\mathrm{g\,cm^{-3}}$ 程度で、もし暗黒物質が陽子の質量の 100 倍程度の質量を持った素粒子の集団とすると $1\,\mathrm{cm}^3$ 当たりに 0.1〜0.2 個程度存在するにすぎない。ちなみに宇宙全体での平均密度は $10^{-29}\,\mathrm{g\,cm^{-3}}$ 程度である。暗黒物質ハローは円盤銀河に限らず楕円銀河や銀河の集団である銀河群、銀河団にも存在する。

円盤銀河の暗黒物質ハローは、中性水素が出す波長 21 cm の電波で間接的に確認されている。中性水素の雲（HI 雲）は可視光で観測される銀河円盤（恒星円盤）よりも広がって分布していて、それが放出する電波を観測することでその運動を知ることができる。それによると中性水素は恒星円盤とほぼ同じ平面内を銀河中心周りに円運動をしている。この銀河中心周りの回転を銀河中心からの距離の関数として書いたものを**回転曲線**という。一般の円盤銀河に対する HI 輝線の観測で得られる円盤銀河の速度は、銀河全体としての視線方向の速度 V_0 にその銀河中心周りの回転速度が足されて、次のように表される。

$$V_{\mathrm{obs}}(R,\phi) = V_0 + V(R)\cos\phi\sin i \tag{11.2.1}$$

ここで、i は視線方向と銀河円盤の垂直方向がなす角（傾斜角）であり、(R, ϕ) は銀河円盤がある面の極座標で、R は銀河中心からの距離、ϕ は銀河の見かけの長軸方向から測った角度である。したがって銀河を真横から見たとき $i = 90$ 度となる。多くの銀河に対してこの回転曲線が測られているが、**図 11.2** は我々の銀河系に対して測定された回転曲線である。

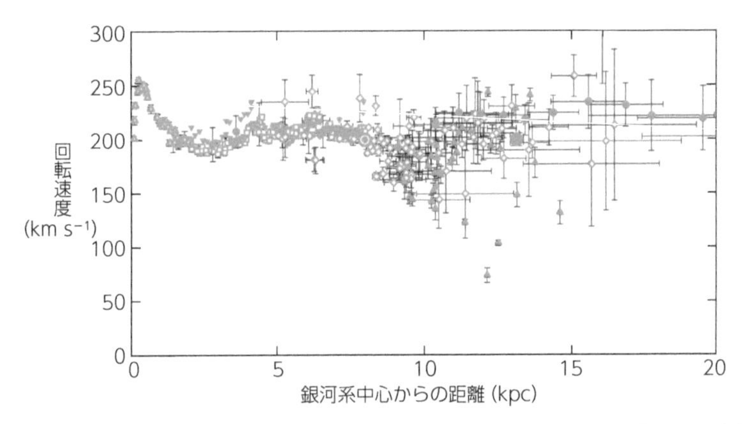

図 11.2　銀河系の回転曲線（Y. Sofue et al., *Publications of the Astronomical Society of Japan*, 61, 227 (2009)）

銀河中心から距離 R での回転速度 $V(R)$ は、その距離までに含まれる質量 M_R による重力と釣り合っているから次式で与えられる。

$$\frac{V(R)^2}{R} = \frac{GM_R}{R^2} \tag{11.2.2}$$

したがって、回転速度は以下のように表される。

$$V(R) = \sqrt{\frac{GM_R}{R}} \tag{11.2.3}$$

したがって、もし質量が銀河円盤に集中していたとすると、それ以上遠方では質量は定数になるので、銀河円盤より遠いところでは回転曲線は減少するはずである。ところが図 11.2 を見ると回転速度が減少していない。このことは恒星円盤を超えても質量が存在することを意味している。

質量を回転速度で表すと、以下のように評価される。

$$\left(\frac{M_R}{M_\odot}\right) \simeq 10^{11}\left(\frac{R}{10\,\mathrm{kpc}}\right)\left(\frac{V(R)}{200\,\mathrm{km\,s^{-1}}}\right)^2 \tag{11.2.4}$$

たとえば銀河系の暗黒物質ハローが 300 kpc まで広がっているとすると、質量は $3\times10^{12}M_\odot$ となる。次章の 12.2.1 節で述べる大小マゼラン雲のような銀河系の衛星銀河の運動も、銀河系の暗黒物質ハローの存在を考慮して説明される。

11.3 銀河系中心

11.4 節で述べるクェーサーに代表されるように、銀河のなかにはその中心の非常に狭い領域で激しい高エネルギー現象を起こしているものがある。このような銀河中心を活動銀河核といい、そのエネルギー源は太陽質量の数億倍程度以上の超巨大ブラックホールである。近年の観測から活動銀河核を持たない銀河でもそのほとんどの中心部に太陽質量の 100 万倍程度以上の巨大ブラックホールが潜んでいることが明らかになっている。我々の銀河系中心はほかの銀河中心部よりもはるかに近距離にあるため、さまざまな観測を行うことができる。その結果、太陽質量の約 400 万倍の質量を持った巨大ブラックホールが存在することが分かっている。ほかの銀河中心、また活動銀河核を知るためにも銀河系中心を知ることは重要である。ここでは我々が現在理解している銀河系中心について述べる。

11.3.1 銀河系中心の観測

前節までで述べたように、銀河系中心方向は星間吸収が激しく、可視光観測ではその姿を見ることができない。しかし銀河系中心ではさまざまな爆発的な現象が起こっており、可視光以外にもさまざまな波長の電磁波が放射されている。それらを観測することで銀河系中心の構造について多くのことが明らかになっている。まず観測についてまとめてみよう。

電波観測

第 2 章でも見たように、観測される電磁波のスペクトルは、波長が連続に分布している連続スペクトルと、特定の波長で放出される線スペクトルがある。それぞれの観測によって違った光源が見えることになる。

高温状態にあるプラズマ状態から放射される連続スペクトルは、放射源の性質によってそのスペクトルが違う。放射源の密度が高く、外に放射される前に放射源の中で無数の物質と衝突する場合を**光学的に厚い**といい、その場合の放射は黒体放射となる。一方、放射源の密度が薄く生成された光子がほとんど衝突することなしに外に放射される場合を**光学的に薄い**といい、その場合の放射を熱制動放射という。電波領域では、センチメートル波よりも短波長側では熱制動放射、長波長側ではシンクロトロン放射の連続スペクトルが観測され、それぞれプラズマの密度と温度、シンクロトロン放射からは磁場の情報が得られる。また一酸化炭素やシアン化水素などのミリ波領域の線スペクトル、アンモニアなどからのセンチ波領域の線スペクトルによって低温の分子雲が観測されている。

図 11.3 は、波長 90 cm（333 MHz）で見た銀河系中心領域である。図中の 1 度は約 140 pc に対応する。分子線の観測からも銀河系中心が半径約 200 pc、厚

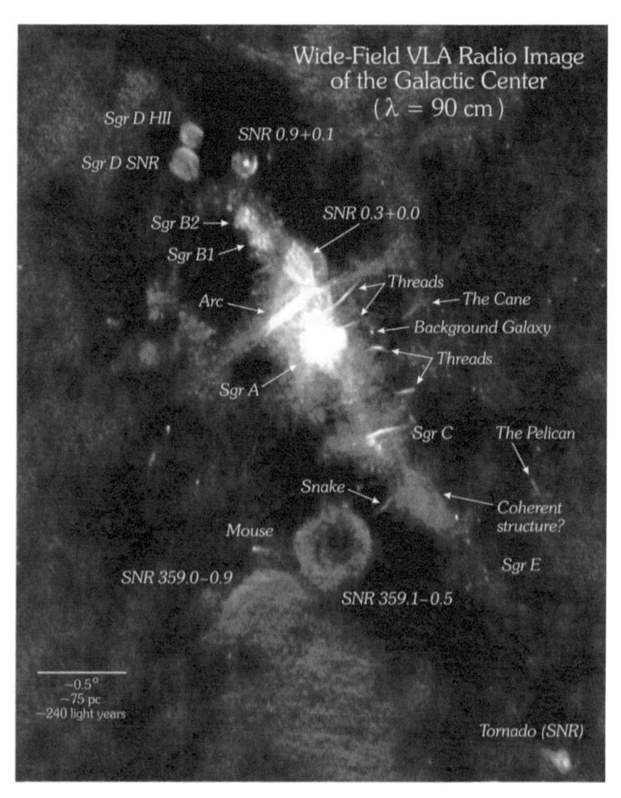

図 11.3　電波で見た銀河系中心（NRAO/AUI/NSF and N. E. Kassim, Naval Research Laboratory）

さ数十 pc の円盤状の分子雲に覆われていることが分かっている。この図から分かるように銀河系中心にはいくつもの強い電波源が存在する。初期の電波観測はメートル波で行われ、その強度の順から「いて座 A」、「いて座 B」、「いて座 C」、「いて座 D」という名前がついている。

「いて座 A」は、「いて座 A East」と「いて座 A West」に分かれており、「いて座 A East」は 8 pc 程度の広がりを持ち、非熱的放射を示すことから約 1000 年前の超新星爆発で輝いていると考えられている。一方、「いて座 West」は広がりが 2 pc 程度で、熱的放射を示す。「いて座 A West」は、「いて座 A*」と呼ばれる点状の非常に小さな電波源とその周りの HII 領域（電離水素ガス）からなる。後で説明するようにこの「いて座 A*」が我々の銀河系の中心であり、そこには太陽質量約 400 万倍のブラックホールが存在する。「いて座 A*」の周りは 150 km s^{-1} 程度の速度で回転する半径 1.5 pc 程度のリング状の分子雲が取り囲み、その内部では電離ガスが 3 本のスパイラル状に中心に向かって落ち込んでいる。この構造をミニスパイラルという（**図 11.4**）。

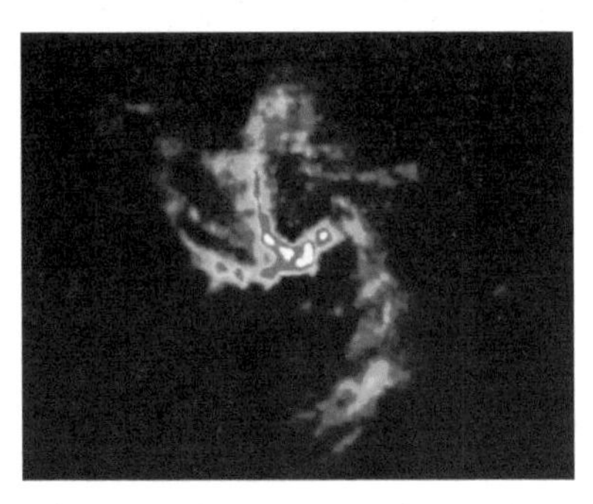

図 11.4　VLA 電波望遠鏡で観測したミニスパイラル（NRAO/AUI/NSF）

「いて座 B」「いて座 C」は HII 領域で「いて座 D」は HII 領域と超新星残骸からなっている。

赤外線観測

赤外線観測により、銀河系中心には多数の若く大質量の星が観測されている（**図 11.5**）。「いて座 A*」から数 pc に「いて座 A*星団」と呼ばれる大星団がある。さらに「いて座 A*」から 0.5 pc 以内には数十個の 1 億年より若い大質量星から

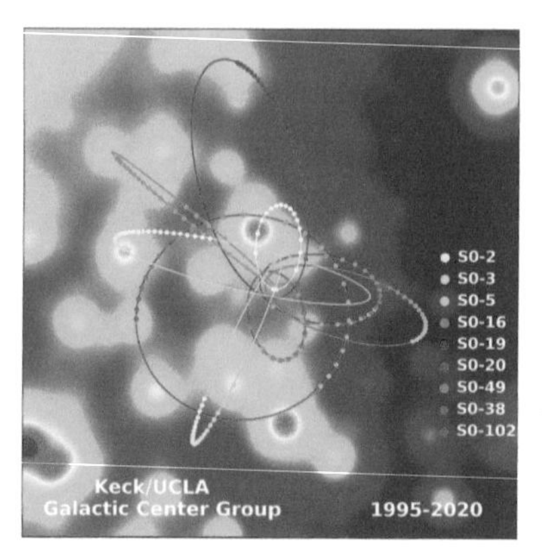

図 11.5 「いて座 A*」周りの恒星集団（Andrea Ghez (UCLA)/UCLA Galactic Center Group – W. M. Keck Observatory Laser Team）

なる星団がある。さらに「いて座 A*」から 0.04 pc（0.13 光年）には IRS 16 という大質量星の星団があり、0.005 pc（約 0.2 光月）には IRS 13 という星団がある。この星団のなかには「いて座 A*」に 1 光時（約 7.2 天文単位で、太陽から木星と土星の中間点程度）まで接近するものがあり、それらの十数個程度の星の固有運動がケック望遠鏡などの大望遠鏡で補償光学系[*1]を用いて 1990 年代前半から観測されている。それらの軌道の解析から、「いて座 A*」が太陽質量の約 400 万倍の質量のブラックホールであることが確実になっている。ちなみに太陽質量の 400 万倍の質量のブラックホールの半径は、約 1200 万 km で 0.08 天文単位程度にすぎない。

電離されたガスの電子が再び陽子に捕獲されるときに放出する電磁波を再結合線というが、赤外線領域にも水素の再結合線があり、上にも述べたように「いて座 A*」のブラックホールに落下しているミニスパイラルは赤外線でも観測されている。また星間ダストからは遠赤外線、中間赤外線を放出するが、地上からの観測では大気に吸収されて観測できない。赤外線天文衛星による観測から銀河系中心から約 300 pc 以内から太陽光度の 10 億倍の遠赤外線が観測されていて、電波で観測された分子雲内のダストと考えられる。

*1 大気上空にレーザー光を内大気中の遠視と衝突させることで人工星をつくり、その星像の大気揺らぎによる揺らぎを測定し瞬時に大気揺らぎによる影響を補正して望遠鏡本来の分解能に匹敵する分解能で観測を行う技術。

X 線観測

X 線やガンマ線は光子のエネルギーが高く、したがって高エネルギー現象から放射される。X 線にも連続スペクトルと線スペクトルがあり、銀河系中心からはどちらも観測されている。

X 線の黒体放射は中性子表面からの放射や降着円盤からの放射など、熱制動放射には超新星残骸や恒星の高温コロナなどがある。非熱的 X 線はシンクロトロン放射で、これはほぼ光速度で運動する電子が磁場に巻きつきながら運動することで出る放射で、超新星残骸や活動銀河核のジェットなどから放射される。X 線の線スペクトルを特性 X 線というが、銀河系中心の観測で重要なのは中性の鉄からのエネルギー 6.4 keV の X 線（6.4 keV 線と呼ばれる）と電離した鉄からの 6.7 keV 線と 6.9 keV 線である。

これらの観測から銀河系中心を囲む直径 140 pc に広がる低密度（電子数密度が 0.03〜0.06 cm^{-3} 程度）で 1 億 K 程度の超高温プラズマが存在していることが分かる。このプラズマの総エネルギーは超新星 100 個分に相当する。その広がりから約 10 万年間にこのエネルギーが放出されたと推定され、過去 10 万年の間に連鎖的な超新星爆発、あるいは中心のブラックホール付近で大爆発が起こったと考えられている。実際、1999 年に NASA が打ち上げたチャンドラ X 線観測衛星は、銀河系中心部の 100 光年の広がりの中に白色矮星連星、中性子星連星、ブラックホール連星といった星の進化の最終形態の天体から放射される X 線源を 2000 個以上発見している。

また銀河系中心の過去の活動性を示すものとして、「いて座 B」からの 6.4 keV 線がある。これは「いて座 A*」方向からの X 線が「いて座 B」の分子雲に当たって反射された X 線である。「いて座 A*」と「いて座 B」は約 100 pc 離れていることから、約 300 年前に大量のガスがブラックホールに落下して大爆発が起こって発生した X 線が原因と考えられる。この爆発によると考えられるジェット構造も電波で観測されている。「いて座 B」の X 線強度から見積もると、当時「いて座 A*」は現在よりも X 線で 100 万倍明るく輝き、人類の進化がもう少し早ければこの大爆発を目撃できただろう。この 300 年前の爆発の原因である大量のガスの落下は、「いて座 East」をつくった 1000 年前の超新星爆発によってできた衝撃波がガスを圧縮しながら 300 年前に「いて座 A*」を通過したためと考えられている。

ガンマ線観測

ガンマ線はX線よりもさらにエネルギーが高い光子である。おおむね100 keV（波長0.0124 nm以下の波長）以上のエネルギーの光子をガンマ線というが、X線との明確な境界はない。銀河中心核では主に電子–陽電子対の消滅や原子核の崩壊に際して放射されるMeV領域の光子が重要になる。

2008年にNASAが打ち上げたガンマ線天文衛星「フェルミ」は、3年にわたって全天でガンマ線を観測しガンマ線の地図をつくり、銀河系中心から噴き出して銀河面の上下約3万光年に広がるガンマ線の分布を発見した。この分布は巨大な泡のように見えるため**フェルミバブル**と呼ばれる。このガンマ線の分布と似たような分布は電波でも観測されていて、X線ではフェルミバブルを包み込むようなループ状の巨大な構造も観測されている。銀河系全体は、温度200万Kの高温プラズマで囲まれているが、日本のX線天文衛星「すざく」などによる観測から巨大ループ構造の上ではガスの温度、密度とも周囲より高く、この構造が膨張により圧縮されたガスであることを示唆している。その膨張速度は約300 $\mathrm{km\,s^{-1}}$と見積もられ、現状の大きさまで広がるのに約1000万年の時間を要することから、1000万年前に銀河系中心の巨大ブラックホール周りの降着円盤に太陽10万個に相当するほどの巨大な水素の雲が落ち込んで激しい爆発を起こし、その結果フェルミバブルや電波の巨大ループが形成されたと考えられている。

銀河系中心の描像

以上は銀河核についての観測の代表的なものであるが、それ以外にも多くの観測がある。それらの観測によって銀河系中心については以下のような描像が得られている。

銀河系中心は半径600光年程度、厚さ150光年程度の円盤状の分子雲に覆われていて、その中に複数の強い電波源がある。このガスはその1つである「いて座A」を中心とする半径300光年、厚さ数十光年のリング状に集中していて、そのリングの正反対の端から2つの分子ガスの棒状の流れが伸びている。「いて座A」は30光年程度の広がりを持ち、20数光年の広がりを持った超新星残骸である「いて座A East」と、数光年程度に広がった「いて座A West」に分かれている。「いて座A West」は中心部は空洞になった円盤状の分子ガスに覆われていて、その中心には太陽質量の約400万倍の巨大ブラックホールがある。ブラックホールの周りには半径 1 天文単位程度の降着円盤が存在する。周りの分子雲は 150 $\mathrm{km\,s^{-1}}$ でブラックホールの周りを回転し、そこからミニスパイラルと呼ばれる 3 本の渦巻き状のガスが中心に伸び、1 年間に太陽質量の 3 % 程度の質量が降着円盤に落ち込んでいる。分子雲の内側、ブラックホールから約 1.5 光年以内に大質量の恒星からなる数十個もの星団が存在する。銀河系中心部の電波構造や X 線、ガンマ線の分布から、銀河系中心の巨大ブラックホールが過去に幾度も巨大な爆発を起こしていることが明らかになっている。

11.4 活動銀河核

銀河系中心部の巨大ブラックホールとその活動について触れたので、より一般に銀河中心部で銀河系とは比較にならないほどの激しい高エネルギー活動をしている銀河について触れておこう。このような銀河を活動銀河、そしてその中心部を**活動銀河核**と呼ぶ（Active Galactic Nucleus を略して AGN ともいう）。活動銀河には必ず中心に巨大質量ブラックホールが存在する。活動銀河核の構造はどれも同じと考えられているが、発見の歴史的経緯や観測的な違いから何種類かに分類されている。以下では代表的な 2 つを挙げる。

セイファート銀河

セイファート銀河とは、通常の銀河よりはるかに明るい中心核を持ち、可視光から紫外線領域にわたって青い連続光のスペクトルを持った銀河として、1940 年代にアメリカの天文学者カール・セイファート（1911〜1960）によって発見された銀河である。連続光のほかに高温電離ガスのさまざまな原子やイオンからの輝線スペクトルが見られるが、その特徴から 1 型と 2 型に分かれる。

1 型は主に幅の広い輝線スペクトルの幅が観測される。この広がりはそれを放射する原子やイオンの運動によるドップラー効果が原因であり、電波源の速度は数千 $\mathrm{km\,s^{-1}}$ 程度となる。一方、2 型は幅の狭い輝線スペクトルしか観測されないもので、速度数百 $\mathrm{km\,s^{-1}}$ 程度に対応する。この運動は銀河中心に存在するブラックホールの存在に起因する。その理由として、中心部からの光が 1 年以内の時間スケールで変化することから、放射源は銀河中心の 1 光年以内の領域に存在することが分かる。普通の銀河が全体として放射する程度のエネルギーを 1 光年以内という小さな領域から放射できる最も有力なメカニズムは、前章で述べたブラックホール周りの降着円盤だからである。

1型と2型は別種の天体ではなく、同種の天体の視線方向の違いにすぎない。我々の銀河系の場合、中心のブラックホールには降着円盤があったとしてもごく小さなものであるが、セイファート銀河の中心にあるブラックホールには大量の物質が落ち込んでいて高速で回転する高温の降着円盤ができている。その外側は我々の銀河中心で見られるような厚いダスト円盤が取り巻いている。視線方向がダストに遮られなければ、ブラックホール周辺で激しい運動をしている電波源からの放射が観測できるものが、1型として観測される。しかし、ダストを横から見るような方向からは中心部の降着円盤からの放射を直接見ることができず2型として観測されると考えられている。

✷ クェーサー

セイファート銀河に見られるものよりもさらに明るい銀河中心核を**クェーサー**という。1950年代から点状の強い電波源として発見されていたが、現在では観測されるクェーサーの多くは強い電波源ではない。スペクトルは1型セイファート銀河と似ているが、その中心核が非常に明るいため銀河本体の観測が難しく、1990年以前には点源としか観測されていなかった。そのため英語でQuasi-Steller Object(準恒星状天体)、略してQSO、あるいはクェーサーと呼ばれる。

1990年以降、ハッブル宇宙望遠鏡などによってクェーサーを中心核に持つ銀河（母銀河）が発見され、セイファート銀河とはエネルギーのスケールの違いのほかは同じ性質を持つことが明らかになった。現在、Bバンドで絶対等級が -23 等（およそ 10^{37} W）より明るいものをクェーサーと呼んでいる。ちなみに典型的な渦巻き銀河のBバンドの絶対等級は -18〜-19 等程度であるから、典型的な銀河より数十倍から100倍程度明るいことになる。しかもそのエネルギーは変光の時間スケールから1光月、あるいはそれ以下という非常に小さな領域から出ていることが分かっている。セイファート銀河との違いは、中心ブラックホールの質量の違いである。セイファート銀河の中心にあるブラックホールの質量は太陽の1000万倍程度であるのに対して、クェーサーの場合は太陽質量の1億倍以上、最大のものでは100億倍程度にもなる。もちろんブラックホールの質量が大きいだけではクェーサーにはならない。たとえばアンドロメダ銀河の中心には太陽質量の1億倍程度のブラックホールが存在しているが、顕著な活動性を示していない。ブラックホールがエンジンとしてエネルギーを解放するには、ガスなどの大量の物質が落ち込む必要がある。またセイファート銀河とクェーサーの違いとしてその距離がある。セイファート銀河が銀河系から数千万光年程度にも観測されているのに対して、クェーサーは最も近いものでも 20 億光年程度（赤方偏移 0.16）と遠方、すなわち 20 億年以上昔の天体である。現在（2023 年）観測されている最も遠い（古い）クェーサーは、約 131 億年前（赤方偏移 7.64）のものである。このように、宇宙初期に存在するガスを多く含んだ銀河同士の合体によって、銀河中心の超巨大ブラックホールに莫大な量のガスが落ち込むことで、重力エネルギーが放射として解放されてクェーサーが誕生したと考えられている。

現在（2023 年）までの観測ではクェーサーは、赤方偏移 0.16 から 7.64 まで分布し、赤方偏移 2 程度（約 100 億年前）に最も多く観測されている。

活動銀河核としてはこのほか、より活動性の低い **LINER**（低電離銀河中心核輝線領域の英語の略称）と呼ばれるものがある。中心核として LINER を持つ銀河を LINER 銀河といい、我々の銀河系近傍の銀河のうちセイファート銀河が数％程度にすぎないのに対して、ほぼ半数が LINER 銀河である。LINER の活動の原因もやはり超大質量ブラックホールであることから、ほとんどの銀河の中心には超大質量のブラックホールが存在するものと考えられている。

活動銀河核の起源

活動銀河核のエネルギー起源は、超大質量ブラックホールへの物質の降着であると考えられる。しかしブラックホールはいくら大質量とはいえその大きさは非常に小さい。たとえば太陽質量の 1 億倍のブラックホールでもその大きさは半径約 3 億 km にすぎない。太陽と地球の平均距離が約 1.5 億 km であるから、10 万光年程度の銀河のスケールに比べて圧倒的に小さい。一般に銀河内の物質は銀河中心に対して運動をしているので、それを中心に落下させると運動はより激しくなり、中心に近づくほど落下しにくくなる。これは角運動量の保存則と呼ばれる物理学の基本的な法則で、より小さな領域に物体を落下させるには、物体の持っている角運動量を効率よく減衰させなければならない。

1980 年代に赤外線天文衛星 IRAS が、**ULIRG**（超高光度赤外線銀河の英語の略称）と呼ばれる太陽光度の約 1 兆倍にも及ぶ赤外線天体を発見した。これは銀河中心の数百 pc の領域で莫大な数の大質量星の形成が連鎖的に起こっている銀河である。形成された若い高温星が放出したガスに含まれるダストが、星からの強い紫外線や可視光線によって温められて赤外線を再放射しているのである。この ULIRG は銀河同士が相互作用していて、それが引き金となって爆発的な星形成が起こっていると解釈されている。観測からこのような銀河の相互作用は過去ほどその割合が高かったことが分かっている。

これらのことからクェーサーの起源について、銀河同士の合体などの相互作用によって大量のガスを持った中心部のブラックホールが合体、成長して１つのブラックホールとなり、その周りに降着円盤を形成したと考えられている。一方で、セイファート銀河についてはより小規模な銀河同士の合体、あるいは大きな銀河とその周辺の小さな衛星銀河の合体の結果と考えられている。

銀河系近傍から宇宙の大規模構造まで

この章では銀河系を離れ、現在観測可能な範囲の宇宙の様子を眺めていこう。

12.1 銀河の分類

銀河系の周辺に目を転じていく前に、銀河の分類について触れておこう。銀河はその形状から楕円銀河、渦巻き銀河（渦状銀河ともいう）、不規則銀河と大きく3つに分類される。これらの銀河の形状分類については、ハッブルが提唱した**図12.1**に示す**ハッブル分類**が有名である。ハッブルは銀河は楕円銀河から渦巻き銀河、そして不規則銀河へと進化すると考えて、楕円銀河を「早期銀河」と呼び、渦巻き銀河と不規則銀河を「晩期銀河」と総称したが、現在はこの進化の時系列は誤りであることが分かっている。しかし、形状の分類法としては現在でもよく用いられており、早期銀河、晩期銀河という言葉は残っていてしばしば用いられる。

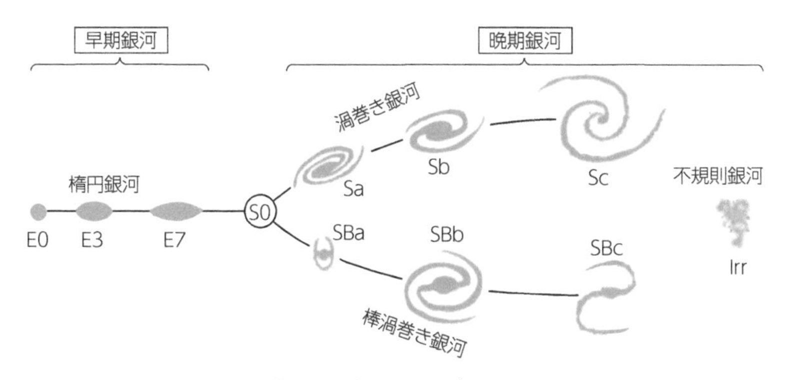

図 12.1　銀河のハッブル分類

✸ 楕円銀河

楕円銀河はその名の通り、中心部に行くにつれて明るくなる以外は特徴のない楕円形の明るさの分布をした銀河である。ほぼ球状に近いものから扁平なものまである。楕円銀河には明るく巨大なものと小さく暗いものがあるが、小さいものは矮小楕円銀河と呼ばれ違う種類に分類される。楕円銀河は、その中に星の材料となる冷たいガスがほとんどなく、構成している星も種族 II の古い星であることから、星形成が過去のある時期に一気に起こり、それ以降は起こらなかったと考えられている。また星は組織だった有意な回転はほとんどなく、その形状は星のランダムな運動で支えられている。多くの楕円銀河で星の分布の数倍の広がりから X 線が観測されていることから、大量の高温電離ガスが星の分布を取り囲んでいること、その高温ガスを閉じ込めておくためにバリオン物質（水素などの陽子、中性子からできている通常の物質）の質量の 100 倍以上の大量の暗黒物質が存在していることが分かっている。

✸ 渦巻き銀河

恒星円盤を持ち渦巻き構造がある銀河を**渦巻き銀河**という。円盤銀河と呼ばれる場合もあるが、そのときには恒星円盤を持つが渦巻き構造のない S0 と呼ばれる銀河も含めている。渦巻き銀河はその中心部の構造と渦の巻き方からいくつかに細分されている。中心部に棒状の恒星集団があるものを棒渦巻き銀河と呼び、棒状の構造のない渦巻き銀河と区別する。我々の銀河系は棒渦巻き銀河である。また円盤は種族 I の星からなり、多くの冷たいガスやダストがあり現在も星形成が行われている。前章でも述べたように中心部のバルジがあり、恒星系ハローに囲まれ、それらは種族 II の星からなる。

✸ 不規則銀河

明確な恒星円盤を持たず、光の集中した明確な中心も持たない銀河を**不規則銀河**と総称する。他の銀河との近接接近や衝突によって変形した銀河を II 型不規則銀河と呼び、それ以外を I 型ということもある。

✸ 矮小銀河

以上の分類に加えて、その大きさと質量が小さい銀河を**矮小銀河**と総称する。

その明確な境目はないが、一般に絶対等級で −18 等級より暗いものをいう。なお銀河系の絶対等級は −20.5 等級なので、銀河系より約 10 分の 1 以下のくらい暗い銀河ということになる。矮小銀河も形状によって分類される。ほとんどの矮小銀河は星間物質をほとんど含まず種族 II の星からなるが、青色コンパクト銀河と呼ばれる大質量で高温の星からなるものもある。

12.2 銀河系周辺

さて銀河系の周辺に目を転じよう。我々の銀河系は宇宙の中で孤立した存在ではない。銀河系とアンドロメダ銀河は約 250 万光年離れているが、この 2 つの銀河を中心として半径 1 Mpc 程度の広がりの中に少なくとも数十個の小さな銀河が存在し、**局所銀河群**と呼ばれる集団をつくっている。局所銀河群の総質量は太陽質量の数兆倍と見積もられているが、その質量の大半は銀河系とアンドロメダ銀河という 2 つの銀河に付随している。これら 2 つの銀河の周りには、その莫大な質量による重力によって十数個程度の矮小銀河、小型楕円銀河が取り巻いている。これらの銀河は衛星銀河と呼ばれ、いずれは銀河系やアンドロメダ銀河に飲み込まれてしまう。銀河系とアンドロメダ銀河もお互いに秒速 110 $\mathrm{km\,s^{-1}}$ 程度の速度で近づいていて、約 40 億年後には衝突し始め、その後、20 億年程度かけてお互いの銀河中心核のブラックホールが合体して巨大なブラックホールを中心に持つ 1 つの巨大な楕円銀河となると予想されている。宇宙は膨張しているが、局所銀河群のメンバーの銀河同士は宇宙膨張とは無関係にお互いの重力でお互いに束縛しあっている。このような状態にある形を重力束縛系という。天体とは重力束縛系であり、その意味では局所銀河群も天体であり、さらに 12.4 節で述べるより大きな集団である銀河団も天体である。

12.2.1 マゼラン雲とマゼラン雲流

我々の銀河系の周りに着目すると、大小 2 つのマゼラン雲[*1] という銀河が存在する。大マゼラン雲は太陽から約 16 万光年の距離にあり、太陽の 200 億倍程度の質量、300 億個程度の恒星を持っている。不規則銀河に分類されているが恒星

*1 大マゼラン雲（Large Magellanic Cloud, LMC）と小マゼラン雲（Small Magellanic Cloud, SMC）は、慣習として「雲」と呼ばれる（かつては「マゼラン星雲」とも呼ばれていた）が、いずれも銀河である。近年は銀河であることを明示するため「大マゼラン銀河」「小マゼラン銀河」と呼ぶこともある。

円盤を持ち渦巻き銀河の特徴も持っている。実際に若い星も多く、巨大な星形成領域も存在する。小マゼラン雲は18万光年の距離にあり大マゼラン雲の1割程度の質量で矮小不規則銀河に分類されている。小マゼラン雲の恒星は大マゼラン雲よりも金属量が低く、質量の多くをHIガスが占めているが、分子雲の割合がその1％程度にすぎないことなどから、小マゼラン雲は原始的な銀河に近い性質をとどめていると考えられている。

大小マゼラン雲を囲む巨大なHIガス雲と、そこから伸びるHIガスの帯が1970年代に発見された。このHIガスの分布を**マゼラン雲流**という。このマゼラン雲の分布を再現する研究によって以下のようなシナリオが考えられている。大小マゼラン雲は、お互いの重力によって10億年程度で不規則な周期運動をしながら銀河系を周回している。その軌道は銀河系の暗黒物質ハローの中にあり、暗黒物質を引きつけながら運動しているが、引きつけられた質量はマゼラン雲の後ろに溜まり、その質量の重力によってマゼラン雲の運動にはブレーキがかかる。この現象は**力学摩擦**と呼ばれ、何十億年という長い時間の運動に重要な影響を与える。大小マゼラン雲の銀河系周りの運動の周期は20億年程度であるが、その軌道は力学摩擦によってだんだん小さくなり銀河系に近づいていき、30数億年後には大小マゼラン雲は別々に運動し始めて、50億年後には大マゼラン雲は銀河系に飲み込まれてしまう。大小マゼラン雲は18億年前、銀河系に最接近したとき銀河系と大マゼラン雲の重力（潮汐力）によって小マゼラン雲からガスが引き出され、その後大マゼラン雲からもガスが引き出されるが、再び引き戻されて大小マゼラン雲を取り囲むガス雲ができた。小マゼラン雲から引き出されたガス雲は軌道に沿って長く引き伸ばされた。これが観測されているマゼラン雲流であるとされる。

12.2.2 いて座矮小銀河

大小マゼラン雲以外にも10個程度の矮小銀河が銀河系の周りに存在する。その中の1つに「いて座矮小銀河」がある（**図12.2**）。この銀河は銀河系中心を挟んで太陽系の反対側にあるため発見が遅れ、1994年に発見された。この銀河の中心部は太陽系から約6.5万光年、銀河系中心から約5万光年離れているが、その形は銀河系の潮汐力によって引き伸ばされて銀河系中心方向に細長く引き伸ばされている。今後、数億年以内には銀河系に完全に飲み込まれると考えられている。

12.5節で述べるように、宇宙における構造形成では、小さい天体が最初にでき、

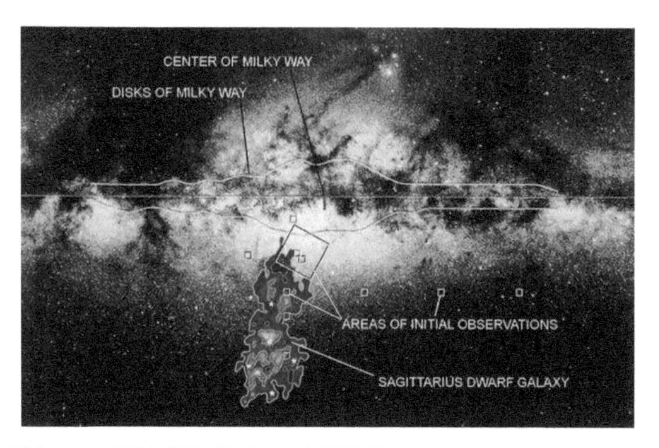

図 12.2　いて座矮小銀河（R. Ibata (UBC), R. Wyse (JHU), R. Sword (IoA)）

それらが集合・合体してより大きな天体をつくるというボトムアップシナリオが支持されている。このシナリオでは銀河も矮小銀河を次々に飲み込んで成長していく。我々の銀河系も同様で、過去何度も周辺の矮小銀河を飲み込んできた。そして「いて座矮小銀河」は、現在進行形でこのシナリオを見せてくれているのである。

12.3 宇宙論的赤方偏移

局所銀河群を離れて、銀河団、超銀河団という宇宙全体に広がる構造は宇宙の膨張と密接に関係している。そのような天体の基本的な観測量は赤方偏移であり、宇宙全体を対象とする場合の赤方偏移について説明しておこう。

第 2 章 2.3 節でドップラー効果による赤方偏移を説明した。遠ざかる光源から受け取る電磁波の波長が長くなって観測されるというのが赤方偏移であった。

$$z = \frac{\lambda_{\rm obs} - \lambda_{\rm em}}{\lambda_{\rm em}} \tag{12.3.1}$$

ここで $\lambda_{\rm em}$ は天体が放射したときの波長、$\lambda_{\rm obs}$ はそれを受け取ったときの波長である。次章と第 14 章で詳しく述べるように、宇宙はビッグバンで始まり現在に至るまで膨張を続けている。この宇宙膨張によって遠方の銀河は、その距離 d に比例した速度 v で遠ざかる。これを**ハッブル–ルメートルの法則**と呼び、以下の式で表す。

$$v = H_0 d \tag{12.3.2}$$

この比例定数 H_0 をハッブルパラメータと呼び（次章 13.1 節も参照）、現在の測定値はおよそ $70\,\mathrm{km\,s^{-1}\,Mpc^{-1}}$ である。この単位は、1 Mpc 遠方の銀河は $70\,\mathrm{km\,s^{-1}}$ の速度で遠ざかっているということである。また、このパラメータの逆数は時間の次元を持つので、それに光速度 c をかけると現在の宇宙の大きさの目安が得られる。

$$\frac{c}{H_0} \simeq 4.3\,\mathrm{Gpc} \tag{12.3.3}$$

宇宙膨張による赤方偏移は、ドップラー効果として説明されることもあるが、まったく同じではない。後退速度が光速度よりもはるかに遅ければ、近似的に

$$z = \frac{v}{c} \tag{12.3.4}$$

が成り立ち、ドップラー効果と同様に扱うことができるが、それはせいぜい $z \sim 0.1$ 程度までである。この範囲ではハッブル–ルメートルの法則から

$$d = \frac{v}{H_0} = \frac{c}{H_0} z \tag{12.3.5}$$

となって、この法則は実際には赤方偏移 z と距離 d の関係とみなすべきものである。

赤方偏移が 0.1 程度以上になると、上のような単純な関係は成り立たず、宇宙のモデルによって違う関係となる。このことについては次章で触れる。宇宙論における赤方偏移とは、現在の宇宙の大きさに対して観測される天体が放射を出したときの宇宙の大きさの比である。現在の宇宙の大きさをある時間の関数 $a(t)$ で表す。この関数を**スケール因子**と呼ぶ。「宇宙が大きくなっている」とは、スケール因子の値が時間の経過と共に大きくなっていることを意味する。そこで現在の宇宙の大きさを 1 としよう。すると過去に行けば行くほどスケール因子は小さくなる。過去の天体から放射された電磁波が現在に伝わるまでには、空間が膨張しているので、その電磁波の波長も引き伸ばされる。これが赤方偏移の原因である。したがって、たとえば宇宙の大きさが現在の半分のときの天体から出た電磁

波の波長は、2倍に引き伸ばされて現在の我々に観測されることになる。すなわち、宇宙の大きさの比がそのまま波長の伸びとなる。こうして赤方偏移と宇宙の大きさ a には次の関係があることが分かる。

$$1+z=\frac{1}{a} \tag{12.3.6}$$

すなわち赤方偏移の大きな天体ほど、昔の宇宙の天体である。現在、ジェームス・ウェッブ宇宙望遠鏡によって観測された最も昔の天体（**図 12.3**）は赤方偏移 16.74 であり、これは宇宙の大きさが現在の 17.74 分の 1 のときの天体であることが分かる。

図 12.3　ジェームス・ウェッブ宇宙望遠鏡によって発見された赤方偏移 16.74 の天体。CEERS-93316 と呼ばれる（Sophie Jewell/Clara Pollock/The University of Edinburgh）

12.4 銀河団

局所銀河群のような小規模の銀河集団は宇宙に無数に存在し、我々から数千万光年の範囲内にも数個の銀河群が存在する。局所銀河群も含めたそれらの銀河群は、より大きな構造である銀河の集団、**銀河団**の周辺に散らばっている。実はそのような銀河群が集まって銀河団をつくったと考えられており、局所銀河群はたまたま周辺部にいて、まだ銀河団に取り込まれていないと考えられている。我々に最も近い銀河団は、おとめ座方向の約 6000 万光年の距離を中心に分布した 3000 個以上の銀河の集団で、「おとめ座銀河団」と呼ばれる。

この集団は視線方向に 3000 万光年から 8000 万光年ほどに伸びた長球状で、中心部には銀河系の10倍以上も明るい巨大楕円銀河M87がある。M87の直径は約13万光年と銀河系とあまり違わないが、球状のため質量は太陽質量の1兆倍以上にもなる。また銀河系の周りには150個程度の球状星団があるのに対して、M87の周りには約1万5000個もの球状星団が存在する。このような巨大な楕円銀河は過去いくつもの銀河を飲み込んで成長したものである。M87の中心部は活動銀河核であり、その活動は太陽質量の65億倍もの質量を持った超巨大ブラックホールに由来する。このブラックホールも過去に飲み込まれた他の銀河中心にあったブラックホールと合体して成長した結果である。2019年には、世界各地の電波望遠鏡のデータを合成して、輝くガスを背景とする黒い穴としてブラックホールが観測された。

一般に銀河団は、中心部に近いほど銀河が密集していて銀河団内部の平均密度は宇宙の平均の100倍以上高く、銀河の衝突・合体が頻繁に起こっている。またM87に限らず、衝突・合体の結果できた超巨大楕円銀河は多くの銀河団に見られ、**cD銀河**と呼ばれる。銀河団の質量は、力学的な平衡状態にある場合はメンバー銀河の速度分散や銀河団を囲むように分布するX線ガスの温度によって評価される。また衝突銀河団など力学的な平衡状態に達していない銀河団に対しては、銀河団が引き起こす重力レンズ効果（**図12.4**）によって評価されるが、不定性がかなり大きい。典型的な質量は、10^{12}〜$10^{15}M_{\odot}$と広い範囲に及ぶが、おとめ座銀河団は$10^{15}M_{\odot}$程度と評価されている。一方で、銀河団のメンバー銀河の光度か

図12.4　銀河団Abell 370による重力レンズ（NASA, ESA, and J. Lotz and the HFF Team (STScI)）

ら質量を評価すると、速度分散や重力レンズ効果から推定した値の数％程度にすぎないという値が得られる。すなわち、銀河団の質量の大半は暗黒物質が担っていることになる。

12.5 暗黒物質

この節では、暗黒物質についてもう少し詳しく説明しておこう。電磁波を吸収も放出もしない物質を**暗黒物質（ダークマター）**と呼ぶ。その正体は、電磁気的な相互作用をしない素粒子であると考えられているが、まだ直接検出されていない。

暗黒物質には2種類あることが知られている。この区別は宇宙の進化と関係がある。暗黒物質はその速度分散（正確には次章で述べる等密度時における速度分散）によって**冷たい暗黒物質**（Cold Drak Matter、略して**CDM**）と**熱い暗黒物質**（Hot Dark Matter、略して**HDM**）に大別できる。CDMは速度分散が光速度に比べてはるかに小さく、HDMは速度分散が光速度程度である。第5章で述べたようにニュートリノ振動の観測からニュートリノは1 eV以下という小さな質量を持っていて、HDMとして振る舞う。一方、CDMの候補の素粒子は現在の素粒子論の枠組みの中では存在しないが、弱い相互作用をする100 GeV程度の大質量の素粒子（Weakly Interacting Massive Particles、略して**WIMP**）の存在が想定されている。

宇宙における構造の形成は、まず暗黒物質の密度揺らぎが成長し、暗黒物質ハローと呼ばれる暗黒物質の塊をつくることから始まる。その暗黒物質ハローの中に水素やヘリウムなどバリオン物質と呼ばれる普通の物質が落ち込んで、中心部で星が形成される。したがって、最初できていた暗黒物質ハローの大きさが、のちの構造形成にとって基本的に重要となる。この章のノートで述べる銀河団の質量の評価を参考にすると、速度分散が大きいほどできるハローが大きなものになることが分かるだろう。したがって暗黒物質がHDMの場合、まず銀河団スケールの巨大な構造がまずつくられて、それが分裂を繰り返して徐々に小さな構造ができていくことになる。この構造形成のシナリオを、**トップダウンシナリオ**という。一方、速度分散の小さなCDMが暗黒物質の場合、小さなスケールにハローが数多くでき、それらの中で星形成が起こり、集合・合体を繰り返して徐々に大きなスケールの天体が形成されることになる。このシナリオを**ボトムアップシナリオ**という。

12.3 節にも述べたように、赤方偏移が 16 を超えるような原始銀河と考えられる天体が発見されており、CDM に基づくボトムアップシナリオが支持されている。なお HDM と CDM の中間の性質を持つ暗黒物質として、質量が 10 keV 程度の質量を持つ電磁相互作用しない素粒子を想定して温かい暗黒物質（Warm Dark Matter、略して WDM）を考えることもあるが、ここでは議論しない。

また暗黒物質の候補として、素粒子ではなく非常に暗く観測にかからないほど小さな天体が銀河のハロー内に存在している可能性も考えられている。このような天体を質量を持つ小さなハロー天体（Massive Compact Halo Objects、略して MACHO）と呼ぶ。MACHO の探査はマゼラン雲の星からの光が銀河系内の MACHO によって曲げられる重力レンズ効果を観測することで行われていて、その候補も何例か存在する。この結果、MACHO は必要とされる暗黒物質全体の数 % 以下にすぎないことが示されている。

12.6 宇宙の大規模構造

銀河団以上の大きな構造として超銀河団が知られている。たとえば超銀河団の一例として、おとめ座銀河団を中心とした約 2 億光年の広がりの中には 10 個程度の銀河団が群がっており、これら全体の構造を「おとめ座超銀河団」と呼ぶ。銀河団が自己重力系、すなわち自分自身の重力によって平衡状態に近い形を保っているのに対して、超銀河団は重力的な束縛が弱く宇宙膨張によって構造自体が大きくなっていく。

このような銀河の階層的な分布は宇宙において一般的なことなのであろうか。その解明のためには、単に多数の銀河の画像を記録する（撮像観測という）だけでは不十分で、個々の銀河までの距離の情報を得るために分光観測を行う必要がある。遠方の銀河に対する分光観測は長時間の露出が必要で、1980 年頃までは現実的な観測時間では不可能であった。しかし、第 1 章 1.5.3 節で述べたように 1980 年代に写真乾板に代わって CCD が利用されるようになり、観測時間が大幅に短縮されたことから、このような分光観測も可能となった。それによって、銀河の**赤方偏移サーベイ**と呼ばれる莫大な数の銀河の赤方偏移を測定する観測計画が次々と実行され、銀河の空間分布を調べることで宇宙の**大規模構造**と呼ばれる構造が明らかになった。

✷SDSS

銀河赤方偏移サーベイの決定版ともいえる**スローン・デジタル・スカイ・サーベイ**（通称 **SDSS**）を紹介しよう。このサーベイは、全天のほぼ 4 分の 1 の領域内の 1 億個の天体の位置と明るさを測定し、分光観測によってそのうち 10 万個の赤方偏移を決定することを目標として、アメリカ、日本の研究機関によって 1999 年に開始された。そのために一度に 1.5 平方度という広い視野（満月の約 8 倍）を観測できる口径 2.5 m の専用望遠鏡がつくられ、u バンドから z バンドまでの 5 つの波長帯で観測できる CCD カメラや一度に 600 個以上もの天体を分光できる装置も開発された。日本のグループはこの望遠鏡のための CCD カメラの製作など重要な役割を果たした。のちにドイツのグループも参加し、いったん SDSS は 2008 年に終了したが、それまでに 2 億個以上の天体が検出され、銀河 93 万個、クェーサー 12 万個、銀河系内の 46 万個の星が分光された。これによって銀河系の周りの赤方偏移 0.15 程度（約 20 億光年過去）の領域における銀河分布が明らかになった（**図 12.5**）。

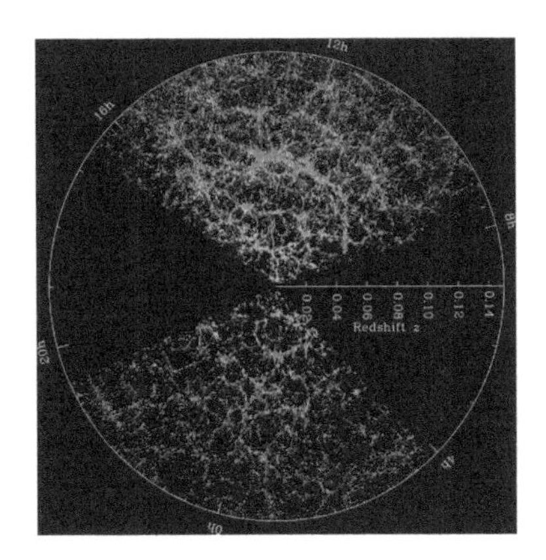

図 12.5　銀河分布の大規模構造（Sloan Digital Sky Survey）

図 12.5 から銀河は一様に分布しているのではなく、銀河群、銀河団、超銀河団が数十 Mpc にわたってフィラメント状に連なっていることが分かる。このようなフィラメントに囲まれた領域は、銀河があまり存在しない空洞となっているため、**ボイド**と呼ばれる。重力レンズの観測からボイドでは暗黒物質の密度も周りより低い。典型的なボイドの大きさは 50〜100 Mpc で、超銀河団と同程度であ

る。このようなフィラメントとボイドがつくる網の目のような構造を宇宙の大規模構造という。

さらに、このプロジェクトはその後もさらに継続され、明るい銀河に対して赤方偏移 1（約 80 億光年過去）程度までのカタログがつくられた。これにより、次章で触れるように、大規模構造の進化など宇宙論の重要な情報が得られている。またクェーサーについては赤方偏移 3 程度（約 117 億光年過去）まで 30 万個以上に対してスペクトル観測が行われ、さらに比較的少数であるが赤方偏移 7（約 130 億年過去）程度のクェーサーも観測されている。これら高赤方偏移のクェーサーから遠方宇宙の状態についてさまざまな情報が得られている。たとえば赤方偏移 7 程度のクェーサー中心部にも太陽質量の 10 億倍程度のブラックホールが存在することが示唆されている。このような莫大な質量を持ったブラックホールがビッグバンから 8 億年程度で成長したことは、宇宙で最初にできた星（種族 III の星）についての情報を与えてくれる。また高赤方偏移のクェーサーのスペクトルにも、ヘリウムよりも重い炭素やマグネシウム、ケイ素などの輝線が観測されることから、最初のクェーサーが生まれるまでの間に銀河において星が大量に生まれた時期があったことを示している。

SDSS は遠方銀河のサーベイだけでなく、これまで知られていなかった銀河系やアンドロメダ銀河の矮小伴銀河を発見したり、多数の超新星を検出したりすることで、次章で述べる宇宙の加速膨張についての豊富な情報を得てきている。

NOTE 銀河団の質量の測定

銀河団の質量の測り方の例として、速度分散による方法を紹介しよう。銀河団はそのメンバー銀河がランダムな運動をすることで、ちょうど空気分子がランダムな運動をすることで圧力を生むように、銀河団全体の重力と対抗して何十億年という長い時間にわたってその形状を保っている。メンバー銀河の速度分散とは、メンバー銀河全体の平均速度と個々の銀河の速度との差の 2 乗平均のことである。銀河団は我々から遠い距離にあるため、銀河団全体が宇宙膨張によってある速度 $\vec{V}_H$ で遠ざかっている。この速度がメンバー銀河の平均速度である。したがって速度分散の 2 乗とは、全体で N 個の銀河があって I 番目の銀河の速度を $\vec{V}_I$（$I = 1, 2, \ldots, N$）としたとき、以下の式で定義される。

$$\langle \Delta v^2 \rangle \equiv \frac{1}{N} \sum_{I=1}^{N} \left(\vec{\Delta} v \right)^2 \tag{12.6.1}$$

ここで $\vec{\Delta} v_I = \vec{V}_I - \vec{V}_H$ は I 番目の銀河の平均速度からのずれである。実際に観測されるのは、各銀河の視線方向の速度成分だけなので、速度分散 $\sigma \equiv \sqrt{\langle \sigma^2 \rangle}$ としては、ランダム成分が等方的であるとしてこの 3 分の 1 を用いる。

$$\langle \sigma^2 \rangle = \frac{1}{3} \langle \Delta v^2 \rangle \tag{12.6.2}$$

さて銀河団が力学的に平衡状態であるとすると、系全体の運動エネルギー K とポテンシャルエネルギー V の長時間平均の間には、以下の**ビリアル定理**と呼ばれる関係が成り立つ。

$$2\langle K \rangle + \langle V \rangle = 0 \tag{12.6.3}$$

簡単のため銀河団が半径 R の球状で、メンバー銀河がすべて同じ質量 m を持つとしよう。すると運動エネルギーとポテンシャルエネルギーは以下のように評価される。

$$K = \sum_{I=1}^{N} \frac{1}{2} m \vec{v}_I^2 = \frac{3}{2} N m \langle \sigma^2 \rangle = \frac{3}{2} M \langle \sigma^2 \rangle \tag{12.6.4}$$

$$V = -\frac{GM^2}{R} \tag{12.6.5}$$

したがって、ビリアル定理から質量 M が以下のように推定される。

$$M = \frac{3\langle \sigma^3 \rangle R}{G} \simeq 2 \times 10^{15} \left(\frac{\sigma}{1000\,\mathrm{km}} \right)^2 \left(\frac{R}{3\,\mathrm{Mpc}} \right) M_\odot \tag{12.6.6}$$

一方、典型的な銀河団の明るさは、太陽の光度を $L_\odot \simeq 4 \times 10^{33}\,\mathrm{erg\,s^{-1}}$ とすると

$$L \simeq 5 \times 10^{12} L_\odot \tag{12.6.7}$$

であるから、銀河団の質量–光度比は

$$\frac{M}{L} \simeq 400 \frac{M_\odot}{L_\odot} \tag{12.6.8}$$

となる。これは銀河団が太陽質量の約 400 倍の放射を出していない質量を含んでいるということである。

宇宙膨張と宇宙マイクロ波背景放射

現在の天文学、物理学は宇宙が 138 億年前に超高温、超高密度状態から爆発的に始まり、膨張し続けていること、そしてその過程で星が生まれ、銀河が生まれ、そして生命が誕生したことを教えている。しかも我々が通常の天文学的な観測手段である電磁波によって見ているのは、宇宙全体のエネルギーの 5 % 程度にすぎず、残りの 95 % は正体不明のエネルギーで満たされていることが分かっている。このような宇宙の創成から現在、そして未来までを理解しようとするのが宇宙論である。この章と次章の 2 つの章で宇宙論を学ぶ。

この章では、宇宙論の基礎となる宇宙膨張と宇宙マイクロ波背景放射の観測、そして、それから導かれる宇宙の歴史について学んでいく。

13.1 宇宙膨張の発見

宇宙論の最も重要な発見は、宇宙が膨張していることである。このことはハッブル–ルメートルの法則として発見された。

第 1 章 1.5.2 節、第 11 章 11.1 節で述べたように、セファイド変光星の光度–周期関係の発見によって、人類は銀河系を超えてほかの銀河までの距離を測る方法を手に入れた。1920 年代、セファイド変光星を利用して、ハッブルは近傍のいくつかの銀河に対し、それらの距離と速度を測定した。速度の測定手法として、分光観測によってスペクトルをとり、いくつかの輝線の波長を測定すればドップラー効果によって視線方向の速度が分かる。ハッブルは多くの銀河は我々からの距離 d に比例した速度 v で遠ざかっているという傾向を発見して、それを次のように表した。

$$v = H_0 d \tag{13.1.1}$$

この比例係数を**ハッブルパラメータ**、あるいは**ハッブル定数**という。この法則はかつてハッブルの法則と呼ばれていたが、現在では**ハッブル–ルメートルの法則**と呼ばれる。それは 1929 年のハッブルによる発表の数年前に、ベルギーの物理学者ジョルジュ・ルメートル（1894〜1966）が、この法則を予言していたからである。

ハッブルの得た値は、$H_0 = 530\,\mathrm{km\,s^{-1}\,Mpc^{-1}}$ であった。この単位は 1 Mpc 離れた銀河は速度 $530\,\mathrm{km\,s^{-1}}$ で我々から遠ざかっているということである。したがって 10 Mpc 遠方の銀河はその 10 倍の速度で遠ざかっていることになる。

この法則の意味するところは重大である。この法則を過去に向かって適用すると、1 Mpc 離れた銀河は $530\,\mathrm{km\,s^{-1}}$ で我々に近づくことになり、したがってこの銀河と我々の銀河系の距離が 0 だった時間が次のように計算できる。

$$t_0 = \frac{1}{H_0} = \frac{1\,\mathrm{Mpc}}{530\,\mathrm{km\,s^{-1}}} \simeq 18.4\ 億年 \tag{13.1.2}$$

すなわち、この銀河が 18.4 億年前に我々の銀河系から飛び出したことになる。この銀河だけではなく 10 Mpc 離れた銀河も 100 Mpc 離れた銀河も、すべての銀河が 18.4 億年前には銀河系から飛び出していったことになるのである。すなわち宇宙には始まりがあって、しかも宇宙の中心が我々の銀河系ということになる。

第 11 章 11.1 節でも述べたが、現在ではセファイド変光星の種族の違いなどのためにハッブルの得たこの数値は誤りであることが分かっており、宇宙年齢としては短すぎる。現在の観測値 $H_0 \simeq 70\,\mathrm{km\,s^{-1}\,Mpc^{-1}}$ を採用すると、宇宙の年齢は 140 億年程度と見積もられ、十分な長さとなる。一方、我々の銀河系が宇宙の中心であることはありそうもない。どの銀河から見てもほかの銀河はその距離に比例して遠ざかっているとみなすべきであろう。これが可能なことはハッブル–ルメートルの法則を我々の銀河系を原点としてベクトルの形で表してみれば分かる。すなわち我々の銀河系 M ともう 1 つの銀河 A を考えて、それぞれの位置ベクトルを $\vec{d}_\mathrm{M}, \vec{d}_\mathrm{A}$ とすれば、ハッブル–ルメートルの法則は次のように書ける。

$$\vec{v}_\mathrm{A} = H_0 \vec{d}_\mathrm{A} \tag{13.1.3}$$

そこでもう 1 つ銀河 B を考えよう。銀河 B の位置ベクトル $\vec{d}_\mathrm{B}$ と速度を $\vec{v}_\mathrm{B}$ とすると、銀河 B に対するハッブル–ルメートルの法則は次のように書ける。

$$\vec{v}_{\mathrm{B}} = H_0 \vec{d}_{\mathrm{B}} \tag{13.1.4}$$

これら 2 つの式を引き算すると、

$$\vec{v}_{\mathrm{A}} - \vec{v}_{\mathrm{B}} = H_0 \left(\vec{d}_{\mathrm{A}} - \vec{d}_{\mathrm{B}} \right) = H_0 \vec{d}_{\mathrm{AB}} \tag{13.1.5}$$

この式は、2 つの銀河 A, B はその距離 d_{AB} に比例した速度でお互いに遠ざかっていることを示している。すなわちどの銀河から見てもお互いの距離は遠ざかっているのである（**図 13.1**）。

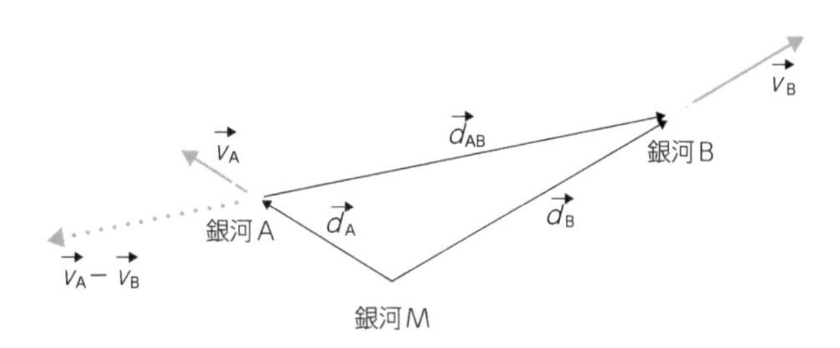

図 13.1　我々の銀河系 M と 2 つの銀河 A、B の関係

こうしてハッブル–ルメートルの法則は、あらゆる銀河がお互いにその距離に比例した速度で遠ざかっていて、あらゆる銀河は $1/H_0$ の過去に 1 点に重なっていたことを意味しているのである。このことは、個々の銀河は空間に固定されていて、空間自体が膨張しているとすると説明することができる。こうしてハッブル–ルメートルの法則の発見は、空間の膨張と解釈され、この法則の発見をもって宇宙膨張の発見とされる。実際には銀河は空間に固定されているわけでなく、近くに銀河があればその重力を受けて運動する。さらに銀河団内部のように銀河同士が近ければそれらの重力の影響の方が宇宙膨張より圧倒的に大きく宇宙膨張の影響を受けない場合もある。宇宙膨張を考えるときにはある程度銀河同士の間隔が離れているか、あるいは銀河団のように重力的に束縛した系全体の運動を想定している。

一般に個々の銀河の運動は我々の銀河系を空間の原点とすれば、以下のように

2 つの成分に分けることができる。

$$\vec{v} = H_0\vec{d} + \vec{v}_{\rm pec} \tag{13.1.6}$$

この右辺の第 1 項は宇宙膨張による速度でこれを**ハッブル流**といい、第 2 項は考えている銀河の近傍の銀河の影響による速度で**特異速度**と呼ばれる。観測される遠方銀河の速度はこの合成であり、したがってハッブル流を明確な形で見るには、その速さが特異速度よりも速くなるような遠方の銀河を観測する必要がある。特異速度は数百 $\rm km\,s^{-1}$ 程度以上にもなり、したがってハッブルパラメータ H_0 の値を $70\,\rm km\,s^{-1}\,Mpc^{-1}$ とすれば、$\sim 500/70 \simeq 7\,\rm Mpc$（$\simeq 2300$ 光年）程度以上の多数の銀河の速度を調べる必要がある。ハッブルは 2 Mpc 程度までの銀河の後退速度を測ってハッブル流を観測したと考えたが、この距離ではハッブル流が明瞭に見えるはずはなく、距離を誤って過小評価し、実際には十数 Mpc 程度までの銀河の速度を測っていたため、宇宙膨張をかろうじて発見できたのであった。

ハッブルパラメータの値は、上にも評価したように宇宙の年齢の目安となり、またそれに光速度をかけるとその時間の間に光が進む距離として宇宙の大きさの目安を与えてくれる。さらに次式のように重力定数 G と組み合わせることで、臨界密度と呼ばれる現在の宇宙の典型的な密度を与えてくれる。

$$\rho_{\rm cr,0} = \frac{3H_0^2}{8\pi G} \simeq 0.87 \times 10^{-29}\,\rm g\,cm^{-3} \tag{13.1.7}$$

このようにハッブルパラメータの値は宇宙のスケールの目安を我々に与えてくれるため、宇宙を特徴づける最も重要なパラメータとして、ハッブル–ルメートルの法則の発見以来長い間測定が行われてきた。

この値の測定が容易でない理由は、やはり遠方銀河までの距離の正確な測定が困難なことにある。そもそもセファイド変光星は完全な標準光源ではなく、その化学組成によっても光度–周期関係にある程度のばらつきがある。さらにセファイド変光星を利用して距離を推定するには遠方銀河を個々の星に分解して変光星を探さなければならないが、これが可能なのはハッブル宇宙望遠鏡をもってしても 20 数 Mpc 程度までの銀河であり、それ以上遠方の銀河に対してはセファイド変光星を用いて距離の測定はできない。

より遠方の銀河を観測するためにはセファイド変光星よりも明るい標準光源が

必要である。いくつかの標準光源のうち、ここでは 2 つの例を紹介しよう。

1. タリー–フィッシャー関係

1 つは銀河そのものを標準光源として使う方法で、1970 年代に発見された。円盤銀河には円盤の回転速度 V（水素の 21 cm 線で測定）と絶対光度 L の間に、次の**タリー–フィッシャー関係**と呼ばれる相関があることが知られている。

$$L \propto V^n \tag{13.1.8}$$

べき指数 n は観測する波長帯によって異なり、3〜4 程度となる。この関係を用いると回転速度を測ることによって約 100 Mpc 程度までの銀河の距離が推定できるが、この関係にも銀河固有の性質によるばらつきが大きい。

2. Ia 型超新星

さらに遠方の銀河に対しては 1990 年代以降、**Ia 型超新星**が標準光源として用いられている。Ia 型超新星とは白色矮星の爆発現象で、第 10 章 10.1 節で述べたように白色矮星は電子の縮退圧で支えられており、その質量はチャンドラセカール限界質量程度となる。このため Ia 型超新星の絶対等級は理論的にある程度推定できる。それによると Ia 型の絶対等級は -19.5 等程度となり、1 つの銀河の絶対等級に匹敵するほど明るくなる。このタイプの超新星にも個性があり、すべてがまったく同じ絶対等級を持っているわけではないが、最大の明るさになってからの減光の様子で次のように絶対等級を補正すると、非常に精度の良い標準光源になることが示されている。

$$M_B = 0.8\,(\Delta m_{15} - 1.1) - 19.5 \tag{13.1.9}$$

ここで M_B は B バンドで測った絶対等級、Δm_{15} は最も明るく観測されたときから 15 日後までに減光した等級である。Ia 型超新星は数千 Mpc（赤方偏移 2 程度）まで観測されていて、ハッブル定数の測定ばかりでなく、次に述べる加速膨張の発見に大きく貢献した。

ハッブルパラメータの評価には、このほか 13.3 節で紹介する CMB（宇宙マイクロ波背景放射）の温度揺らぎの観測も用いられる。この方法は温度揺らぎの観測で得られるデータをいくつかの宇宙論パラメータで指定される宇宙論モデルとフィッティングしてパラメータを求める方法で、ヨーロッパの観測衛星「プランク」によるハッブルパラメータの測定値として、2018 年に以下の値が得られている。

$$H_0^{\mathrm{CMB}} \simeq 67.4 \pm 0.5\,\mathrm{km\,s^{-1}\,Mpc^{-1}} \tag{13.1.10}$$

一方で、ハッブル–ルメートルの法則を用いたハッブルパラメータの測定値は $72\,\mathrm{km\,s^{-1}\,Mpc^{-1}}$ 程度となっていて、統計誤差以上の食い違いが見られる。この問題はハッブルテンションと呼ばれ、まだ解決されていない。

宇宙膨張の様子

宇宙の膨張の様子を理解することは簡単である。それは地上から物体を真上に投げ上げる状況とまったく同じだからである。ボールを真上に投げ上げると、その速さはだんだん遅くなるが、それは地球の重力によって引っ張られているからである。しかしある速度以上で投げ上げると地球の重力を振り切って宇宙に飛んでいく。この速度を脱出速度という（第二宇宙速度ともいう）。脱出速度はボールの運動エネルギーと地球の重力による位置エネルギーの和が保存することから容易に求められる。地球の半径を R として、初速度を v とすれば全エネルギーは次のように書ける。

$$E = \frac{1}{2}mv^2 - \frac{GMm}{R} \tag{13.1.11}$$

この全エネルギーが負になると重力による束縛の方が大きくなって、やがて地球に戻ってくる。したがって脱出速度は全エネルギーが 0 になる速度ということになる。

$$v_{\mathrm{cr}} = \sqrt{\frac{2GM}{R}} \tag{13.1.12}$$

地球の半径 $R \simeq 6400\,\mathrm{km}$ を代入すると $V_{\mathrm{cr}} \simeq 11.2\,\mathrm{km\,s^{-1}}$ となる。初速度がこの速度より速ければ地球の重力を振り切って宇宙に飛び出していくが、減速していることは変わらない。すなわち、全エネルギーが正なら上昇を続け、負なら下降に転じる。

宇宙膨張も宇宙の膨張の運動エネルギーと宇宙に含まれるエネルギーによる重力エネルギーの和として全エネルギーを考えることができて、全エネルギーが正なら運動エネルギーの方が重力エネルギーよりも勝り、宇宙は永遠に膨張を続ける。一方、全エネルギーが負なら重力によって宇宙はいずれ収縮してつぶれてしまう。その境目を決めているのが、次式で与えられる臨界密度である。

$$\rho_{\rm cr} \equiv \frac{3H_0^2}{8\pi G} \simeq 1.88 \times 10^{-29} h^2 \,{\rm g\,cm^{-3}} \tag{13.1.13}$$

ここで h は

$$h \equiv \frac{H_0}{100\,{\rm km\,s^{-1}\,Mpc^{-1}}} \tag{13.1.14}$$

で、ハッブルパラメータを $100\,{\rm km\,s^{-1}\,Mpc^{-1}}$ を単位として測った値である。すなわち、宇宙に含まれるすべてのエネルギー密度が臨界密度以下の場合、宇宙は永遠に膨張し、臨界密度以上の場合、宇宙はいずれ収縮に転じてつぶれてしまうのである。

13.1.1 加速膨張の発見

1990 年代後半の Ia 型超新星を標準光源とする観測は、それまでの宇宙論の常識を破る発見をもたらした。宇宙が加速膨張をしているという発見である。

加速膨張とは、膨張の速度がだんだん速くなっていく膨張のことである。上でも述べたように宇宙の膨張は地面から真上に投げたボールの運動と同様で必ず減速しながら膨張すると考えられていた。加速膨張を地表面から上に投げ出されたボールの運動にたとえると、地球の重力に引かれているにもかかわらずボールの上向きの速度がどんどん速くなっていくことに対応することになり、受け入れがたかったのである。

この観測を詳しく見てみよう。Ia 型超新星は本当の明るさが理論的に推定できる標準光源であるので、その見かけの明るさとの比較から距離が分かり、分光観測から赤方偏移が分かる。1 個 1 個の超新星の距離と赤方偏移が分かるということである。さて赤方偏移とは宇宙の大きさを表していた。したがって、現在から見て宇宙の大きさが a のときまでの距離が分かることになる。すなわち、宇宙がどのように大きくなってきたかが分かるのである。これを示したのが**図 13.2** である。横軸が赤方偏移、縦軸が見かけの等級と絶対等級の差である。この差が大きくなるほど暗く見える、すなわち、遠くにあるということである。

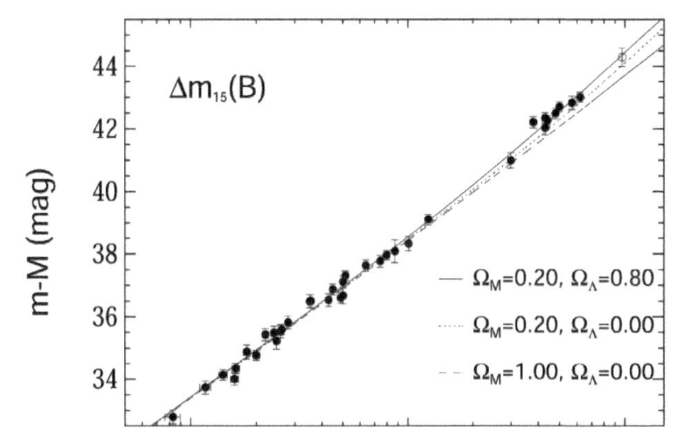

図 13.2　Ia 型超新星の赤方偏移–距離関係と宇宙モデル（A. G. Riess et al., *Astronomical Journal*, 116, 1009 (1998)）

超新星がどのように暗く見えるかは、宇宙がどのように広がっているかで決まっている。図 13.2 に描かれている 3 つの曲線は、それぞれ膨張の様子が異なる宇宙を表す。ある赤方偏移 z の超新星（現在の宇宙の $1/(1+z)$ の大きさのときに爆発した超新星）からの光が現在に届くまでの距離が、それぞれの宇宙で異なるということである。一番上の実線で表された宇宙は加速膨張している宇宙、ほかの 2 つの曲線で表される宇宙は減速膨張している宇宙である。一番上の実線で表される宇宙では、同じ赤方偏移の超新星がほかの宇宙よりも暗く見えることが分かる。それは加速膨張して現在観測される膨張速度になったのだから、ずっと減速膨張していて同じ膨張速度になった宇宙に比べると過去のある時間までは宇宙はゆっくり膨張していたはずである。したがって宇宙の年齢は長くなり、超新星からの光が現在に届くまでに時間がかかってそれの分暗くなるということである。図の縦棒の中に丸印が書いてあるのが実際に観測された超新星の見かけの明るさである。縦棒は観測誤差を表している。この図から一番上の実線で表される宇宙が観測結果を一番良く再現していることが分かる。

こうして Ia 型超新星の観測から、宇宙は加速膨張をしていることが分かったのである。より詳細な観測結果と理論との比較によって、宇宙は赤方偏移 0.3 程度、宇宙年齢にして 100 億年程度までは減速膨張で、それ以降加速膨張を始めたことが示されている。

暗黒エネルギー

さて加速膨張の原因は何だろうか。重力は万有引力とも呼ばれることから分かるように引力であり、宇宙膨張を減速する。我々がすでに知っている物質や電磁波、また暗黒物質のエネルギーの及ぼす重力は引力であるから、宇宙膨張を加速するには、我々がまったく知らないエネルギーが宇宙に存在すると考えなければならない。そのエネルギーを**暗黒エネルギー**（**ダークエネルギー**）と呼んでいる。現在のところ暗黒エネルギーの正体については分かっていない。

加速膨張の発見によって暗黒エネルギーの存在が浮かび上がったが、実はすでに暗黒エネルギーに相当するものは 1916 年、アインシュタインによって提案されていた。当時宇宙膨張は発見されておらず、宇宙は無限の過去から無限の未来まで永遠に存在すると信じられていた。しかしニュートンの重力理論に代わる新しい重力理論としてアインシュタインが作った一般相対性理論を宇宙全体に当てはめると、永久に存在する宇宙はどのようにしても作れなかった。それは重力が引力であるので当然のことであったが、アインシュタインは宇宙項と呼ばれることになる新たな項を重力と釣り合うように方程式に付け加えたのである。この項によって時間的に変化しない宇宙を作れることを示したが、この宇宙は非常に不安定ですぐに潰れてしまうか、爆発してしまうようなものであったため、結局、時間的に変化しない宇宙をつくる試みは失敗に終わった。のちに宇宙膨張が発見されたことを知ったアインシュタインは、宇宙項を導入したことを「人生最大の失敗」と悔やんだという。

アインシュタインが導入した項で表されるエネルギーを**宇宙定数**と呼び、Λ で表す。[*1] 現在的な観点では、宇宙定数は暗黒エネルギーの一種であると考えられる。現在までの観測では宇宙定数が暗黒エネルギーの最有力候補である。宇宙定数のエネルギー密度 ρ_Λ と臨界密度 ρ_{cr} の比を宇宙定数の密度パラメータ Ω_Λ と

---

*1　宇宙定数のエネルギーは

$$\rho_\Lambda = \frac{\Lambda}{8\pi G} \tag{13.1.15}$$

で与えられる。この章のノート参照。

いう。

$$\Omega_\Lambda = \frac{\rho_\Lambda}{\rho_{\rm cr}} \tag{13.1.16}$$

現在の観測では $\Omega_\Lambda \simeq 0.7$ で、以下の関係が成り立っている。式中の $\Omega_{\rm m}$ は、原子などの通常の物質と暗黒物質のエネルギー密度の和を臨界密度 $\rho_{\rm cr}$ で割ったものである。

$$\Omega_{\rm m} + \Omega_\Lambda \simeq 1 \tag{13.1.17}$$

13.2 宇宙マイクロ波背景放射の発見

宇宙論の観測として宇宙膨張と並ぶもう 1 つの重要な発見は、宇宙が超高温、超高密度状態から始まったというビッグバン理論の直接的な証拠である。

13.2.1 CMBの発見とその意味

1965 年、宇宙が超高温、超高密度状態から始まったという直接的な証拠が発見された。それが宇宙全体をくまなく満たす波長 1 cm 程度の電磁波の発見である。この波長帯の電磁波をマイクロ波というので、この電磁波を**宇宙マイクロ波背景放射**（Cosmic Microwave Background を略して CMB）という。

このマイクロ波の存在は、ビッグバン理論の提唱者のジョージ・ガモフ（1904～1968）とその共同研究者ラルフ・アルファー（1921～2007）、ロバート・ハーマン（1914～1997）によってすでに 1946 年に予言されていた。彼らは宇宙初期が超高温、超高密度状態だとすると、放射も物質もすべて同じ温度となり、熱平衡状態と呼ばれる状態が実現されること、そして宇宙が膨張すると波長が伸びるため放射の温度が下がって現在はマイクロ波として存在することを予言した。

1965 年、アメリカの通信会社に勤めていたアルノ・ペンジアスとロバート・ウィルソンが衛星通信アンテナの雑音のマイクロ波が宇宙のあらゆる方向からやってきたものであることを発見した。彼らは、ガモフたちの予言を知らなかったのはもちろん、このマイクロ波の原因も分からなかった。宇宙初期の高温、高密度状態の名残として宇宙を満たしているマイクロ波の検出を目指していたグループもあったが、結果としてペンジアスたちによって偶然に発見されたのである。

CMBが宇宙初期の超高温、超高密度状態の名残であるというのは次のような意味である。一般に超高温、超高密度の状態では熱平衡が実現されている。熱平衡状態とは、宇宙の各部分、各成分の間に正味の熱の出入りがない状態である。このとき、第2章末のノートで述べたように、放射のスペクトルはプランク分布となる。プランク分布は1つのパラメータでその形が完全に決まり、そのパラメータが温度であった。放射は莫大な数の光子の集団で、さまざまな波長の光子がプランク分布に従って存在する。宇宙の膨張とは空間の膨張であるので、光子の波長もそれに従って引き伸ばされる。光子のエネルギーはその波長に反比例するので、宇宙が膨張するにつれエネルギーが下がってくる。こうして宇宙初期に高温のプランク分布だった放射は、宇宙膨張（aが大きくなる、あるいは赤方偏移zが小さくなる）につれて、すべての光子の波長が伸び、プランク分布のまま温度を次のように下げていく。

$$T(a) \propto \frac{1}{a} \tag{13.2.1}$$

前章12.3節で述べたように、赤方偏移zとスケール因子aの関係は、現在のスケール因子を1と規格化すると(12.3.6)式、すなわち

$$1 + z = \frac{1}{a} \tag{13.2.2}$$

であるから、現在の温度をT_0と書くと赤方偏移zのときの宇宙の温度は以下のように書ける。

$$T(z) = (1 + z)T_0 \tag{13.2.3}$$

次章で詳しく述べるように、ガモフたちは宇宙膨張からの自然な帰結として初期宇宙が超高温、超密度状態の熱平衡状態と考え、そこで起こる核反応による元素合成が現在の宇宙に存在する元素の起源とした。彼らはまた初期宇宙が熱平衡状態なら上で見たように温度が(13.2.3)式のように下がっていくため、現在5K程度の黒体放射（プランク分布の放射）が宇宙に満ちていると予言した。1965年、実際に観測された温度は3K（1965年の時点）であったが、この予言が確認されたのである。

13.2.2 放射優勢宇宙

現在の宇宙の CMB のスペクトルが 2.725 K の黒体放射であることは、1989 年に NASA が打ち上げた CMB 観測衛星 COBE によって確認された。この温度に対応する CMB のエネルギー密度は、第 2 章の (2.3.11)〜(2.3.12) 式を用いて、次のように見積もることができる。

$$\rho_{r,0} = \frac{8\pi^5 k_B^4}{15h^3c^3}T_0^4 = 7.84 \times 10^{-34}\,\mathrm{g\,cm^{-3}} \tag{13.2.4}$$

一方、現在の宇宙における物質のエネルギー密度 $\rho_{m,0}$ は (13.1.13) 式の臨界密度程度であることが観測されている。

$$\rho_{m,0} \sim \rho_{\mathrm{cr},0} \sim 10^{-29}\,\mathrm{g\,cm^{-3}} \tag{13.2.5}$$

したがって、現在の宇宙では物質の方が圧倒的に優勢である。しかし、宇宙の初期に遡るとどうなるだろう。

それを知るには CMB のエネルギー密度 ρ_r と物質のエネルギー密度 ρ_m がどのように時間変化するか、あるいはスケール因子 a に依存するかが分かればよい。CMB は光子の集団であるから、そのエネルギー密度は光子の数に 1 個当たりのエネルギーをかけて体積（スケール因子の 3 乗と思えばよい）で割ればよい。光子数は宇宙膨張で変わらないが、1 個の光子のエネルギーはその波長に反比例するので宇宙膨張によってスケール因子の逆数に比例して変化する。したがって CMB のエネルギー密度は、スケール因子の a^{-4} に比例する。このことは放射のエネルギー密度が温度の 4 乗に比例し、かつ温度がスケール因子に反比例することからも分かる。

$$\rho_r(a) = \frac{\rho_{r,0}}{a^4} \tag{13.2.6}$$

一方、物質のエネルギー密度も粒子の数に個々の物質粒子のエネルギーをかけ体積で割ればよいが、粒子のエネルギー E は静止質量 m が持つエネルギーと考えてよい。*2 したがって物質のエネルギー密度は、宇宙膨張によって粒子数は変化

*2　相対性理論では質量とエネルギーは次の関係にあり、等価である。

しないから、体積の変化だけとなる。体積はスケール因子の 3 乗に比例するから結局、

$$\rho_m(a) = \frac{\rho_{m,0}}{a^3} \tag{13.2.8}$$

となる。

宇宙の過去にいけば（a が小さくなるほど）、放射のエネルギー密度も物質のエネルギー密度も大きくなるが、放射の方がスケール因子 a^{-1} だけ速く大きくなる。したがって、宇宙初期のある時期、放射と物質のエネルギー密度が等しくなる。この時期を**等密度時**といい、$\rho_r(a_{\rm eq}) = \rho_m(a_{\rm eq})$ から次のように求められる。

$$a_{\rm eq} = \frac{\rho_{r,0}}{\rho_{m,0}} \simeq 2.8 \times 10^{-4} \tag{13.2.9}$$

すなわち宇宙の大きさが現在の約 3400 分の 1 程度の頃（ビッグバンから約 4 万 7000 年後）、2 つのエネルギー密度は等しくなり、それ以前の宇宙では放射のエネルギー密度の方が優勢になっている。このような時期を**放射優勢期**という。

次章で述べるように、ビッグバンから約 3 分後の放射優勢期における宇宙で、存在するのは陽子、ヘリウム原子核、電子、ニュートリノ、暗黒物質粒子である。ニュートリノと暗黒物質粒子は、光子と同じ程度の数存在するがほかの粒子とほとんど相互作用しないので、宇宙マイクロ波背景放射との関係では無視してよい。一方、電荷を持った粒子（陽子、ヘリウム原子核、電子）は光子数の数十億分の 1 程度しか存在せず、さらにこれらの粒子（特に質量の小さな電子）は光子を頻繁に散乱することで光子と強く結びついて一体として運動する流体のように振る舞う。この流体を**光子–バリオン流体**という（ここでバリオンとはクォークと呼ばれる素粒子からできた粒子のことをいう。陽子や中性子はバリオンである。電子はバリオンではないが、バリオン物質というときには、電子と陽子、中性子からできた原子も含める）。

光子とバリオン物質が強く結びついた状態は、陽子が電子を捕獲して中性の水素原子ができるまで続く。それは宇宙の温度が十分下がって、水素原子を壊すほ

$$E = mc^2 \tag{13.2.7}$$

粒子のエネルギーには運動エネルギーもあるが、運動の速度が光速度に比べて十分小さい場合は無視できる。その意味でここで考えている物質のことを非相対論的エネルギーともいう。これに対して放射のエネルギーを相対論的エネルギーという。

どのエネルギーを持った光子が少なくなるときである。水素原子ができ始めるのはビッグバンから 20 数万年後、宇宙の温度が 4000 K 以下に下がったときである。水素原子ができ始めると光子を散乱する電子の数が徐々に減っていき、ビッグバンから約 38 万年後、宇宙の温度が 3000 K 程度まで下がったとき（赤方偏移約 1090)、最終的に電子による光子の散乱が起こらなくなる。このときの宇宙を**最終散乱面**という。もちろん宇宙空間は面ではないが、現在から見るとすべての時刻（赤方偏移）の宇宙は天球面に射影されているので、特に $z = 1090$ の天球面を最終散乱面というのである。最終散乱面を**宇宙の晴れ上がり**ともいう。それまで見えなかった宇宙が最終散乱面以降、空が晴れ上がったように見えるからである。

13.3 CMB の温度揺らぎ

最終散乱面以前の宇宙では光子は電子に散乱されてまっすぐに進めない。無数の散乱の末、最終散乱面に届いた光子が最後に散乱されて以降、波長を伸ばしながら直進して現在まで届いたものが、宇宙マイクロ波背景放射として観測されるのである。したがって宇宙マイクロ波背景放射（CMB）を観測することは、ビッグバンから 38 万年後の最終散乱面を観測することでもある。CMB の観測結果からその当時の宇宙の様子が分かるのである。そのような観測として CMB の温度揺らぎを取り上げる。

温度揺らぎとは、さまざまな方向からやってくる CMB の強度（温度）が微妙に異なることである。式で書くと $T_0 = 2.725\,\mathrm{K}$ を平均温度とすると温度揺らぎは次式で表される。

$$\frac{\delta T(\Delta\theta)}{T_0} = \frac{T(\vec{n}_1) - T(\vec{n}_2)}{T_0} \tag{13.3.1}$$

ここで $\vec{n}_1, \vec{n}_2$ は、天球上で角度 $\Delta\theta$ 離れた 2 点から観測者の方向に向かう方向ベクトル、$T(\vec{n})$ は $\vec{n}$ 方向の温度である。

この温度揺らぎは、CMB 観測衛星 COBE によって 1992 年に発見された。温度揺らぎの精密な観測は宇宙論を精密科学へと進展させ、宇宙論の観測で最も重要なものである。

実際には COBE 以前の 1970 年代にはすでに温度揺らぎの存在は知られてい

た。その揺らぎは双極異方性と呼ばれるもので、我々の太陽系がCMBに対して、ある速度で運動していることが原因である。一般に運動の速度ベクトルを $\vec{v}$ とすると、観測する方向 $\vec{n}$ での温度揺らぎは次のように表される。

$$\frac{\delta T(\vec{n})}{T_0} = \vec{n} \cdot \frac{\vec{v}}{c} \tag{13.3.2}$$

図 13.3 に観測された温度揺らぎを示した。この図は全天を表しているので、ある方向（銀河系円盤を赤道面、緯度 0 度とし銀河中心方向を経度 0 度とする座標系で経度 264 度、緯度 48 度）に温度が高く、それと反対方向に温度が低いことが分かる。観測された揺らぎの大きさは約 3.36 mK で、これから太陽系が温度の高い方向に向かって 370 km s^{-1} で運動していることを意味している。

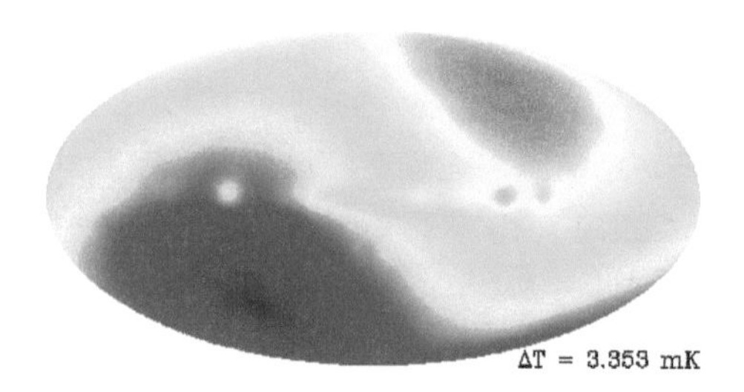

図 13.3　太陽系の運動による CMB の温度揺らぎ（NASA）

1992 年に COBE で発見された温度揺らぎは、このような太陽系の運動に起因する双極異方性ではなく、宇宙初期起源の揺らぎである。この温度揺らぎの存在は予想されていたものであったが、発見された揺らぎは 10 万分の 1 程度と非常に小さなものであった。現在の宇宙に存在するさまざまな天体は過去のある時期の宇宙に形成されたものであるが、そのためには過去の宇宙に何らかの物質密度の凹凸が存在しなければならない。密度の高い領域は重力が強いため周囲からさらに物質を引き寄せ、さらに高密度へと成長していき、最終的に天体が生まれると考えられる。すぐ後に述べるように CMB はビッグバンから約 38 万年後、温度が 3000 K になって宇宙が晴れ上がったときに出たので CMB の温度揺らぎはその時点での宇宙の密度揺らぎの存在を反映している。したがって温度揺らぎが発見されたことは予想通りであったが、その揺らぎの観測値が 10 万分の 1 程度と非常に小さいことが予想外だったのである。

図 13.4　プランク衛星が捉えた CMB の温度揺らぎ（ESA, Planck Collaboration）

というのは、密度揺らぎはスケール因子に比例して成長する。宇宙が 2 倍になれば密度揺らぎも 2 倍になり、10 倍になれば 10 倍に成長するということである。現在の CMB の温度は 2.725 K であるから、宇宙の温度が 3000 K のときは $2.725/3000 \sim 1/1100$ となって、現在の宇宙の 1100 分の 1 程度の大きさである。したがって、3000 K のときに 10 万分の 1 だった揺らぎは、現在までにその 1100 倍しか成長していないことが分かる。一方で、たとえば銀河の平均密度は $1\,\mathrm{g\,cm^{-3}}$ 程度であるから現在の平均密度を臨界密度程度とすれば、現在の宇宙の密度揺らぎは 10^{29} にもなる。10^{-5} 程度の揺らぎから現在までのこの大きな揺らぎができないことは明らかである。この謎は暗黒物質の存在によって解明されることは、次章で述べる。

図 13.4 はヨーロッパ宇宙機構が 2009 年に宇宙マイクロ波背景放射の観測のために打ち上げたプランク衛星が捉えた温度揺らぎである。この図では太陽系の運動起源の温度ゆらぎは引き去っている。プランク衛星は、それ以前の NASA の WMAP 衛星よりも数倍の解像度で温度揺らぎを観測した。この温度揺らぎを定量的に示したのが温度揺らぎのパワースペクトルと呼ばれる**図 13.5** である。パワースペクトルとは揺らぎの 2 乗平均のことで、どの程度の広がりの揺らぎがどれだけ多く存在するかを示している。横軸が揺らぎの広がりを表し、右に行くほど小さな広がりの揺らぎに対応する。次に述べる CMB の温度揺らぎの原因からスペクトルの形が予想され、観測されたスペクトルとの比較からさまざまなことが分かるのである。

CMB 温度揺らぎの原因

CMB に温度揺らぎがあるということは、宇宙の晴れ上がりの時点で宇宙には密度の高いところと低いところがあったということである。前節で述べたように

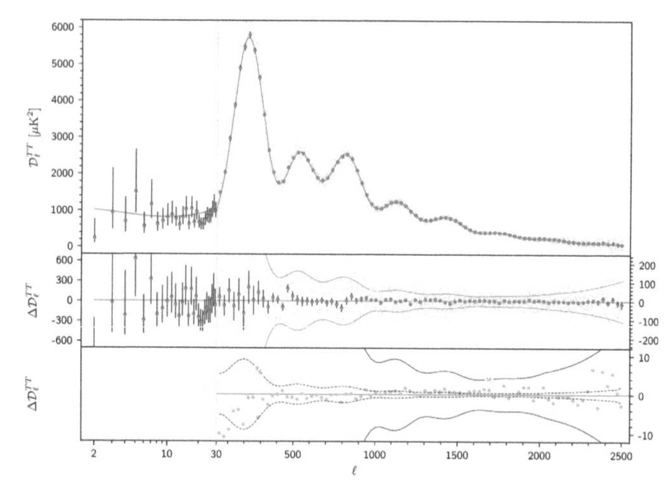

図 13.5　図 13.4 の温度揺らぎのパワースペクトル。図の横軸は揺らぎの空間スケールで右に行くほど小さなスケールである。縦軸は CMB 温度揺らぎの 2 乗の平均値に対応する。したがってこの図はどの広がりを持った揺らぎが、どれだけたくさんあるかを示している (N. Aghanim et al., (Planck Collaboration), *Astronomy and Astrophysics*, 641, A5 (2020))

晴れ上がり以前の宇宙は光子–バリオン流体で満たされていた。したがって密度というのは、この光子–バリオン流体の密度である。この光子–バリオン流体中に密度の高いところがあると、圧縮されて温度が上がり熱圧力で膨張する。膨張すると温度が低くなり圧力が減って収縮する。こうして密度の高低が振動して波として伝わっていく。空気中に音が伝わるのと同じメカニズムである。こうして宇宙が晴れ上がったとき密度の凹凸が存在することになるのである。

密度の高いところは温度が高く、密度の低いところは逆に温度が低い。しかし実際に観測される温度揺らぎは、もう 1 つの効果を考慮する必要がある。それは**重力赤方偏移**という現象である。密度が高い領域は周りよりも質量を多く含むので、周りよりわずかに重力が強い。するとこの領域から放出される光子は、重力に逆らって出てくることになり、その過程でエネルギーを失う。光子のエネルギーはその波長に反比例するから、観測するときには波長が長くなっている。これが重力赤方偏移である。したがって密度の高い領域自体の温度は周辺より高いが、そこから出てきた光は重力赤方偏移によって温度が低く観測される。この両者の効果を足し合わせると、結局密度が高い領域の方が温度が低く観測される。いずれにせよ CMB 温度揺らぎは宇宙初期に宇宙を伝わっていた音波を観測したことになる。

この宇宙初期の音波の典型的な波長は、音波が伝わることができる最大の距離である。この距離は音波の伝わる速度とビッグバンから宇宙の晴れ上がりまでの時間で計算することができる。詳しい計算は省くが、その結果は約 0.135 Mpc（約 44 万光年）となる。これがこの音波の基本波長で、この距離を現在から見ると、天球上で約 1 度程度の広がりとなる。こうして CMB の温度分布には直径 1 度程度の高温部と低温部が数多く存在することが予想される。これが図 13.5 で $\ell \sim 220$ で最大の高さになる理由である。このほかにも高調波としてより小さなスケールの温度揺らぎが存在する。なお ℓ と角度スケール θ の間には、$\theta \sim \frac{180^o}{\ell}$ の関係がある。

CMB の温度揺らぎのスペクトルの詳細は上に述べたように光子–バリオン流体の音波の性質に依存する。たとえば光子数に対するバリオン粒子数が増えると音速が遅くなったり、振動の振幅が大きくなったりする。また宇宙の晴れ上がりから現在まで 138 億年の間に通過する空間の幾何学にも依存する。晴れ上がりの時点で、44 万光年程度の広がりを持つ高温部は、空間が平坦なら天球上で約 1 度程度の広がりであるが、宇宙が閉じている場合なら 1 度よりも大きな広がりに見え、宇宙が開いている場合は 1 度より小さい広がりに見える。このように CMB 温度揺らぎのスペクトルを詳細に観測することで、宇宙についてのさまざまな情報を正確に知ることができるのである。

以上の観測からハッブルパラメータ H_0、宇宙年齢 t_0、物質の密度パラメータ Ω_m、バリオン物質の密度パラメータ Ω_b、宇宙定数の密度パラメータ Ω_Λ に対して次のような値が得られている。

$$
\begin{aligned}
H_0 &= 67.77 \pm 0.47\,\mathrm{km\,s^{-1}\,Mpc^{-1}} \\
t_0 &= 13.7971 \pm 0.023\,\mathrm{Gyr} \\
\Omega_m &= 0.3092 \pm 0.0066 \\
\Omega_b h^2 &= 0.02226 \pm 0.00013 \\
\Omega_\Lambda &= 0.6908 \pm 0.0066
\end{aligned}
$$

このほか、次章で述べる宇宙の歴史についての重要なパラメータについての値も、1 % 程度以下の精度で得られている。

以上の観測的な知識とそれによって導かれたことから、次章では宇宙の歴史を詳しくたどってみることにしよう。

NOTE 宇宙膨張の力学

ここで参考のために宇宙膨張の様子を支配する方程式を導いておこう。これらの方程式は、本来は一般相対性理論から導かれるものであるが、ニュートン重力理論の範囲で十分理解できる。

一様な密度 ρ で物質が詰まった半径 a の球を考えよう。この球の表面は $\dot{a}$ という速度で等方的に膨張しているとする。この球面上に質量 m の質点があったとして、その質点の全エネルギー E は運動エネルギーと重力のポテンシャルエネルギーの和だから

$$\frac{1}{2}m\dot{a}^2 - \frac{GM(a)m}{a} = E \tag{13.3.3}$$

ここで $\dot{a} = da/dt$ はスケール因子 a の時間微分、$M(a)$ は半径 a の球の質量である。単位質量当たりのエネルギーを $E/m = \tilde{E}$ と書いて、$M(a) = \frac{4\pi}{3}a^3\rho$ を代入すると、この方程式は次のように書ける。

$$\left(\frac{\dot{a}}{a}\right)^2 = \frac{8\pi G}{3}\rho + \frac{2\tilde{E}}{a^2} \tag{13.3.4}$$

以下では質量がエネルギーと等価であるという特殊相対性理論の帰結に従って ρ は質量密度ではなくエネルギー密度と考える。このため ρc^2 と書くのが正確であるが、ここでは簡単のため $c = 1$ という単位系をとることにする。$K = -2\tilde{E}$ としたこの (13.3.4) 式をフリードマン方程式という。K は 3 次元空間の曲率という幾何学的意味があるが、ここでは触れない。観測的には K は 0 に近い。

さてエネルギー密度をスケール因子の関数として表すことができれば、この式はスケール因子の微分方程式であるから、それを解けば具体的な宇宙膨張の様子が分かる。

宇宙にはさまざまなエネルギー形態（多種類の物質、放射など）が存在するが、宇宙全体の膨張を考える場合には、宇宙に存在するすべてのエネルギー形態が空間に一様に分布しているものとして考える。その場合、宇宙を満たすエネルギー形態の性質は、エネルギー密度や圧力、エントロピーといった平均的な少数の量で表される。エネルギー密度と圧力の関係を状態方程式と呼ぶ。一般には圧力はエネルギー密度とエントロピーの関数となるが、宇宙論の場合は圧力をエネルギー密度だけの関数と近似してよい場合がほとんどである。すると宇宙に存在

するエネルギー形態としては以下の３種類に分類され、それぞれ違ったスケール因子依存性を持っている。

1. 物質 ρ_m（非相対論的エネルギー）

構成する粒子の速度が光速度に比べて十分小さくエネルギーが質量エネルギーで十分よく近似される。このようなエネルギーを物質と総称する。星や惑星、我々の体を作っている陽子や中性子、暗黒物質もこの意味で物質である。本文で説明したように、そのエネルギー密度は体積に反比例する。

$$\rho_m(a) = \frac{\rho_{m,0}}{a^3} \tag{13.3.5}$$

ここで現在のスケール因子を 1 としているので、$\rho_{m,0}$ は現在の物質のエネルギー密度である。

質量を持った粒子が物質と考えてよいが、宇宙初期のような超高温状態ではその熱エネルギーが静止質量が持つエネルギーよりも大きくなる場合がある。たとえば電子の質量は eV 単位で 0.511 MeV であるが、これを温度に換算すると $k_B T = m_e c^2$（k_B はボルツマン定数）として 50 億 K 程度となる。したがって 50 億 K 以上の高温の初期宇宙では電子の静止質量は無視でき、質量が 0 の相対論的物質とみなされる。こうして宇宙初期に行けば行くほど質量の大きな粒子は放射とみなされることになる。

2. 放射 ρ_r（相対論的エネルギー）

ここでは電磁波、あるいは構成する粒子の速度が光速度で質量が 0 の粒子を放射と呼んでいる。このとき粒子の集団は波として記述され、そのエネルギーは波長に反比例する。波長は宇宙膨張と共に長くなるのでエネルギーはスケール因子に反比例する。本文で述べたように放射のエネルギー密度はスケール因子の４乗に反比例することになる。

$$\rho_r(a) = \frac{\rho_{r,0}}{a^4} \tag{13.3.6}$$

$\rho_{r,0}$ は現在の放射のエネルギー密度である。

3. 暗黒エネルギー ρ_Λ

ここでは暗黒エネルギーとしてアインシュタインの宇宙定数 Λ を考える。その特徴はエネルギー密度が一定となることである。以下、宇宙定数のエネルギー密度を ρ_Λ と書く。

宇宙の歴史の 3 段階

上に述べた 3 つのエネルギー形態があるとしてフリードマン方程式を書くと、フリードマン方程式 (13.3.4) は以下のようになる。

$$\left(\frac{\dot{a}}{a}\right)^2 = \frac{8\pi G}{3}\left(\rho_r(a) + \rho_m(a) + \rho_\Lambda\right) - \frac{K}{a^2}$$
$$= \frac{8\pi G}{3}\left(\frac{\rho_{r,0}}{a^4} + \frac{\rho_{m,0}}{a^3} + \rho_\Lambda\right) - \frac{K}{a^2} \tag{13.3.7}$$

右辺の各項の現在の大きさを無次元の量で比較してみる。そのためにそれぞれの密度を臨界密度 $\rho_{cr,0} = \frac{3H_0^2}{8\pi G}$ で割った密度パラメータ

$$\Omega_{\rm r} = \frac{\rho_{r,0}}{\rho_{cr,0}}, \quad \Omega_{\rm m} = \frac{\rho_{m,0}}{\rho_{cr,0}}, \quad \Omega_\Lambda = \frac{\rho_\Lambda}{\rho_{cr,0}} \tag{13.3.8}$$

で表すと、(13.3.7) 式は以下のように書ける。

$$H^2 = H_0^2\left(\frac{\Omega_{\rm r}}{a^4} + \frac{\Omega_{\rm m}}{a^3} + \Omega_\Lambda\right) - \frac{K}{a^2} \tag{13.3.9}$$

この式をスケール因子の代わりに赤方偏移 z で表すと次のように書ける。

$$H^2 = H_0^2\left(\Omega_{\rm r}(1+z)^4 + \Omega_{\rm m}(1+z)^3 + \Omega_\Lambda\right) - K(1+z)^2 \tag{13.3.10}$$

この式は任意の赤方偏移で成り立つ式だから、特に現在で両辺を評価すると右辺は現在のハッブルパラメータ H_0^2 である。右辺を $z=0$ とおけば次の等式が得られる。

$$H_0^2 = H_0^2\left(\Omega_{\rm r} + \Omega_{\rm m} + \Omega_\Lambda\right) - K \tag{13.3.11}$$

あるいは

$$\frac{K}{H_0^2} = \left(\Omega_{\rm r} + \Omega_{\rm m} + \Omega_\Lambda\right) - 1 \tag{13.3.12}$$

この式は、宇宙のすべてのエネルギー密度を合わせたものが臨界密度 $\rho_{\rm cr,0}$ より大きければ $K>0$、小さければ $K<0$、ちょうど等しければ $K=0$ となる。すなわち宇宙の平均密度が空間の幾何学を決めている。$K=-2\tilde{E}$ で $\tilde{E}$ が宇宙の膨張と重力エネルギーの和だったことを思い出せば、$K>0$ のときはこの和が負となり、重力のエネルギーが膨張のエネルギーより優勢となって宇宙はいつか収縮に向かう。$K=0$ ということは宇宙は膨張のエネルギーと重力のエネルギーがちょうど等しいことになる。現在の観測では次のような制限が得られている。

$$\left|\frac{K}{H_0^2}\right| < 10^{-3} \tag{13.3.13}$$

これらの値から宇宙膨張を支配しているエネルギーは、宇宙の初期から順に、放射、物質、宇宙定数の順となることが分かる。

1. **放射優勢期**（$z > z_{\mathrm{eq}} \simeq 3400$）

このとき放射エネルギー密度が物質や宇宙定数のエネルギー密度よりも大きくなる。放射と物質のエネルギー密度が等しくなる赤方偏移を z_{eq} と書き、次式で与えられる。

$$1 + z_{\mathrm{eq}} = \frac{\Omega_{\mathrm{m}}}{\Omega_{\mathrm{r}}} \simeq 3400 \tag{13.3.14}$$

このとき宇宙定数の影響は小さく無視できる。この時期の宇宙を**放射優勢期**という。

$z \gg z_{\mathrm{eq}}$ の初期宇宙では、物質や宇宙定数の影響を無視できるためフリードマン方程式は

$$\left(\frac{\dot{a}}{a}\right)^2 = H_0^2 \frac{\Omega_{\mathrm{r}}}{a^4} \tag{13.3.15}$$

と簡単になり、スケール因子が時間の関数として次のように解くことができる。

$$a(t) = \sqrt{2H_0^2\Omega_{\mathrm{r}}}\, t^{1/2} \tag{13.3.16}$$

2. **物質優勢期**（$z_{eq} < z < z_\Lambda \simeq 0.29$）

放射優勢期が終わると次に宇宙膨張を支配するのは物質である。この時期を**物質優勢期**という。物質のエネルギー密度は a^{-3} に従って小さくなるのに対して宇宙定数のエネルギー密度は不変であるから、物質優勢期は次式で与えられる赤方偏移 z_Λ まで約 100 億年にわたって続く。

$$1 + z_\Lambda = \left(\frac{\Omega_{\mathrm{m}}}{\Omega_\Lambda}\right)^{1/3} \tag{13.3.17}$$

宇宙定数が支配的になる頃には放射のエネルギー密度は無視できる程度に小さくなっている。第 14 章で物質優勢期に天体が形成が始まることを見る。

また $z_{\mathrm{eq}} \ll z \ll z_\Lambda$ では物質だけを考えればよいので、フリードマン方程式は

以下のように解ける。

$$a(t) = \left(\frac{9H_0^2\Omega_\mathrm{m}}{4}\right)^{1/3} t^{2/3} \tag{13.3.18}$$

3. 宇宙定数優勢期（$z < z_\Lambda$）

$z \ll z_\Lambda$ では宇宙定数のエネルギー密度が物質や放射のエネルギー密度よりも大きく、宇宙膨張が宇宙定数で支配される。宇宙定数の寄与だけを考えれると、スケール因子は次のように与えられる。

$$a(t) = a_0 e^{H_0 \Omega_\Lambda^{1/2} t} \tag{13.3.19}$$

宇宙の歴史

前章で述べた観測から宇宙がどのように始まって、どんなことが起こり、そして現在の姿になったのかを知ることができる。

特に宇宙初期については現在の物理学では、驚くべきことにビッグバンから1000億分の1秒以降についてほぼ確実に何が起こったのかを知ることができる。それは宇宙がある意味で非常に単純な状態になっているからである。前章に述べたように宇宙の温度が過去にさかのぼるほど高くなっていて、あらゆる反応（ここで反応というのは素粒子間の反応を指す）で熱平衡状態が実現されているからである。ごく初期の高温状態では、高エネルギーの光子との衝突によってあるゆる物質は素粒子レベルにまで分解されていて、エネルギー的に可能な素粒子同士のあらゆる反応が頻繁に起こっている。素粒子同士の反応率（単位時間の間に反応が起こる回数）は、より高温、すなわちより初期の宇宙になればなるほど急激に大きくなる。したがって、宇宙の十分初期にはあらゆる反応が熱平衡にあるのである。

しかし宇宙膨張による温度が下がると反応率が下がっていく。すると次から次へと熱平衡状態を維持できなくなる反応が出てくる。これを**脱結合**、あるいは宇宙膨張からの落ちこぼれという。脱結合の概念は素粒子の反応ばかりでなく、原子や分子の反応にも当てはまる。以下で見るよう宇宙の歴史は脱結合の歴史ともいえる。

この章では素粒子物理学の深い知識があまり必要でないビッグバンから100万分の1秒程度から宇宙の歴史をたどっていこう。なお参考のために、この時期に当てはまるビッグバンからの時間と温度の関係を挙げておく。

$$t \simeq \left(\frac{10^{10}\,\mathrm{K}}{T}\right)^2 \text{秒} \qquad (14.0.1)$$

なお、ビッグバン以前にインフレーション膨張と呼ばれる急激な加速膨張が起こったことが広く受け入れられていて、現代宇宙論において定説となっている。重要なので、これについてはこの章の最後の 14.5 節で触れる。

14.1 初期宇宙の軽元素合成

現在の宇宙には 90 種類以上の元素が存在する。その組成は数の比でいえば水素が 93.4 %、ヘリウムが 6.5 %、ほかのすべての元素を合わせて 0.1 % である。重量比にすれば水素 70.7 %、ヘリウム 27.4 %、ほかは 5 % 足らずにすぎない。このような元素のうちは宇宙のいつどこでできたのだろうか。第 6 章と第 10 章で述べたように水素とヘリウム以外のほとんどの元素は星の中、超新星爆発、中性子星連星の衝突・合体でできたことが分かっている。ヘリウムは星のコアにおける水素の核融合反応でできるが、太陽程度以上の星の場合は引き続く核融合反応によってより重たい元素となり、軽い星の場合は星の中に閉じ込められたままとなるので、ほとんど宇宙空間に放出されることはない。したがって現在の宇宙で観測されるヘリウムのほとんどは、星が生まれる前から存在していたことになる。現在、銀河系外の重元素量の少ない電離水素ガス領域内の水素とヘリウムの輝線の観測などから、初期宇宙起源のヘリウムの重量比は次のように推定されている。

$$Y \simeq 0.247 \tag{14.1.1}$$

歴史的にはこのヘリウムの起源を説明することから、ビッグバン理論が提案された。

ビッグバンから約 1 秒後、宇宙の温度が 100 万度の頃、宇宙には大量の光子に混じってごく微量の陽子（p）、中性子（n）、電子（e^-）、陽電子（e^+）、（電子）ニュートリノ（ν_e）とその反粒子（$\bar{\nu}_\mathrm{e}$）が以下のような反応によって熱平衡状態にあった。

$$\mathrm{n} + \mathrm{e}^+ \leftrightarrow \mathrm{p} + \bar{\nu}_\mathrm{e}, \quad \mathrm{n} + \nu_\mathrm{e} \leftrightarrow \mathrm{p} + \mathrm{e}^-, \quad \mathrm{n} \leftrightarrow \mathrm{p} + \mathrm{e}^- + \bar{\nu}_\mathrm{e} \tag{14.1.2}$$

平衡状態にあるとは、これらの反応が絶えず起こっていて陽子と中性子は絶えず入れ替わっているという意味である。したがってこの時期、陽子と中性子の数はほぼ同数であった。ただし中性子の方が陽子よりわずかに重たい（$\Delta m = m_n c^2 - m_p c^2 \simeq 1.29\,\mathrm{MeV}$）ので、中性子は陽子より少なく、例えば 100 億 K ではそれらの数の比 n_n/n_p は 0.22 程度となる。しかし宇宙の温度が 90 億 K 程度に下がると、これらの反応は宇宙膨張から落ちこぼれて起こらなくなり、陽子と中性子の数の比は 90 億 K のときの値に固定される。このときの値は、100 億 K のときの値よりも中性子が自然に陽子に変わる（ベータ崩壊）ため、少なくなって約 1/6 となる。

ビッグバンから 100 秒後、宇宙の温度が約 30 億 K 程度に下がると中性子と陽子は融合して重水素（D）の原子核をつくる。このときまでに中性子と陽子の数の比はベータ崩壊によってさらに 1/7 程度まで減る。重水素ができると次の一連の反応が起こって瞬時にヘリウム原子核がつくられる。

$$\mathrm{D} + \mathrm{D} \to {}^3\mathrm{He} + \mathrm{n}, \quad {}^3\mathrm{He} + \mathrm{n} \to \mathrm{T} + \mathrm{p}, \quad \mathrm{T} + \mathrm{D} \to {}^4\mathrm{He} + \mathrm{n} \tag{14.1.3}$$

ここで ${}^3\mathrm{He}$ は陽子 2 個と中性子 1 個からできたヘリウム 3 の原子核、T は陽子 1 個と中性子 2 個からできた三重水素（トリチウム）の原子核である。

この結果、できるヘリウムの重量比を計算してみよう。10 億 K のとき残っていた中性子がすべて使われてヘリウム原子核となるとする。ヘリウム原子核は中性子を 2 個含んでいるから、中性子 1 個当たり 2 分の 1 のヘリウムがあることになる。したがって総重量（水素＋ヘリウム）に対するヘリウムの重量比は、n_n, n_p をそれぞれ中性子、陽子の数密度とすると以下のように計算される。

$$Y = \frac{\text{He の総質量}}{\text{全質量}} = \frac{(n_n/2)(2m_p + 2m_n)}{n_p m_p + n_n m_n} \simeq \frac{2n_n/n_p}{1 + n_n/n_p} \tag{14.1.4}$$

ここで $m_n = m_p$ と近似した。ここで 100 億 K のときの値 $n_n/n_p = 1/7$ を代入すると、$Y \simeq 0.25$ という観測と近い値が得られる。

このように、ヘリウムの重量比は重水素ができたときの中性子数と陽子数の比 n_n/n_p で決まっている。この比を決めるのは、(14.1.2) 式の反応が宇宙膨張から落ちこぼれるまでの時間、すなわち 90 億 K から重水素の形成が始まる 30 億 K に宇宙の温度が下がるまでの時間間隔である。この間隔が短ければ陽子にベータ崩壊する中性子は少なく、したがって重水素ができたときに中性子が多く残っていて、その結果ヘリウムが多くできる。この様子を少し詳しく見てみよう。重要

なのは (14.1.3) 式の反応の反応率である。重水素は陽子と中性子からできているが、この結合エネルギーは 2.2 MeV $\simeq 2.4 \times 10^{10}$ K なのでエネルギー的には宇宙の温度がこの程度に下がった時点で重水素ができるが、実際にはそれ以上のエネルギーを持った光子が大量に存在するため、すぐに壊されてしまう。このため実際に重水素ができるのは、宇宙の温度がさらに下がって、この結合エネルギー以上のエネルギーを持った光子の数が十分少なくなってからである（できる重水素 1 個に対してそのような光子が 1 個程度になる程度）。このときの温度は明らかに陽子と中性子の数と光子の数の割合による。陽子・中性子の数が多ければ速く重水素ができる。そこでこの割合を次のパラメータで表す。

$$\eta = \frac{n_b}{n_r} \tag{14.1.5}$$

ここで n_b はバリオン数密度（陽子と中性子の数密度）、n_r は光子の数密度である。この比を宇宙の**バリオン–光子数比**という。バリオンというのは、陽子や中性子のように 3 個のクォークからできている素粒子の総称で、普通の意味の物質をつくっている基本粒子のことである。したがって現在の宇宙でヘリウムの量を観測すれば、この比が求められることになる。現在の観測からは以下の値が得られている。

$$\eta \simeq 6 \times 10^{-10} \tag{14.1.6}$$

この値は定数で我々の宇宙を特徴づける重要なパラメータの 1 つである。η がこの小さな値ではなく 1 のオーダーの量だとすると、宇宙には水素は存在せずヘリウムだけになってしまう。水素がなければ水も存在しない。そんな宇宙にはたして生命は存在するのだろうか。いずれにせよ η の値が上に挙げた値よりもかなり変わっていたら、現在の宇宙はまったく違う姿になっていただろう。現在のところ、この値がどのように決まったのかはよく分かっていない。

宇宙初期にはヘリウム以外にも、三重水素やリチウムなどの軽い元素がごくわずかに生成されるが、炭素や窒素などそれ以上の重たい元素はつくることができない。それは星の中心部のように核融合反応が継続して起こらないからである。星の中心部の高温、高密度状態は安定で星の質量によって何百万年から何百億年もの長い間、高温高密度状態が持続する。一方、初期宇宙では膨張によって温度、密度とも減少するため核融合反応が落ちこぼれてしまうのである。また質量数（陽子の数と中性子の数の和）が5と6の安定な原子核が存在しないことも、重たい原子核ができない原因でもある。

星の中心部と宇宙初期での環境の違いは、結果的には同じ水素の核融合反応でも、その過程はまったく違う。星の中心部では中性子がほとんど存在しないため初期宇宙でのような陽子と中性子から重水素をつくるのではなく、第5章で述べたように陽子と陽子の衝突から反応が始まり、最終的に4つの陽子から1つのヘリウムがつくられる。そのため4つの陽子のうち2つは中性子に変わる反応が含まれる。この反応は非常にゆっくり起こるが、星の中の環境が安定しているため可能なのである。またヘリウムよりも重たい原子核は、3つのヘリウム原子核が引き続いて衝突して炭素原子核をつくる反応が必要であるが、この反応は非常に頻度が低いが星の中心部では可能である。こうして核融合反応でも宇宙初期と星ではかなり違っている。

14.2 放射優勢期から物質優勢期へ：暗黒物質が成長を始める

軽元素の合成はビッグバンから約3分で終わる。その後は宇宙膨張によって放射のエネルギー密度がどんどん下がっていく。そしてビッグバンから約5万年後、宇宙の温度が約9300 K まで下がった時点で物質のエネルギー密度が放射を上回り、宇宙は物質優勢期へとなる。この時期を**等密度時**と呼び、ビッグバンから約51000年後、赤方偏移は約3400の頃である。

この時期は宇宙における構造の形成にとって非常に重要である。陽子や中性子からできているバリオン物質の揺らぎは、前章で述べたように光子–バリオン流体の揺らぎとして存在する。この揺らぎは光子の圧力のため成長することができず音波として振動するだけである。これがCMBの温度揺らぎとなることはすでに見た。しかし揺らぎは光子–バリオン流体だけに存在するのではない。ニュートリノや暗黒物質粒子にもその粒子数の揺らぎが存在する。ニュートリノや暗黒物質粒子は放射とまったく相互作用しないので、光子の影響を受けない。この揺らぎは放射優勢期までは宇宙膨張の影響が強く成長することができないが、物質優勢期になるや否や成長を始める。そして以下に述べるように、そのことが天体形成にとって重要となる。

14.3 水素の再結合と宇宙の晴れ上がり：バリオン物質が成長を始める

物質優勢期になってもしばらくはバリオン物質は光子と一体となって光子–バリオン流体のなかに閉じ込められている。宇宙の温度が下がっていくと高エネルギー光子の数が減り、ビッグバンから約 15 万年後、温度が 5000 K 程度まで下がるとヘリウム原子核が 2 個の電子を捕獲して中性のヘリウム原子をつくる。しかしまだ電子が 80 % 程度残っているので光子–バリオン流体状態が続く。残った電子が陽子に捕獲され始めるのは、ビッグバンから 20 数万年後、宇宙の温度がさらに下がった 3700 K 程度、赤方偏移約 1300 のときである。そしてビッグバンから 38 万年後（赤方偏移約 1100）、宇宙の温度が約 3000 K になって宇宙が晴れ上がる。

宇宙が晴れ上がる頃までに暗黒物質の密度揺らぎは成長し、さまざまな大きさの塊をつくっている。これを**暗黒物質ハロー**という。どの大きさのハローがどのくらい存在するかは暗黒物質の種類による。第 12 章で述べたように熱い暗黒物質の場合、小さなスケールの揺らぎは消されて超銀河団程度以上の大きなスケールのハローしかできない。冷たい暗黒物質ハローの場合、小さなスケールのハローが多くできる。宇宙が晴れ上がるともはやバリオン物質の揺らぎの成長を阻むほど高エネルギーの光子は存在しない。自由に成長できるようになったバリオン物質は、暗黒物質ハローの重力によってハローの中心部に落ちこみ密度が大きくなる。

14.4 宇宙の暗黒時代：初代星の誕生と宇宙の再電離

宇宙が晴れ上がって、宇宙に初めて星が誕生するまでの間を**宇宙の暗黒時代**という。以下、冷たい暗黒物質に基づいてどのように宇宙に構造が現れるかを見てみよう。

初代星の誕生と宇宙の再電離

冷たい暗黒物質により構造形成では、質量の小さい暗黒物質ハローが多数でき、それらはより大きなハローに取り込まれだんだん質量の大きな暗黒物質ハローが増えていく。したがってまずバリオン物質はまず小質量のハローに落ち込む。中心部に落ち込んだバリオン物質のガスはハローの重力によって圧縮される。ガスは収縮すると重力エネルギーが小さくなり（重力エネルギーは負なので絶対値は大きくなる)、その減った分のエネルギーはガス原子の熱運動に変わり温度が上がる。温度が上がると熱圧力によって収縮できなくなるが、密度が上がると水素分子ができる。水素分子ができると減った分の重力エネルギーは、分子の内部エネルギー（原子間の振動エネルギーや分子の回転エネルギー）に費やされ、熱運動には変わらず、したがって温度を上げることなく、収縮が続くのである。こうしてガスの中心部で水素分子ができたときにだけ収縮が続いて星が誕生する。水素分子をつくるためにはガスの温度が 1000 K 程度にならなければならない。質量の小さいハローでは、ガスの温度が上がらず水素分子ができず星ができないが、小さなハローは合体して徐々に大きなハローになっていく。

赤方偏移 20 程度になって太陽質量の数万倍程度の暗黒物質ハローができ始めると、その中心に落ち込んだガスの温度が 1000 K 程度となり水素分子ができてガスの収縮が進行する。その後の収縮は単純ではないが最終的にはガスの中心に太陽質量の 100 分の 1 程度の質量の**原始星**ができて収縮は止まる。そして原始星に周りのガスが降り積もって質量が増えていき、それに伴って中心の温度が 1000 万度程度になり水素の核融合が始まって星が誕生する。宇宙で最初の星を**初代星**、または**種族 III** の星という。初代星の誕生で宇宙の暗黒時代は終わりを告げる。この時期はまだはっきりとは分かってないが、赤方偏移 16（135 億年前）を超えるような原始銀河が観測されていることから、ビッグバンから 3 億年までには初代星がかなりできていたと考えられている。

初代星は現在の宇宙にある星とはかなり違っている。その質量は原始星に周りからガスがどの程度降り積もるかによるが、太陽質量の数十倍程度以上の大質量と考えられている。また現在の宇宙に存在する大質量星の水素の核融合反応は第 5 章で述べたように CNO サイクルが主で、比較的低温でも効率よくエネルギーを放出している。しかし初代星の場合、当時の宇宙には水素とヘリウムしか存在しないので、中心部が 1 億 K 程度の高温となり表面温度も 10 万度程度になる。その結果、強い紫外線を放出しハロー内やハロー周りのガスを電離する。さらに質量が大きいので 300 万年程度で超新星爆発を起こし、激しい衝撃波加熱によってさらに周りのガスを電離する。

このような暗黒物質ハローはより大きな質量のハローに飲み込まれ、ハローの中では継続的に大質量の星が生まれ超新星爆発が起こり続ける。こうして宇宙の至るところで超新星爆発が起こり、電離したハローの周りの領域がどんどん広がり、ついには宇宙全体が電離した状態となってしまう。宇宙の晴れ上がりでいったん中性化した物質が再び電離状態となるので、これを**宇宙の再電離**という。宇宙の再電離が正確にいつから始まりどのように進行したのかは現在の宇宙論の大きなテーマとなっているが、ビッグバンから約2億年後（赤方偏移約20）から始まり約9億年後（赤方偏移約6）には宇宙全体が再電離したと考えられている。

宇宙初期に再電離が起こったことはクェーサーの吸収線から知ることができる。水素原子は波長126.1 nmのライマンアルファ線と呼ばれる電波を放出、あるいは吸収する。水素原子にある方向から電磁波が来ると、原子内の基底状態にある電子はその電磁波のなかで126.1 nmの電磁波を吸収して、第一励起状態に移る。その後、電子は同じ波長の電磁波を放射して元の基底状態に戻るが、そのとき放射される電磁波はあらゆる方向に放射されるため、スペクトルの中で126.1 nmの放射が失われて見える。これを**ライマンアルファ吸収線**と呼び、放射源（例えばクェーサー）から我々の間の銀河間空間に中性水素原子の雲が存在する証拠とみなされる。この吸収は非常に強くガスの中に中性水素の10万分の1程度でも存在すれば、この波長の電磁波はガスを通り抜けることができない。

銀河間ガスが赤方偏移zにあれば、我々から$126.1(1+z)$ nmにライマンアルファ吸収線が見えることになる。したがって赤方偏移zから現在までの銀河間空間に一様に中性ガスが残っていると、$126.1(1+z)$ nmよりも短波長の光はすべて吸収されて観測できないはずである。この銀河間空間の中性水素ガスを検出する方法を**ガン–ペターソンテスト**という。**図14.1**は赤方偏移3.62のクェーサーのスペクトルである。これを見ると実際にさまざまな赤方偏移に存在する銀河間ガス

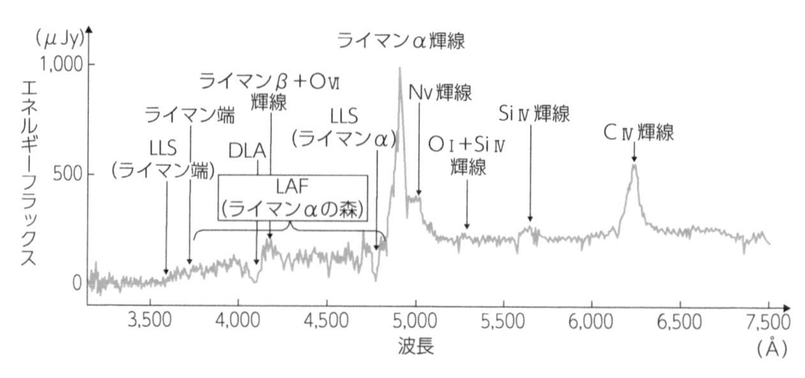

図14.1　クェーサーの吸収線（天文学辞典（日本天文学会）による）

によるライマンアルファ吸収線が見える。これらを総称して**ライマンアルファの森**という。このことから、空間に一様に広がった中性ガスによる連続的な吸収は存在せず、銀河間空間はすでに再電離していることが分かる。より遠方のクェーサーの観測から $z \lesssim 6$ のクェーサーには連続的な吸収は見えず、$z \gtrsim 6$ のクェーサーに連続的吸収が見えることから、宇宙の再電離は $z \sim 6$ には完了していたと考えられる。

銀河の誕生と巨大ブラックホールの形成

上にも述べたように、初代星が誕生した多数の暗黒物質のハローの中では星内部の核反応や超新星爆発の際につくられた炭素や窒素などの重元素が徐々に増えていく。そのような重元素によって汚染されたガスからはより小さな質量の星も生まれる。またハロー内の超新星爆発でできたブラックホールも多数存在するだろう。このようなハローが合体したり、より大きなハローに吸収されたりして成長していく。この成長段階にあるハローが原始銀河である。

このような原始銀河が集合合体を繰り返して、銀河系やアンドロメダ銀河のような一人前の銀河ができる。ビッグバンから 14 億年後、赤方偏移 4.26 で円盤銀河が ALMA 望遠鏡によって観測されていることから少なくともその頃までには円盤銀河が形成されたと思われる。

現在観測されている赤方偏移 11 程度（ビッグバンから約 4 億年後）の銀河のスペクトルに炭素と酸素の輝線が観測されていることなどから、この銀河の年齢は約 7000 万年、質量は太陽質量の 100 億倍程度と推定されている。また観測された炭素と酸素の強度比から、その中心が活動銀河核である兆候もあり、すでに巨大なブラックホールが形成されている可能性もある。実際、赤方偏移 7 程度のクェーサーの中には太陽質量の 10 億倍から 100 億倍の質量を持った超大質量ブラックホールの存在を仮定しなければ、そのエネルギーが説明できないものもあり、ビッグバンから数億年で中心にブラックホールを持った銀河がすでに存在していたと考えられる。

暗黒物質ハロー内には大質量星の超新星爆発で残されたブラックホールが存在するが、それらの質量は太陽質量の 30 倍程度であり、それらが合体成長して数億年の間に超大質量ブラックホールができるかどうか、あるいはまったく別のプロセスで超大質量ブラックホールができるのかは未解決の問題である。

銀河形成の大筋は理解が進んでいるが、その詳細についてはまだ未解決の問題が多い。しかし今後、30 m クラスの新しい望遠鏡や宇宙望遠鏡、電波望遠鏡などによる多数の原始銀河が観測が進むことで、その詳細が明らかになる日も近いだろう。

14.5 インフレーション理論

前節で述べた銀河形成のもとになった物質の密度揺らぎはそもそも宇宙のいつの時点でできたのだろうか。ビッグバン理論ではその疑問に答えることができず、初期条件として適当な密度揺らぎを仮定するしかない。しかし 1980 年代に密度揺らぎの起源を物理法則から説明できる理論が現れた。インフレーション理論である。

インフレーション理論は、**地平線問題**や**平坦性問題**を解決する理論として現れたので、まず地平線問題と平坦性問題について触れておこう。これらの問題もやはりビッグバン理論の枠内では解決することができない。

14.5.1 地平線問題と平坦性問題

銀河分布や CMB の観測から、宇宙は一様で等方的である。このことは宇宙のどこにも特別な場所がなく、特別な方向がないということを意味する。もちろん物質は銀河など天体になっているので空間に一様に分布しているわけではない。また銀河分布にも銀河が多く存在する領域やほとんど銀河が存在しないボイドと呼ばれる領域がある。しかし 150 Mpc 程度のスケールで平均すると、銀河の分布は一様とみなすことができる。また CMB はビッグバンから 38 万年後の宇宙のスナップショットであるが、温度は 10 万分の 1 の精度で一様である。一見、当たり前のように見えるこれらのことは、実はとても不思議なことなのである。

地平線問題

現在の宇宙の大きさを（観測が可能な範囲）を半径 138 億光年の球の内部としよう。宇宙が晴れ上がった赤方偏移 1090 のとき、この領域がどれだけ大きかったかを考えてみる。赤方偏移 1090 から現在までに宇宙は 1090 倍に膨張しているから、その大きさは 138 億光年を 1090 で割った半径 1267 万光年の球となる。一方でビッグバンから宇宙の晴れ上がりまでに情報の伝わる範囲を考えると、情報は最速でも光速度でしか伝わらないので半径 38 万光年の球となる。このことは現在の宇宙にはお互いに情報を共有していない多数の領域からできているということになる。

より過去に戻ってみると、その時の宇宙（膨張して現在の宇宙の大きさになる領域）と情報が伝わる領域の大きさの差はどんどん大きくなっていく。たとえばヘリウムの合成が始まるビッグバンから約 100 秒後、宇宙の温度が 30 億 K 程度のときの（現在の宇宙の大きさに膨張する）宇宙の大きさは、宇宙の温度がスケール因子に反比例することから温度の比、すなわち $\sim 3/3 \times 10^9$ から計算されて半径約 10 光年程度の球となる。一方、ビッグバンからその頃までに情報が伝わる距離は 100 光秒程度にすぎない。情報を共有できる半径 100 光秒の球が現在まで膨張したとすると半径約 1000 光年の球にすぎない。したがって現在の宇宙で数千光年離れた銀河は、宇宙が始まって以来何の情報も共有されなかった領域で形成されたことになり、それらの銀河でたとえばヘリウムと水素の比が同じになっている理由はどこにもないのである。しかし観測できる限りの遠方の銀河においても、我々の銀河系で観測されるのとヘリウムと水素の比は（観測誤差の範囲で）等しい。

これまで宇宙初期の元素合成の結果、重量比で約 25% のヘリウムができるという話をしたが、暗黙のうちに宇宙の状態はどこでも同じということを仮定していたのである。同じになるには理由があるはずであるが、ビッグバン理論は何の理由も与えないのである。情報が伝わる範囲の境界を地平線というが、地平線を超えて同じ状態が実現されていることを**地平線問題**という。

平坦性問題

平坦性問題というのは、観測できる限りの宇宙全体の空間が平坦になっているということである。平坦という意味は、たとえば半径 r の球の体積が $\frac{4\pi}{3}r^3$ となっていること、数学の言葉でいえばユークリッド幾何学が成り立っているということである。実は一様で等方的な空間は、平坦な空間だけとは限らない。詳細は省くが、一様で等方的な 3 次元空間は閉じた空間、平坦な空間、開いた空間の 3 種類存在し、それぞれ前章のノートで定義した K の値で、正、0、負に対応する。K は宇宙の全エネルギー $\tilde{E}$ に対応していた（$K = -2\tilde{E}$）ことを思い出すと、$K = 0$ で空間が平坦ということは、宇宙は膨張の運動エネルギーと宇宙に含まれるすべての質量による重力がちょうど等しいということになる。なぜ宇宙はそういう条件で始まらなければならなかったのか、というのが平坦性問題である。ビッグバン理論ではそれに対して答えられないのである。

14.5.2 インフレーション膨張による地平線問題と平坦性問題の解決

1980 年代初めにビッグバン直前に宇宙が急激に加速膨張したとことで地平線問題と平坦性問題が解決できることが佐藤勝彦とアラン・グースによって示された。これは地平線問題がなぜ起こるかを考えれば理解できる。宇宙が始まって以来、その膨張速度がだんだん遅くなっている（減速膨張）とすると、過去ほど速い速度で膨張していたことになる。ある時点の過去より前は光速を超える速度で膨張していたはずである。したがってごく初期の宇宙では情報の伝わる速さより速く宇宙が膨張し、宇宙の中に情報が伝わらない領域が多数できたことが、地平線問題の原因なのである。

そこで現在の宇宙にまで膨張する領域が、最初は情報の伝わる範囲よりも十分小さかったが、宇宙の初期のある時点で急激な加速膨張を起こして地平線を超えたとする。この宇宙の始まりの加速膨張を**インフレーション膨張**という。インフレーション膨張を考える宇宙論を**インフレーション宇宙論**という。すると一見、地平線を超えた領域同士に見えても、もともとは情報が十分伝わるほど近かったことになり、地平線問題が解決される。

現在の宇宙は加速膨張をしているが、それは今から約 30 億年前からで、それ以前の宇宙はビッグバンから減速膨張をしているとして初期宇宙の元素合成や宇宙の晴れ上がり、銀河形成などが説明されている。したがって宇宙は、最初、加速膨張をしてビッグバンを起こし、減速膨張に転じて、再び加速膨張を始めたということになる。現在の加速膨張の原因は暗黒エネルギーであるが、宇宙の最初の加速膨張もやはり暗黒エネルギーが必要である。インフレーション理論では、インフレーション膨張を起こしてエネルギーは十分宇宙を拡大した後、熱に転化して宇宙全体を急激に熱する。これを宇宙の再加熱という。この再加熱がビッグバンの爆発であると考える。平坦性問題はビッグバン以前の宇宙は平坦でなかったかもしれないが急激な膨張によって、空間が引き伸ばされて平坦に見えているとして説明される。

14.5.3 密度揺らぎの起源

インフレーション膨張は地平線問題や平坦性問題といった概念的な問題を解決

するばかりでなく、密度揺らぎの起源を説明することにより、現代宇宙論に必須の理論になった。ここではそれについて説明しよう。そのためにはインフレーション膨張を引き起こす暗黒エネルギーの原因を考える必要がある。その1つのモデルがインフラトンと呼ばれるある種の素粒子の持つエネルギーである。インフレーション膨張を引き起こすのでインフラトンと呼ばれているが、その素粒子の正体は分かっていない。

素粒子の世界を支配する量子力学では、エネルギーはある決まった値にどまっておらず、わずかに揺らいでいる。至るところでわずかに大きくなったり、小さくなったりしているということである。この揺らぎを**量子揺らぎ**という。したがってインフレーション膨張をしている最中の宇宙では、その中のあらゆる領域が同じ速度で膨張してるわけではなく、少し大きなエネルギーのところでは少し速く、逆に小さなエネルギーのところでは少し遅く膨張する。速く膨張した領域は周りよりも少し体積が大きく、少し遅く膨張した領域は周りより少し体積が小さくなって、インフレーション膨張が終わった時点の宇宙にエネルギー密度の凹凸ができることになる。

このようなメカニズムでつくられた密度揺らぎからできた構造は、現在観測されている宇宙の大規模構造をうまく説明できることが知られている。このことから、インフレーション膨張における量子揺らぎが宇宙の構造の起源であると考えられている。

原始重力波の生成と観測

量子揺らぎはインフラトンだけでなく、ミクロな存在に普遍的に起こっている現象である。特に空間そのものにも量子揺らぎがある。具体的には空間が常に落ちたり縮んだりしていると思えばよい。インフレーション膨張はこの微小な量子揺らぎを伴って膨張する。したがって現在の宇宙にもこの空間の揺らぎは、波長が数百万 km から数十億光年程度の重力波として残っている。したがってこのような超長波長の重力波を検出できれば、宇宙のごく初期にインフレーション膨張があったことの証拠となる。

インフレーション時に生成された重力波に限らず、宇宙のごく初期のこうした**原始重力波**を検出することは、宇宙の始まりの瞬間を見ることに等しい。残念ながら、現在世界で稼働している重力波望遠鏡は周波数は 30 Hz 程度以上（波長1万 km 程度以下）の重力波が観測できるが、インフレーション時に生成された重力波のような極低周波の重力を直接観測することはできない。宇宙に巨大な干渉計の腕の長さが 1000 km 程度の巨大な干渉計を設置して、原始重力波を直接観測する提案もされているが、実現されたとしてもかなり未来の話となる。

しかし、重力波はその進行方向に垂直な空間方向をごくわずかに振動させることで、CMB（宇宙マイクロ波背景放射）の温度揺らぎに特徴的な偏光成分を与える。[*1] 原始重力波による CMB の偏光を観測することは現在の技術でも可能で、具体的な観測計画は日本でも進行中である。CMB はほぼ等方的な黒体放射であり、このことは偏光の度合いが非常に小さいことを意味する。したがって、ほかの電波などの雑音の少ない宇宙での観測となる。CMB の偏光をつくるのは重力波だけではなく、宇宙に漂っている塵（固体微粒子）などによってもつくられる。そのような偏光は観測する波長によって偏光の程度が違っているので多波長での観測が必要となり、このことも宇宙からの観測が適している理由となる。またCMB が宇宙の晴れ上がりから現在に届くまでに銀河や銀河団などによる重力の影響を受けて偏光することもある。この重力レンズによる偏光は角度スケールが 1 度以下の小さなスケールで大きくなるので、原始重力波がつくる偏光を検出するには、それ以上の大きなスケールを観測する必要がある。日本は JAXA（宇宙航空研究開発機構）が主導して、インフレーション起源の原始重力波による偏光の検出を目的とした衛星 LiteBIRD（Light satellite for the studies of B-mode polarization and Inflation from cosmic background Radiation Detection、「宇宙背景放射からの B モード偏光とインフレーションの研究のための軽量衛星」の略称）を 2020 年代後半に打ち上げる予定である。

日本以外でも原始重力波による CMB の偏光検出の観測は計画されていて、近い将来、宇宙の始まりでつくられた重力を観測することで宇宙がどのように始まったのかが分かるかもしれない。

＊1　電波は電場と磁場の振動が空間を伝わる現象であるが、このとき電場がある特定の方向に向いた状態を偏光という。完全に温度が一様なら偏光は存在しない（電磁波はさまざまな光子の集合なので、それぞれの光子が完全にランダムな方向に向いているという意味）。しかし CMB にはわずかに温度の揺らぎがあるので、それによってわずかに偏光がある。相対的に温度が低い向きに平行、温度が高い方向に垂直に偏光している。この偏光状態には 2 種類あって、周囲より高温の領域の中心から放射状に変更しているのを E モード、E モードを 45 度回転した状態（中心周りに渦を巻いているように電場の向きがそろった状態）を B モードという。物質密度の揺らぎは E モードの偏光をつくるが、重力波による温度揺らぎは E モードと B モードをつくる。

最新の観測装置

現代、そして近い将来の天文学を支える観測装置について紹介しよう。

15.1 ジェームス・ウェッブ宇宙望遠鏡（JWST）

1990 年にアメリカ航空宇宙局（NASA）が軌道高度 559 km に打ち上げた口径 2.4 m の**ハッブル宇宙望遠鏡**（HST）は、当初 15 年程度の運用予定だったが、天文学のあらゆる分野に画期的な成果をあげたことで、運用が延期され 30 年以上も宇宙を観測し続けている。今でも大きな成果をあげ、宇宙望遠鏡による大気の揺らぎの影響がない観測がいかに重要かを認識させた。

その成果を引き継ぎ、より優れた成果をあげるため、ハッブル宇宙望遠鏡が打ち上げられてから数年後に、**ジェームス・ウェッブ宇宙望遠鏡**（JWST）という新しい宇宙望遠鏡の計画が議論されるようになった。当初はハッブル宇宙望遠鏡の運用が終了すると見込まれる直後の 2007 年に打ち上げ予定であったが、計画は伸びに伸び、それと同時に予算も急速に増え、最終的に打ち上がったのは 2021 年 12 月、予算は当初の 20 倍程度の 97 億ドル（1.3 兆円）にもなった。

HST は高度約 600 km の地球の周回軌道上で観測を行っているが、JWST は地球から見て太陽とは反対側 150 万 km 地点付近を漂うように飛行することで、常に太陽と地球を背にして観測を行う。この地点は第 2 ラグランジュ点と呼ばれ、太陽と地球の重力と飛行体の遠心力の合力が 0 になる点であるが、安定してそこに滞在することはできないので、その点付近の周りを回るハロー軌道と呼ばれる軌道を運動する。

JWST の主鏡は口径 6.5 m で、18 枚の直径 1.32 m の鏡を組み合わせてできている。鏡材は軽く極低温の宇宙環境でも変形しにくく、化学的に安定なベリリウムが主成分で、赤外線の反射率が非常に高い金メッキが施されている。黄色より波長の短い可視光は金によって吸収されるので観測可能波長は 0.6 μm から 28 μm である。JWST は口径では HST（口径 2.4 m）の 2.5 倍の大望遠鏡ではあるが、その重さは約 6.2 t で、HST の半分程度にすぎない。また赤外線望遠鏡であるため自身の機体が出す赤外線が雑音となるため機体は 50 K（−223 °C）以下に冷却され、さらに太陽や地球からの光や熱を避けるための遮光板を搭載し、5 層からなるテニスコートほどの大きさの遮光板を持っている。打ち上げの際、主鏡は折りたたんだ状態で、遮光板は主鏡を包むように折りたたんだ状態で搭載され、目的地に着いて展開された。特に主鏡の展開は微妙で、16 個の鏡で一枚の完璧な鏡面にするため一枚一枚を 10 nm の精度で動かして調整する。この作業にほぼ半年をかけて 2022 年 7 月に初めての画像が公開され、期待通りの性能が証明された。たとえば、約 46 億光年（赤方偏移 0.39）にある銀河団 SMACS 0723 の JWST による画像と、HST による同じ銀河団の画像を比べてみると明らかだろう（**図 15.1**）。単に見た目の違いだけでなく、写っている重力レンズ像の数の数の違いによって、この銀河団の質量分布がより正確に分かるだけでなく、宇宙における銀河の分布、宇宙の幾何学などさまざまな情報を与えてくれる。

図 15.1　銀河団 SMACS 0723 の画像。左は HST、右は JWST による（NASA, ESA, CSA, and STScI）

JWST には近赤外線と中間赤外線のカメラと分光器を備えていて、原始銀河の探査と進化、恒星や惑星の誕生の様子、系外惑星大気の分光観測による宇宙生命探査など、天文学のあらゆる分野で大きな進展が期待されている。

15.2 30 m 望遠鏡（TMT）

望遠鏡の性能はほぼその口径で決まる。光源からの光は四方八方に等方的に広がるので、単位面積当たり、単位時間あたりに光源から届く光量は、光源までの距離の 2 乗に反比例する。したがって基本的には口径が 2 倍になれば面積は 4 倍になるから、同じ明るさの天体なら 2 倍遠くの天体まで見えることになり、同じ距離にある天体なら 2 倍細かい構造が見えることになる。2022 年の時点で稼働中の口径最大の望遠鏡としては 2009 年に観測を始めたスペインなどの口径 10.4 m のカナリア大望遠鏡である。また有効口径としては、2005 年から観測を始めた口径 8.4 m の望遠鏡を 2 台並べて、口径 11.9 m に匹敵する性能を持ったアリゾナ州に設置されたイタリア、アメリカ、ドイツの大双眼望遠鏡が最大である。

当然、大口径になればなるほど技術的困難ばかりでなく経済的な負担も大きくなり、現在ですら多くの大望遠鏡は複数の国の研究機関との共同である。しかし現在の天文学は 10 m クラスの望遠鏡による観測限界に迫っていて、さらに遠方の天体、詳細な天体の構造、非常に暗い未発見の天体の観測を行うには、30 m クラスの超大望遠鏡が必要である。この **30 m 望遠鏡**（Thirty Meter Telescope を略して **TMT** と呼ばれる）の建設の議論は日本では 2005 年頃から始まったが、費用は約 2000 億円と見積もられ（比較のため、国立天文台すばる望遠鏡の予算は約 500 億円）、日本単独では建設が難しく、先行して議論が始まっていたカリフォルニア工科大学、カリフォルニア大学と共同で開発することになった。その後、中国、カナダ、インドが参加し、日本は予算の 25 % 程度となる 400 億円程度を負担し、望遠鏡本体の製造、組み立て、主鏡の制作、一部の観測装置を受け持つ。

TMT の直径 30 m の主鏡は、492 枚の直径 1.44 m の六角形の鏡を組み合わせた複合鏡で、鏡の材料も日本のガラスメーカーオハラが開発したゼロ膨張ガラスである。これらの鏡の製造はほぼ終わり研磨も進んでいる。設置場所はすばる望遠鏡もあるハワイ島マウナケア山頂で、基礎工事も終わっている。当初の完成予定は 2021 年度末であったが、マウナケア山頂がハワイ原住民の聖地であることによる反対運動や新型コロナウイルス感染症の影響で大幅に遅れ、現在の完成予定は 2027 年の予定である。

TMT で開発される補償光学系は、波長 1.6 μm の近赤外領域での空間分解能は 0.01 秒角程度を達成することになり、これは木星表面での 30 km の長さを見たときの角度に対応する。また 250 万光年かなたのアンドロメダ銀河の中の星が 100 km s^{-1} 程度で動くとすると、1 年間に移動した距離に対応する。この性能によって銀河系の中心ブラックホール周辺を運動する多数の恒星の運動を現在よりもはるかに詳しく正確に追跡することができ、ブラックホールの回転についての情報を得ることができる。そのほか、宇宙の銀河形成史の解明、系外惑星の観測、暗黒エネルギーの解明などに多くの成果が上がることが期待されている。

30 m 級の望遠鏡としては TMT 以外に、ハーバード大学、カーネギー研究所などアメリカの 8 つの研究機関、韓国、イスラエル、オーストラリアなどによる口径 24.5 m の巨大マゼラン望遠鏡（GMT）と、ヨーロッパ南天天文台（ESO)、ブラジル、チリなどによる口径 39 m のヨーロッパ超巨大望遠鏡（E-ELT）が建設中である。GMT は 7 枚の口径 8.4 m の鏡からなり、JWST との連携観測を主目的として、チリ北部のアタカマ砂漠に設置され、2029 年の試験観測開始を計画している。E-ELT の主鏡は TMT とほぼ同じサイズの六角形の鏡 798 枚からなり、アタカマ砂漠にある標高 3046 m の山頂に設置され、2025 年の試験観測開始を目指している。TMT は観測装置として補償光学系を備えているが、E-ELT は望遠鏡本体に補償光学系を備えていて、あらゆる観測装置がその恩恵にあずかることができる。

15.3 アタカマ大型ミリ波サブミリ波干渉計（ALMA）

南米チリの標高 5000 m のアタカマ高地に日米欧が共同で建設した大型電波望遠鏡として、**アタカマ大型ミリ波サブミリ波干渉計**があり、Atacama Large Millimeter-submillimeter Array の頭文字をとって **ALMA** と呼ばれる。観測波長はミリ波、サブミリ波と呼ばれる波長 1 cm（31.3 GHz）〜0.3 mm（950 GHz）の領域である。この波長帯は天体の材料である冷たい（数 K から数十 K）ガスや塵（シリカやグラファイトなどの固体微粒子）を観測するのに最適である。また多数の分子線や原子線がこの波長帯に入るため、これらの原子、分子を通して銀河の構造を調べることができる。また宇宙膨張による赤方偏移によって遠方銀河は波長が伸びて観測されるため、遠方銀河を観測することができるなど、天文学にとっては非常に重要な波長帯である。ただしサブミリ波は水蒸気によって吸収されるため、標高 5000 m、年間降水量 100 mm 以下という広大なアタカマ高地に設置された。

ミリ波の大望遠鏡計画は日本で1983年頃から議論され、1987年にはミリ波に加えてサブミリ波望遠鏡計画へと発展した。同じ頃、アメリカでも同様の計画があり、またヨーロッパでも少し遅れて議論が始まった。そして2001年、日米欧共同での口径12 mのパラボラアンテナ54基、口径7 mのパラボラアンテナ12基、10台の受信機による干渉計建設が合意された。このうちアンテナ16基と受信機3台は日本の開発である。2003年アメリカとヨーロッパの建設が始まり、2004年日本も建設に参加し、望遠鏡の正式名称がAtacama Large Millimeter-submillimeter Array、略してALMAと決まった。

2011年に科学観測が始まり、2014年から山手線の直径距離に匹敵する範囲にすべての望遠鏡を移動させて、それらを光ファイバーでつないで干渉計とする運用が始まった。これによって0.3 mm帯で100分の1秒角という超高空間分解能が達成されている。この角度は東京から大阪に置いた1円玉を見たときの角度に相当する。その最初の成果が第7章7.2節で述べた「おうし座HL星の原始惑星系円盤」の観測である。観測は天体からの電波を3 mm付近から0.3 mm付近（周波数84 GHz〜950 GHz）までの波長範囲を7つの波長帯に分けて、それぞれに最適な受信機によって行われた。

2014年以降、原始惑星系円盤の観測、形成途上の惑星系の発見以外にも、ブラックホールシャドウの観測、宇宙論的遠方の銀河における激しい星生成の観測、初期宇宙での銀河系の観測、原始星周囲でのグリコールアルデヒドなどのアミノ酸材料の発見、原始惑星系円盤にメタノールを発見するなどさまざまな成果を上げている。

ALMA望遠鏡の基線長を現在の16 kmから30 km程度に拡張し、受信機を改良して感度を2倍にし、同時観測可能な周波数帯を2倍以上にする計画が検討されている。

15.4 スクエア・キロメートル・アレイ（SKA）

ALMAがミリ波とサブミリ波を対象とするのに対して、それより長い12.5 mm（24 GHz）程度から6 m（50 MHz）程度を対象に、**スクエア・キロメートル・アレイ（SKA）**と呼ばれる超大電波望遠鏡の建設が進んでいる。

この波長帯には宇宙で最もありふれた元素である中性水素の超微細構造線の輝

線や吸収線、アンモニアなどの大型有機分子の輝線、吸収線、ほとんどの天体が持つ磁場による電子の加速運動から放射されるシンクロトロン放射がある。シンクロトロン放射は電波からX線までの広い波長帯にわたって連続スペクトルを持つが、天体の場合、メートル波やセンチ波[*1]でも観測される。実際、第1章1.6.1節で触れたようにジャンスキーが銀河中心からの電波を初めて検出したが、そのときの波長は14.62 m（20.5 MHz）であり、それに続いたアメリカの天文学者グロート・リーバー（1911〜2002）は波長1.87 m（160 MHz）での検出だった。銀河内の磁場の場合、その典型的な周波数は数百MHz程度から10 GHzである。またセンチ波はサブミリ波帯に比べて原始惑星系円盤の高面密度領域の内部をより深く観測することができるなど、ALMAと相補的な観測が可能となる。またこの波長帯は直進性がよいため衛星放送、地上波テレビ、FM、電子レンジなどで日常生活にも利用されている。したがって当然、知的生命の探査にも適している。センチ波、メートル波は以上のような性質を持っていて、さらに大気の吸収も受けないので天文学のほとんどの分野で非常に重要な観測手段となり、SKAによって、宇宙最初の星や銀河の誕生の様子、銀河の進化、系外惑星と生命、地球外文明の探査、宇宙磁場の起源など、さまざまな未解決問題を解決する重要な観測が得られると期待されている。

SKAの構想は、1990年代初頭にイギリスの天文学者を中心に、「宇宙で最も豊富に存在する水素の言葉で書かれた宇宙の歴史を読むことで、まだ知らない宇宙を理解できないか」という疑問から始まった。この疑問に答えるのは宇宙で最初に星ができた頃、最初に銀河ができた頃、そして生命の誕生を観測する必要があり、どの1つを観測するにも、センチ波とメートル波を観測できる集光面積が1 km^2の電波望遠鏡に行き着いたのである。スクエア・キロメートル・アレイ（SKA）という名称はこの1 km^2に由来している。2012年には天候、人工電波が少ないなどの条件を満たすオーストラリアと南アフリカに建設地が決まった。2013年、SKA本部がイギリス、マンチェスター大学に設置された。2019年、望遠鏡の仕様が決まり、2021年1月、イギリス、オランダ、イタリア、ポルトガル、オーストラリア、南アフリカの間でSKA天文台の設置が合意され、同年6月、建設にゴーサインが下った。現在は中国、インドなど16ヵ国が参加しているが、日本は

*1　「センチ波」などの呼称には少し注意が必要である。波長1 mm〜10 cmの電波はマイクロ波とも呼ばれるが、マイクロメートルという意味ではなく、単に短い波長の電波という意味で名づけられたにすぎない。天文学でも宇宙マイクロ波背景放射という名称が慣例的に使われるが、ここでは1 mm以下をミリ波（ミリメートル波）、1 cm以上をセンチ波（センチメートル波）ということにする。

参加していない。

SKA の総予算は膨大になるため、2 期に分けて建設が行われる。第 1 期の予算は 6.5 億ユーロ（約 880 億円）を上限として 2021 年から建設が始まっている。第 1 期は SKA-1 と呼ばれ、最終的な構成の 10 % 程度の建設を目指し、2028 年から運用を開始する予定である。その後の第 2 期は SKA-1 の成果を前提として残りを完成させ、2030 年代以降に本格運用が始まる予定である。

SKA の望遠鏡はその周波数によって SKA-Mid と SKA-Low からなる。SKA-Mid 第 1 期は南アフリカに設置される 350 MHz から 15.4 GHz（最終的には 24 GHz）のセンチ波を観測する 133 個の口径 15 m のパラボラアンテナと、すでに設置されている口径 13.5 m の望遠鏡からなる。これらのアンテナは中心の周りに 3 本のスパイラル状に並べられ、最大間隔は 150 km で集光面積は 3 万 3000 m^2 となる。最終的にはパラボラアンテナを 2000 台以上とし、最大間隔 3000 km 程度にする予定である。

SKA-Low 第 1 期は西オーストラリアに設置される 50 MHz から 350 MHz のメートル波を観測する望遠鏡群で、それぞれ 256 個のアンテナを含む、ステーションと呼ばれる 512 ヵ所からなる。ステーションは 1 つの中心の周りに 3 本のスパイラル状に並べられ、ステーション同士の最大の間隔は 65 km で、集光面積は 40 万 m^2 となる。このアンテナは高さ 2 m ほどの金属棒に水平に何本もの長さの違う棒状のワイヤを張り付けたような形をしている。SKA-Low の最終構成はアンテナ総数 50 万台を最大 300 km に分布させることを目標にしている。

15.5 ハイパーカミオカンデとカムランド

本文のさまざまなところで述べたように、ニュートリノは恒星の進化や宇宙論にとって非常に重要な役割を果たしている。そのためニュートリノ実験が世界各地で行われている。特に日本での実験は 2 つのノーベル賞をもたらしたように、世界をリードしている。その実験装置が東京大学が運用するスーパーカミオカンデと東北大学が運用するカムランドである。共に現在稼働中であるが、スーパーカミオカンデはさらにハイパーカミオカンデへの発展を計画している。ここではハイパーカミオカンデとカムランドについて紹介する。これらは共に宇宙線などの影響を避けるため、岐阜県の旧神岡鉱山の地下 1000 m に設置されたニュートリノ検出装置である。

ハイパーカミオカンデとその前身

ハイパーカミオカンデには、その前身となる**カミオカンデ**と**スーパーカミオカンデ**という装置がある。スーパーカミオカンデは、カミオカンデで1987年2月23日の大マゼラン雲で起こった超新星からのニュートリノを検出した（これにより、実験を主導した小柴昌俊は2002年のノーベル物理学賞を受賞した）という成功を受けて、装置をスケールアップして1996年から実験を開始した。検出の原理はカミオカンデと同じで、ニュートリノが純水中の電子と衝突して、電子が水分子から高速で飛び出したときに放出されるチェレンコフ光*2を光電子増倍管で光子を多数の電子に変えて検出する。この方法は検出できるニュートリノのエネルギーに下限があるが、ニュートリノの飛来方向が分かるという大きな利点がある。本文でも述べたようにニュートリノは他の粒子とはほとんど衝突しないので、それを検出するには莫大な量の物質を用意しなければならない。そのためスーパーカミオカンデでは5万tの純水を直径39.3 m、高さ41.4 mの円筒形タンクに収め、内側の側面には約1万1000本の光電子倍増管が設置されている。

スーパーカミオカンデによる実験の結果、太陽ニュートリノ、大気ニュートリノ、原子炉からの人工ニュートリノなどの観測を通じて、3種のニュートリノが飛行中に移り変わる現象であるニュートリノ振動が確認された。これはニュートリノが質量を持つ場合にのみ可能であることから、ニュートリノが質量を持つことを確認したことになる。このニュートリノ振動の確認によって、実験リーダーの梶田隆章がカナダのニュートリノ実験リーダーのアーサー・マクドナルドと共に2015年のノーベル物理学賞を受賞した。

2020年からはガドリニウムを純水に溶かし、ニュートリノ*3と水中の陽子の反応でできた中性子をガドリニウムに衝突させることで、中性子を吸収したガドリニウムが放射するチェレンコフ光を検出する実験が行われている。この実験は宇宙で最初に構成が生まれてから現在までに爆破した超新星が放出したニュートリ

---

*2　荷電粒子がある媒質中をその媒質中の光速よりも速く進むときに放出される光をチェレンコフ光という。このとき光子は荷電粒子の進行方向に対し、次の式で決まる角度で円錐状に放射される。

$$\cos\theta = \frac{1}{n\beta} \tag{15.5.1}$$

ここで n は媒質の屈折率、$\beta = v/c$ で v は荷電粒子の速度、c は光速度である。水中では $n = 1.33$ なので、この角度は約42度となる。またチェレンコフ光が放出される条件は $n\beta > 1$ となるが、これから電子のエネルギーが0.767 MeV以上のとき水中でチェレンコフ光を放出できることが分かる。

*3　正確には反電子ニュートリノ。水中で一番起こりやすいのは、反電子ニュートリノが陽子と衝突して陽電子と中性子に変わる反応で、この反応によってできた陽電子がチェレンコフ光を放射する現象が一番多く起こる。ガドリニウムは中性子を非常に吸収しやすい物質である。

ノを検出することが目的で、それによって宇宙の歴史の中でどのような質量の恒星がどの程度生まれては消えていったかという物質の歴史をたどることができる。

ハイパーカミオカンデはスーパーカミオカンデのスケールアップ版である。蓄えられる純水は26万tとなり、容器は直径68m、高さ71mで、その内側の側面に4万個の光電子倍増管が設置される。それによってスーパーカミオカンデ100年分のデータが10年で得られ、現在の理論では起こらない、あるいは非常にまれにしか起こらないとされる素粒子の反応が検出される可能性がある。たとえばカミオカンデ実験のそもそもの目的であった陽子崩壊は、これまでの実験から陽子の寿命が10^{34}年以上としか分かっていない。もし陽子の寿命が10^{35}年ならハイパーカミオカンデは10年の観測で陽子崩壊を検出できる。もし陽子崩壊が観測できれば、物理学者の長年の夢だった力の統一に向けた大きな一歩となる。

カミオカンデでは50kpc（16.4万光年）かなたの大マゼラン雲内の超新星からのニュートリノが11個観測されたが、スーパーカミオカンデでは1996年から現在まで超新星からのニュートリノは観測されていない。1つの銀河で超新星爆発が起こるのは100年に1回程度と考えられているので、100の銀河を観測すれば1年に1回は超新星からのニュートリノは観測できると期待される。しかし、スーパーカミオカンデでは700kpc（250万光年）程度までの超新星までしか観測できず、この範囲にある銀河の数は数十個程度であるので、観測できていないことは不思議ではない。それに対してハイパーカミオカンデは2Mpc（650万光年）程度までの超新星からのニュートリノが検出可能となるので、1年で確実に1個の超新星からのニュートリノが検出できるだろう。もし銀河系内という近距離で超新星が爆発すれば、数万個のニュートリノが観測できる。超新星爆発のエネルギーの99%はニュートリノが持ち去るので、超新星爆発から放出されるニュートリノの検出は超新星爆発のメカニズムの解明に直接つながるのである。

カムランド

スーパーカミオカンデ実験が1996年に開始されたことで、カミオカンデは運用を終えたが、カミオカンデの跡地に設置されたのが東北大学による**カムランド**である。カムランドもニュートリノ望遠鏡であるが、違いは検出できるニュートリノのエネルギーにある。スーパーカミオカンデは水中の電子が放射するチェレンコフ光の存在を前提とするため、電子のエネルギーがある値以上でなければならない。電子はニュートリノとの衝突によってエネルギーを得るため、ニュートリノのエネルギーがある値以上でなければチェレンコフ光が出ないことになる。したがってスーパーカミオカンデには検出できるニュートリノのエネルギーに下限があり、数 MeV～数百 GeV 程度の範囲のニュートリノしか検出できない。一方でカムランドは 0.1 MeV 程度の低エネルギーのニュートリノを検出できる。そのためにカムランドでは水の代わりに油（有機溶剤）を使い、またチェレンコフ光だけでなく、シンチレーション光*4（蛍光）を使う。さらに、カムランドはニュートリノと反ニュートリノ反応を識別できるという利点もある。反電子ニュートリノと陽子が衝突することによって陽電子と中性子ができるが、陽電子はすぐにシンチレーション光を出す。一方、中性子は周りの陽子と散乱を繰り返してエネルギーを失うと、陽子と結合して重水素となるが、このときエネルギー 2.2 GeV のガンマ線を放出する。このガンマ線によってシンチレーション光が放射される。こうしてほぼ同時の 2 つのシンチレーション光を検出すると、反電子ニュートリノを検出したことになる。ただしシンチレーション光は等方的に放射されるため、入射ニュートリノの方向を知ることはできない。

カムランドの本体は直径 18 m のステンレス鋼製容器で、内側に 1900 個ほどの光電子増倍管が設置されている。有機溶剤で満たされた容器の内側には 1000 t の液体シンチレータで満たされた直径 13 m のナイロン製バルーンが吊るされている。カムランドは 2002 年に運用を始めてから周辺の原子炉からのニュートリノを検出することでニュートリノ振動を確認した。2005 年には地球内部から放射性物質の崩壊によって生成される反電子ニュートリノを検出し、ニュートリノ地球物理学という新たな学問分野を開拓した。地熱の大部分を放射性物質で説明しようとする地球モデルは排除されている。地熱の 50 % 程度は地球形成時にコアが中心に沈み込んだときの重力エネルギーである。

2011 年からは、キセノンの同位体を溶かした液体シンチレータを封入した直径 3.1 m のミニバルーンを内部バルーンの中央に吊るして、キセノンの 2 重ベータ崩壊と呼ばれる現象の観測を行っている。これはニュートリノがマヨナラニュートリノであるかどうかを決める唯一の実験である。ベータ崩壊は中性子が陽子と電子、反電子ニュートリノに変わる現象であるが、キセノンなど少数の原子核では 2 つの陽子のベータ崩壊がほぼ同時に起こることがある。これ自体まれな反応

---

*4　荷電粒子によって物質中の電子がエネルギーの高い状態（励起状態）にされた後、10 万分の 1 秒から 10 億分の 1 秒で元の状態に戻るときに放出する光をシンチレーション光という。シンチレーション光を出す物質をシンチレータという。

であるが、通常、2つの電子と反電子ニュートリノが放出される。この場合、2つの電子の総エネルギーはニュートリノがエネルギーを持ち去るので、決まった値でなくさまざまな値をとりうる。もしニュートリノがその反粒子と同じマヨナラニュートリノである場合、2つのベータ崩壊で放出されたニュートリノはお互いに反粒子なので対消滅し、2つの電子しか放出されないことが起こる。これを「ニュートリノを伴わない二重ベータ崩壊」という。したがってこの崩壊が観測されれば、ニュートリノがマヨナラニュートリノであることが証明されたことになる。カムランドが「ニュートリノを伴わない二重ベータ崩壊」を検出すれば、間違いなくノーベル物理学賞を得るだろう。

参考文献

まえがきにも述べたように、残念ながら最近の天文学のまとまった入門的な教科書はあまり多くないのが現状である。1つ挙げるとすれば次の本がある。

- 岡村定矩・池内了・海部宣男・佐藤勝彦・永原裕子編、『人類の住む宇宙』第2版（シリーズ現代の天文学1)、2017、日本評論社

この本の著者らはいずれも日本を代表する天文学者、物理学者であり、数式もほとんど使われておらず読みやすい。また、本書で取り上げなかった天文学の歴史や暦についての詳しい記述がある。このほか、天文学全般への入門書としては

- 尾崎洋二、『宇宙科学入門』第2版、2010、東京大学出版会
- 岡村定矩・芝井広監修、縣秀彦編著、『すべての人の天文学』、2022、日本評論社

などがある。

天文学のさまざまな用語は、

- 日本天文学会、『天文学辞典』Web版、https://astro-dic.jp

に手際よく紹介されている。この天文学辞典は、岡村定矩氏をはじめとする日本の代表的な天文学者たちによって執筆、編集されており、また新たな情報が公開されると関連する記事が即座に更新されるなど、非常に便利で信頼性も高い。とりあえず宇宙について何か知りたいことがあったら、まず天文学辞典に当たってみるとよい。

天文学の基礎は恒星であるが、日本語の恒星の初心者向けの教科書は皆無である。教科書ではないものの非常に優れた一般書として、次の本を強く推薦する。

- 斉尾英行、『星の進化』、1992、培風館

銀河や宇宙の観測については次の本が詳しいが、学部後半向けであろう。

- 岡村定矩、『銀河系と銀河宇宙』、1999、東京大学出版会

本書で触れた分野をより深く理解したい読者は、上で紹介した「シリーズ現代の天文学」の関連した巻を参照されたい。この本でも大いに参照した。

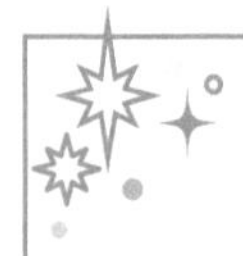

索引

さ行

た行

な行

は行

ま・や行

ら・わ行

著者紹介

二間瀬敏史（ふたませとしふみ）

1953年生まれ。京都大学理学部卒業、ウェールズ大学カーディフ校大学院博士課程修了（Ph.D.）、マックス・プランク天体物理学研究所、ワシントン大学、弘前大学、東北大学、京都産業大学を経て、現在、東北大学名誉教授。専門は一般相対性理論、宇宙論。著書に、『宇宙論 I　宇宙のはじまり』、『宇宙論 II　宇宙の進化』、『天体物理学の基礎 I』、『天体物理学の基礎 II』（いずれも日本評論社〈シリーズ現代の天文学〉、共編著）、『宇宙物理学』、『相対性理論　基礎と応用』（いずれも朝倉書店）、『ブラックホール　宇宙最大の謎はどこまで解明されたか』（中央公論新社）などがある。

NDC440　255p　21cm

基礎から学ぶ宇宙の科学　現代天文学への招待（きそからまなぶうちゅうのかがく　げんだいてんもんがくへのしょうたい）

2024年2月21日　第1刷発行

著　者　二間瀬敏史（ふたませとしふみ）
発行者　森田浩章
発行所　株式会社　講談社
〒112-8001　東京都文京区音羽 2-12-21
販売　(03)5395-4415
業務　(03)5395-3615

KODANSHA

編　集　株式会社　講談社サイエンティフィク
代表　堀越俊一
〒162-0825　東京都新宿区神楽坂 2-14　ノービィビル
編集　(03)3235-3701

本文データ制作　藤原印刷　株式会社
印刷・製本　株式会社　ＫＰＳプロダクツ

Printed in Japan

ISBN 978-4-06-534726-3